工程机械系列教材

机械状态检测与故障诊断

张梅军　编著

国防工业出版社

·北京·

内 容 简 介

《机械状态检测与故障诊断》是根据机械状态特征判断机械故障、实现状态维修的一门课程。本书以机械状态信号采集、故障特征提取、故障识别、状态预测等几个关键内容为出发点，着重介绍了从事机械状态检测与故障诊断所必需的基础知识、检测手段、诊断方法、应用实例及应用场合。全书在系统的理论知识基础上，应用大量实例加以说明。全书共分9章：概论、温度诊断、油样诊断、振动诊断、声学诊断、故障树分析、最新智能诊断、工程机械状态检测与故障诊断以及其它诊断方法。

本书可供高等院校机械及相关专业师生使用，也可供有关从事状态检测与故障诊断的技术人员作参考。

图书在版编目(CIP)数据

机械状态检测与故障诊断/张梅军编著. —北京：国防
工业出版社，2015.10 重印
（工程机械系列教材）
ISBN 978-7-118-04995-4

I. 机… Ⅱ. 张… Ⅲ.①机械－检测－高等学校－教
材 ②机械－故障诊断－高等学校－教材 Ⅳ. TH17

中国版本图书馆 CIP 数据核字（2007）第 021486 号

※

国防工业出版社 出版发行
（北京市海淀区紫竹院南路 23 号　邮政编码 100048）
三河市腾飞彩色印刷有限公司印刷
新华书店经售
*
开本 787×1092　1/16　印张 17　字数 385 千字
2015 年 10 月第 3 次印刷　印数 6001—8000 册　定价 34.00 元

（本书如有印装错误，我社负责调换）

国防书店：(010)88540777　　发行邮购：(010)88540776
发行传真：(010)88540755　　发行业务：(010)88540717

前　言

　　随着科学技术的进步和发展,现代机械结构越来越复杂,功能越来越完善,自动化程度也越来越高。随之而来的是机械的故障越来越多,故障造成的损失也越来越严重,因此保证机械的安全运行、消除事故是十分迫切的研究课题。

　　本教材是在总结多年教学经验的基础上,吸收了前人的研究成果,结合多年来理论应用成果和实验数据编写而成。本教材兼顾机械故障诊断理论知识的系统性与实际应用性、基础理论与最新知识、系统的理论知识与实际应用实例之间的相互关系,将教学内容分成3个层次:基础知识、基本知识和最新知识。基础知识是本课程的入门知识,做到既可教学也可自学;基本知识是目前研究较多、较成熟的知识,注重的是系统的理论知识学习与实际的应用研究;最新知识是目前研究的前沿知识,主要从理论背景、系统的知识及应用场合进行讨论。

　　本教材由张梅军编著和执笔,石玉祥主审,唐建校对。在调研和收集资料过程中,参阅了大量的文献,并得到石玉祥、唐建、杨小强、何世平、徐文明、周宏程、陈江海等同志的大力支持,在此向他们及被引用文献作者表示深深的谢意。

　　由于时间仓促,编者水平有限,对于教材中存在的一些错误和不足之处敬请读者批评指正。

编　者

目　　录

第1章 绪 论

本章主要介绍机械状态检测与故障诊断的基本概念。重点介绍机械的故障、故障的维修方式、故障的诊断以及故障诊断技术的发展和现状。

机械的状态检测与故障诊断是从人体疾病诊断演变而来的。常用的人体疾病诊断方法有体温测量、化验、听心音、心电图、X光、超声波诊断等。对应于机械状态检测与故障诊断就有温度诊断、油样诊断、振动和噪声诊断、声发射诊断、红外诊断、超声波无损探伤等。表1-1是机械故障诊断与人体疾病诊断的比较。

表1-1 机械故障诊断与人体疾病诊断的比较

人体疾病诊断方法	机械故障诊断方法	原理及特征信息
量体温	温度诊断	观察温度变化
化验(验血、验尿)	油样诊断	观察磨粒及其它成分变化
量血压	应力应变测量	观察压力和应力变化
测脉搏、听心音、做心电图	振动和噪声诊断 声发射诊断	通过振动和噪声的大小及变化规律来诊断
X射线、超声波	红外诊断、超声波无损探伤	观察机体内部缺陷

1.1 机械状态检测和故障诊断的目的和任务

随着生产的发展和科学技术的进步,机械的结构越来越复杂,功能越来越完善,自动化程度也越来越高。由于各种各样不可避免的因素的影响,导致机械出现各种故障,以致降低或失去其预定的功能,造成严重的甚至灾难性的事故。因此保证机械的安全运行,消除事故,是十分迫切的研究课题。

机械运行的安全性与可靠性取决于两方面:①保证机械设计与制造中各项技术指标的实现,如采用可靠性设计、提高安全性措施等;②落实机械安装、运行、管理、维修和诊断措施。现在机械设备诊断技术、修复技术和润滑技术已列为我国设备管理和维修工作的3项基础技术,成为推进机械管理现代化、保证机械安全可靠运行的重要手段。

1.1.1 状态检测和故障诊断的目的

(1)及时、正确地对机械各种异常状态或故障状态作出诊断,预防或消除故障,提高机械运行的可靠性、安全性和有效性,将机械故障的损失降低到最低水平。

(2)保证机械发挥最大的工作能力,制定合理的检测维修制度,充分挖掘机械潜力,延长机械服役期限和使用寿命,降低其全寿命周期费用。

(3)通过检测监视、故障分析、性能评估等,为机械结构修改、优化设计、合理制造及

1

生产过程提供有效的数据和信息。

总之,机械状态检测与故障诊断既要保证机械的安全可靠运行,又要获取更大的经济和社会效益。

1.1.2 机械状态检测和故障诊断的任务

通常机械的状态可分为正常状态、异常状态和故障状态几种情况。正常状态指机械的整体或其局部没有缺陷,或虽有缺陷但其性能仍在允许的限度内。异常状态指缺陷已有一定程度的扩展,使机械状态信号发生一定程度的变化,机械性能已劣化,但仍能维持工作,此时,注意机械性能的发展尤为重要。故障状态则是指机械性能指标大幅下降,已不能维持正常工作。机械的故障状态还有严重程度之分,包括已有故障萌生并有进一步发展趋势的早期故障;故障程度尚不严重,机械尚可勉强"带病"运行的一般功能性故障;发展到机械不能运行须立即停机的严重故障;已导致灾难性事故的破坏性故障;以及由于某种原因瞬间发生的突发性紧急故障等。

状态检测和故障诊断的任务是了解和掌握机械的运行状态,包括采用各种检测、测量、监视、分析和判别方法,结合机械的历史和现状,考虑环境因素,对机械运行状态进行评估,判断其处于正常还是非正常状态,并对机械的状态进行显示和记录,对异常状态做出报警,以便运行人员及时处理,为机械的故障分析、性能评估、合理使用和安全工作提供信息和准备基础数据。

1.2 机械的故障与维修方式

简单地说,机械的故障是指机械功能的失常。具体地说,机械的故障是指机械的各项技术指标(包括经济指标)偏离了它的正常状态。如:机械零件损坏,丧失了它的工作能力;发动机功率降低,传动系统失去平稳,噪声增大;工作机构工作能力降低,燃料、润滑油消耗增加等统称为故障。

1.2.1 机械故障的分类

随研究的角度不同,机械故障的分类方法也不同。通常有以下几种分类方法。

1. 按部件损坏程度分类

按部件损坏程度来分可分为功能停止型故障、功能降低型故障和商品质量降低型故障3类。

功能停止型故障是指机械零件或机器损坏,丧失了工作能力。如机器不能启动,无法运转;汽车发动机不能发动、无法开车;工作机构不能工作等。

功能降低型故障是指机械虽能工作,但运行过程中机械功率降低或油耗增加。如发动机工作过程中功率降低,燃油、润滑油油耗增加;工作机构工作能力降低、工作无力等。

商品质量降低型故障是指机械虽能工作,但在工作中出现漏水、漏油、漏电、异常噪声、喘振、不规则跳动、传动系失去平稳等。

2. 按故障持续时间分类

按故障持续时间分可为临时性故障和持久性故障两类。

临时性故障是机械在很短时间内发生的机械丧失某些局部功能的故障。这种故障发生后不需要修复或更换零部件,只需对故障部位进行调整即可恢复其丧失的功能。

持久性故障是造成机械功能的丧失一直持续到更换或修复故障零部件后,才能恢复机械工作能力的故障。

3. 按故障是否发生分类

按故障是否发生分可分为实际故障和潜在故障。

实际故障是指机械已经发生的故障。

潜在故障是指机械自身可能存在故障的隐患。在生产过程中,如果严格执行机械的使用和维修规程,采取有效的故障诊断措施,将能防止潜在故障发展成为实际故障。

4. 按故障发生时间分类

按故障发生时间分可分为突发性故障和渐进性故障两类。

突发性故障的发生与机械的状态变化以及机械已使用过的时间无关,一般是在无明显故障预兆的情况下突然发生。因此,故障的发生具有偶然性和突发性。这类故障一般在实际工作中难以预测,故又称不可监测故障。对于这类故障,如果故障发生后易于排除,则可采用事后维修的方式来进行维修;如果不易排除,则需采用连续监测的方式来发现故障。

渐进性故障是由于机械质量的劣化,如磨损、腐蚀、疲劳、老化等逐渐发展而成,故障发生的概率与机械的使用时间有关。这类故障一般是可以预测的,因此常称为可监测故障。对于这类故障可以采用定期维修或状态检测的方式来预防故障的发生。

1.2.2 故障维修方式

机械故障与维修方式密不可分,不同的机械故障需用不同的维修方式。目前常用的机械故障维修方式主要有以下几种。

1. 事后维修

事后维修(Break – down Maintenance,BDM)即故障发生后再修理,也称坏了再修。它是最早、最常用的维修方式。由于零件坏了无法再利用,因此,事后维修的维修费用高。另外,若某些重要机械的关键零部件坏了会产生重大事故,因此,使用这种维修方式要承担一定的风险。

2. 定期维修

定期维修(Time – based Maintenance,TBM)是按一定的时间间隔定期检修,如汽车的大修、小修等。它是为了预防机械损坏而进行的维修,故又称预防维修(Preventive Maintenance)。采用定期维修方式时,不管机械有无故障,一到规定的时间都要进行定期检修、更换关键零部件。因此,这种维修方式一方面可能存在过剩维修,另一方面又可能出现提前失效而具有一定的危险性。

3. 状态监测

状态监测(Condition – based Maintenance,CBM)是对机械进行监测,根据机械有无故障及机械性能的恶化程度决定是否需要进行维修。因此状态监测又称预测维修(Predictive Maintenance)或视情维修。它克服了以上两种维修方式的不足,具有许多优点:

(1) 避免了过剩维修,防止因不必要拆卸使机械精度降低,从而延长机械使用寿命。

（2）减少维修时间，提高生产效率和经济效率。

（3）减少和避免重大事故。

（4）降低维修费用。

多年来人们习惯使用的维修方式是事后维修和定期维修，因此，目前生产中大多仍使用事后维修、定期维修。但随着科学技术的不断发展，状态监测的优点将越来越为人们所共识。因此，加快进行维修体制的改革，由事后维修、定期维修向状态监测过渡，实行状态监测，进行机械故障诊断势在必行。

机械状态检测与故障诊断技术是测量机械状态信息、研究机械故障特征、判断机械故障、实现状态维修的一门课程，它利用各种仪器对机械状态进行测试，并对测试信号进行分析处理，提取机械的故障信息，据此判断机械的状态。因此，机械状态检测与故障诊断技术是一门机械专业的综合性应用边缘学科，是机械维修、管理发展的方向。

1.3　机械状态检测与故障诊断

简单地说，机械状态检测与故障诊断就是对机械的运行状态作出判断。具体来说，它一般是指机械在不拆卸的情况下，用仪器、仪表获取有关输出参数和信息，并据此判断机械运行状态的一种技术手段。

1.3.1　机械状态检测与故障诊断的过程

机械状态检测与故障诊断的过程与看病的过程相似，图1-1所示是它与看病过程的对比。

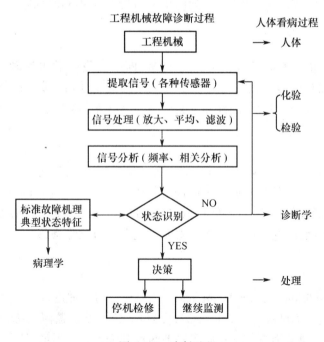

图1-1　诊断过程

1.3.2　机械状态检测与故障诊断的内容

机械状态检测与故障诊断包括以下几个关键内容。

1.状态信号采集

对运行中机械的状态进行正确的测试,获取合理的信号——状态信号。状态信号是设备异常或故障信息的载体,能够真实、充分地采集到足够数量,客观反映诊断对象——机械的状态信号,是故障诊断成功的关键;否则,以后各环节再完善也将是无效的。因此,状态信号采集的关键就是要确保采集到的信号的真实性。

2.故障特征提取

采集到的信号是表征机械运行过程中的原始状态信号。一般故障信息混杂在大量背景噪声、干扰中,为提高故障诊断的灵敏度和可靠性,必须采用信号处理技术,排除噪声、干扰的影响,提取有用故障信息,以突出故障特征。

3.故障识别

对提取反映机械故障特征的信息进行分析、比较、识别,判断机械运行中有无异常征兆,进行早期诊断。若发现故障,则判明故障位置和故障原因。

4.状态预测

当识别出机械状态异常或故障后,必须进一步对机械异常或故障的原因、部位和危险程度进行评估。即根据所得信息,预测机械运行状态和发展趋势。

1.3.3　机械诊断信息及获取方法

1.机械的状态信息和诊断信息

机械故障一般发生在机械的内部,而诊断是在机械不拆卸的情况下进行的,那么机械的内部故障如何反映到机械外部、在机械的外部信息中反映出来,这就涉及到机械的状态信息(参数)和诊断信息(参数)。

下面以发动机为例来说明机械的状态信息和诊断信息(图1-2)。对于发动机,它有3种信息参数:输入信息(参数)、输出信息(参数)和二次效应信息(参数)。输入参数有电瓶电压、燃油量、空燃比等;输出参数有发动机输出扭矩、输出转速等;二次效应参数是指机械振动、温升、磨损物和声响等。其中,输入参数、输出参数、二次效应参数都反映了机械的运行状态,统称为机械的状态参数(信息)。而能反映机械某种故障特征的状态参数又称为机械的诊断参数(或诊断信息)。

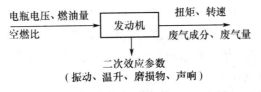

图1-2　机械状态信息的传递

2.机械诊断信息的获取

要进行机械的状态检测与故障诊断,首先要获取机械运行过程中的诊断信息,常用的方法有直接观察、振动和噪声测量、磨损残余物测量和机械性能指标测量等。

对机械进行直接观察和直接测量,可以获得机械运行状态的第一手资料。直接观察是通过人的感观(手摸、耳听、眼看)或借助于一些简单仪器(光学内孔检查仪、热敏涂料、裂纹着色渗透剂等)直接观察机械的工作状态。直接测量就是利用一些简单方法、简单仪表和仪器(如超声波探测仪、红外测温仪等)直接测量机械零件的性能状况,如直接测量管壁的厚度了解管壁的腐蚀情况,直接测量发动机气门间隙了解气门间隙是否正常等。这类方法只局限于能够直接观察和测量到的机械或零部件。

振动和噪声是机械运行过程中的重要信息。运行机械和静止机械的主要区别就是运行过程中机械产生了振动和噪声,而且机械的振动和噪声越大说明机械性能越差、工作状态越差。因此振动和噪声反映了机械的工作状态。

机械中使用过的润滑油中磨损残余物及其它杂质的形状、大小、数量、粒度分布及元素组成反映机械零件(轴承、齿轮、活塞环、缸套等)在运行过程中的完好状态。

机械的性能指标反映了机械的工作状态和工作性能,可用来判断机械的故障。机械性能测量包括整机性能测量和零部件性能测量。整机性能测量是测量机械的输出,如功率、转速等;或测量机械输出与输入之间的关系,如功率与油耗关系等。零部件性能测量是测量关键零部件的性能,如应力、应变等。

1.3.4 机械故障诊断的类型

机械故障诊断的分类方法很多,下面主要按诊断的目的、要求来进行分类。

1. 功能诊断和运行诊断

功能诊断是针对新安装或刚维修后的机械,检查它们的运行工况和功能是否正常,并根据检测和判断的结果对其进行调整,如发动机安装或修理好后的检查。功能诊断的主要目的是观察机械能否达到规定的功能。

运行诊断是针对正常运行中的机械,监视其故障的发生和发展而进行的诊断。运行诊断的目的是为了发现正常工作中的机械是否发生异常现象,以便及早发现、及早排除故障。

2. 定期诊断和连续诊断

定期诊断是每隔一定时间间隔对工作状态下的机械进行常规检查和测量诊断。它不同于定期维修。定期维修是每隔一定的时间间隔,不管机械的状态如何,都要对机械进行维护修理,更换关键零部件。而定期诊断则是每隔一定的时间间隔对机械进行测量和诊断,若诊断中发现机械有故障时才进行修理。

连续诊断是采用仪器及计算机信号处理系统对机械的运行状态进行连续的监视或检测,因此,连续诊断又称连续监测、实时监测或实时诊断。

对于一台机械,究竟采用哪种诊断方法主要取决于以下因素:

(1) 机械的关键程度;

(2) 机械产生故障后对整个机械系统影响的严重程度;

(3) 运行中机械性能下降的快慢;

(4) 机械故障发生和发展的可预测性。

表1-2列出了采用定期诊断或者连续监测的条件。

性能下降速度	故障不可预测	故障可预测
快	连续监测	定期更换
慢	定期诊断	定期诊断

3．直接诊断和间接诊断

直接诊断是直接确定关键零部件的状态,如轴承间隙、齿轮齿面磨损、轴或叶片的裂纹、腐蚀环境下管道的壁厚等。直接诊断迅速而且可靠,但往往受到机械结构和工作条件的限制而无法实现。一般仅用于机械中易于测量的部位。

间接诊断是利用机械产生的二次信息来间接判断机械中关键零部件的状态变化,如用润滑油的温升反映主轴承的磨损状态,用振动、噪声反映机械的工作状态等。由于二次信息属于综合诊断信息,因此,在间接诊断中可能出现伪警或漏检。

4．简易诊断和精密诊断

简易诊断是用比较简单的仪器、方法对机械总的运行状态进行诊断,给出正常或异常的判断,相当于人的初级健康诊断。简易诊断简单易行,方法比较成熟,目前较为普及。简易诊断主要用于机械性能的监测、故障劣化趋势分析及早期发现故障等。

精密诊断是针对简易诊断中判断大概有异常的机械进行的专门的诊断,以进一步了解机械故障发生的部位、程度、原因,预测故障发展趋势。精密诊断需要较为精密的仪器才能进行。它的主要目的是分析机械异常的类型、原因、危险程度,预测其今后的发展。图 1－3 所示为简易诊断与精密诊断的关系。

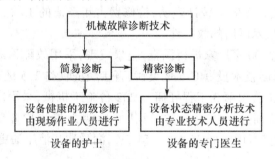

图 1－3　简易诊断与精密诊断的关系

5．在线诊断和离线诊断

在线诊断是对现场正在运行中的机械进行的自动实时诊断。

离线诊断是通过记录仪或计算机将现场测量的状态信号记下,带回实验室再结合诊断对象的历史档案作进一步分析和诊断。

6．常规诊断和特殊诊断

常规诊断是在机械正常工作条件下采集信息进行的诊断。大多数情况下的诊断都属于常规诊断。

特殊诊断是创造特殊的工作条件采集信号进行的诊断。例如,机械的转轴在起动和停机过程需通过转轴的几个临界转速,采集机械转轴在起动和制动过程中的振动信号是诊断故障所必须的,而这些信号在机械的常规诊断中是采集不到的,因此需要进行特殊诊断。

1.4 机械状态检测与故障诊断的发展

1.4.1 机械状态检测与故障诊断的技术地位

机械状态检测与故障诊断在工业中的地位可以从机械故障的危害性和采用故障诊断以后的收益性两个方面来加以考虑。

1. 机械故障的危害性

机械故障可以导致生产中断、机械产品质量下降、重大经济损失及危及人身安全。

机械故障产生机械事故，从而危及人身安全。例如，汽车控制系统失灵会造成车毁人亡，电梯电机故障会造成人机坠毁等。特别是大型机械，如飞机、火车、宇宙飞船等故障造成的损失就更大。但如果我们能对机械进行状态检测和故障诊断，及时有效地发现和排除故障，防隐患于未然，就能减少事故的发生。

2. 使用机械故障诊断技术的收益性

采用机械故障诊断技术可以减少事故的发生。例如，火车因热轴而引起出轨事故是早期经常发生的。现在每个火车站在火车进站之前都安装了红外火车热轴仪，对进站的火车车轴进行逐个扫描，在火车开过的几分钟时间里就能检查整列火车全部车轴的发热情况及发热位置，使火车在车站停车加油期间得到检修或更换，避免事故的发生。

机械故障诊断技术的使用，不仅减少了事故的发生，而且带来了巨大的经济效益。国内外分析表明，设备的维修费用比例有逐年增加的趋势。国外（日本）维修成本占生产成本的 12.9%；国内据石油系统的统计表明，检修费占年产值的 15%。下面举例说明国内外通过使用故障诊断技术以后的收益性。

英国政府曾经对 2000 家厂家进行调查，结果发现，采用故障诊断后每年平均节约维修费 3 亿英镑，用于诊断技术投资 0.5 亿英镑，直接经济收益 2.5 亿英镑。

我国北京机械施工公司第 3 工程处拥有 232 台施工机械，采用定期维修时每年所耗维修费中，仅材料费就高达 132 万元，实行状态检测为主的检修制度后，维修费下降 30%，汽车单位油耗维修费用降低 45.6% ~ 54.5%，润滑油和液压油更换周期延长 2 倍 ~ 3 倍。

因此，从采用故障诊断技术后所带来的收益性，不难看出机械故障诊断的重要性，从而可见机械故障诊断在工业中的重要地位。

1.4.2 机械状态检测与故障诊断技术的发展

对机械进行故障诊断，实际上自有工业生产以来就已存在。早期人们依据对机械的触摸，对声音、振动等状态特征的感受，凭借工匠的经验，可以判断某些故障的存在，并提出修复的措施。例如有经验的工人常利用听音棒来判断旋转机械轴承及转子的状态。但是故障诊断技术作为一门学科，则是 20 世纪 60 年代以后才发展起来。它是 20 世纪 60 年代开始起步、70 年代逐步完善、80 年代进入实用的一门发展极为迅速的综合性应用学科。

机械故障诊断首先应用于航空事业，然后才应用于一般机械。20 世纪 60 年代初到

70 年代末是机械故障诊断技术的起步阶段,最早开展故障诊断技术研究的是美国。美国 1961 年开始执行"阿波罗"计划后出现了一系列设备故障,促使 1967 年在美国宇航局(NASA)倡导下,由美国海军研究室(ONR)主持的美国机械故障预防小组(MFPG),积极从事故障诊断技术的研究和开发。1971 年 MFPG 划归美国国家标准局(NSB)领导,成为一个官方领导的组织。美国机械工程师学会(ASME)领导下的锅炉压力容器监测中心(NBBl)对锅炉压力容器和管道等设备的诊断技术作了大量的研究,制定了一系列有关静态设备设计、制造、试验和故障诊断及预防的标准规程,并研究推行设备的声发射(Acoustic – mission)诊断技术。其它如 Johns Mitchell 公司的超低温水泵和空压机监测技术,SPIRE 公司的用于军用机械的轴与轴承诊断技术,TEDECO 公司的润滑油分析诊断技术等都在国际上具有特色。在航空运输方面,美国在可靠性维修管理的基础上,大规模地对飞机进行状态检测,发展了应用计算机的飞行器数据综合系统(AIDS),利用大量飞行中的信息来分析飞机各部位的故障原因并能发出消除故障的命令。这些技术已普遍用于波音 747 和 DC9 这一类巨型客机,大大提高了飞行的安全性。在旋转机械故障诊断方面,首推美国西屋公司,从 1976 年开始研制,到 1990 年已发展成网络化的汽轮发电机组智能化故障诊断专家系统,其 3 套人工智能诊断软件(汽轮机 Turbin AID,发电机 Gen AID,水化学 Chem AID)共有诊断规则近 1 万条,已对西屋公司所产机组的安全运行发挥了巨大的作用,取得了巨大的经济效益。另外还有以 Bentley Navada 公司的 DDM 系统和 ADRE 系统为代表的多种机组在线监测诊断系统等。

英国在 20 世纪 60 年代末 70 年代初,以 R. A. Collaeott 为首的英国机械保健中心(U K Mechanical Health Monitoring Center)开始诊断技术的开发研究。1982 年曼彻斯特大学成立了沃福森工业维修公司(WIMU),还有 Michael Zealand Associate 公司等几家公司,担任政府的顾问、协调和教育工作,开展了咨询、制定规划、合同研究、业务诊断、研制诊断仪器、研制监测装置、开发信号处理技术、教育培训、故障分析、应力分析等业务活动。在核发电方面,英国原子能机构(UKAEA)下设一个系统可靠性服务站(SRS)从事诊断技术的研究,包括利用噪声分析对炉体进行监测,以及对锅炉、压力容器、管道的无损检测等,起到了英国故障数据中心的作用。在钢铁和电力工业方面,英国也有相应机构提供诊断技术服务。

机械诊断技术在欧洲其它一些国家也有很大进展,并且在某一方面具有特色或占领先地位,如瑞典的 SPM 轴承监测技术、挪威的船舶诊断技术、丹麦的振动和声发射技术等。

如果说美国在航空、核工业以及军事部门中诊断技术占有领先地位,日本则在某些民用工业,如钢铁、化工、铁路等部门发展很快,占有某种优势。他们密切注视世界性动向,积极引进消化最新技术,努力发展自己的诊断技术,研制自己的诊断仪器。例如 1970 年英国提出了设备综合工程学后,日本设备工程师协会紧接着在 1971 年开始发展自己的全员生产维修(TPM),并每年向欧美派遣"设备综合工程学调查团",了解诊断技术的开发研究工作,于 1976 年基本达到实用阶段。日本机械维修学会、计测自动控制学会、电气学会、机械学会也相继设立了自己的专门研究机构。国立研究机构中,机械技术研究所和船舶技术研究所重点研究机械基础件的诊断技术。东京大学、东京工业大学、京都大学、早稻田大学等高等学校着重基础性理论研究。其它民办企业,如三菱重工、川崎重工、日立制作所、东京飞利浦电气等以企业内部工作为中心开展应用水平较高的实用项目。例如，三菱重工在旋转机械故障诊断方面开展了系统的工作，所研制的"机械保健系统"在汽轮发电机组故障监测和诊断方面已起到了有效的作用。

我国于 1983 年发布了《国营工业交通设备管理试行条例》，1987 年国务院正式颁布了《全民所有制工业交通企业设备管理条例》，条例规定："企业应当积极采用先进的设备管理方法和维修技术，采用以设备状态检测为基础的设备维修方法"。其后，冶金、机械、核工业等部门还分别提出了具体实施要求，使我国故障诊断技术的研究和应用在全国普遍展开。自 1985 年以来，由中国设备管理协会设备诊断技术委员会、中国振动工程学会机械故障诊断分会和中国机械工程学会设备维修分会分别组织的全国性故障诊断学术会议已先后召开十余次，后单独成立了全国性工程机械故障诊断学会，并于 1998 年 10 月召开了第一届全国诊断工程技术学术会议，这些都极大地推动了我国故障诊断技术的发展。全国各行业都很重视在关键设备上装备故障诊断系统，特别是智能化的故障诊断专家系统，其中突出的有电力系统、石化系统、冶金系统以及高科技产业中的核动力电站、航空部门和载人航天工程等。工作比较集中的是大型旋转机械故障诊断系统，已经开发了 20 种以上的机组故障诊断系统和十余种可用来做现场简易故障诊断的便携式现场数据采集器。一些高等院校已培养了一批以设备故障诊断技术为专业方向的硕士研究生和博士研究生。我国的故障诊断事业正在蓬勃发展，将在我国经济建设中发挥越来越大的作用。

1.4.3 机械状态检测与故障诊断的发展方向

目前，各种以计算机为主体的自动化诊断系统问世并投入了实用，反映当前故障诊断技术发展有以下几个主要方向。

1. 诊断装置系统化

为实现诊断自动化，把分散的故障诊断装置系统化，与电子计算机相结合，实现状态信号采集、特征提取、状态识别自动化，能以显示、打印绘图等各种方式自动输出机器故障"病历"——诊断报告。目前，虚拟仪器技术的开发为诊断装置的系统化提供了非常有利的条件。

2. 智能化专家系统

故障诊断的专家系统是一种拥有人工智能的计算机系统，它不但具有系统诊断的全部功能，而且还将许多专家的经验智慧和思想方法同计算机巨大的存储、运算和分析能力相结合，组成共享的知识库。利用人工神经网络、遗传算法及专家系统组成的智能化专家系统是故障诊断专家系统的高级形式，是故障诊断发展的必然趋势。

3. 机电液一体化的故障诊断技术

在科技高度发展的今天，先进的机械不再是一个简单的机械物理运动的载体，而是一个集机械、电子、计算机、液压等于一体的大型复杂机械。由于现代大型复杂机械高昂的研制代价以及发生故障后造成的灾难性后果，其可靠性的要求非常严格，但严重事故仍然时常发生。因此，集机电液一体化的故障诊断技术受到了机械领域科研人员的高度重视，并得到了迅速发展。

4. 多源信息融合技术

目前各种监测手段、诊断和控制方法大多利用单一信息源数据对机械某一类特定故障实施诊断和控制,缺乏对多源多维信息的协同利用、综合处理,也未能充分考虑诊断对象的系统性和整体性,因而在可靠性、准确性和实用性方面都存在着不同程度的缺陷。

近年来迅速发展起来的多源信息融合技术,是研究对多源不确定性信息进行综合处理及利用的理论和方法。目前该技术已成功地应用于众多的领域,其理论和方法已成为智能信息处理及控制的一个重要研究方向。信息融合技术的发展和应用也为机械故障诊断技术注入了新的活力,使基于多传感器或多方法综合的故障诊断技术具备了系统化的理论基础和智能化的实现手段。以传感器技术和现代信号处理技术为基础,以信息融合技术为核心的智能诊断技术代表了当今故障诊断技术的发展方向。

5. 远程故障诊断技术

远程故障诊断技术就是通过机械故障诊断技术与计算机网络技术相结合,在各种机械上建立状态检测点,采集机械状态数据;而在技术力量较强的科研单位建立诊断中心,对设备运行进行分析诊断的一项新技术。远程故障诊断与维护的实现可以使机械的故障诊断更加灵活方便,也能实现资源共享。

远程故障诊断技术目前还处于发展初期,还有很多问题尚待解决,这包括故障诊断技术本身要解决的问题及网络技术的问题。但是,无论是从经济观点出发,还是从整个施工来考虑,借助 Internet,准确、及时、有效地实现机械远程故障诊断的方法都值得关注和研究。

第2章　温度检测与诊断技术

温度诊断是机械状态检测与故障诊断中常用的诊断方法之一。本章主要介绍接触式测温和非接触式测温方法，在接触式测温方法中重点介绍热电偶测温和热电阻测温方法，在非接触式测温中重点介绍红外测温方法，并进一步介绍温度诊断特别是红外诊断的方法及应用实例。

2.1　温度检测的一般方法

温度是表征物体内部冷热状态的物理量，测量人体温度可以了解人体健康状况，测量机械温度同样可反映机械运行状态的优劣，说明机械有无发热、过热现象，若出现发热、过热现象，则表示机械可能存在某种故障。

我国常用温度有摄氏温度和热力学温度。摄氏温度用符号 t 表示，单位为℃；热力学温度用符号 T 表示，单位为 K。一般 0℃以上用摄氏温度表示，0℃以下用热力学温度表示，这样可以避免使用负值。热力学温度又称绝对温度，绝对零度 0K 等于 − 273.16℃。

温度的测量一般都是利用物体的热膨胀、热电变换、热电阻、热辐射以及熔点、硬度、颜色等随温度变化而变化的物理效应和化学效应实现的，按测温方式可分为接触式和非接触式两大类：

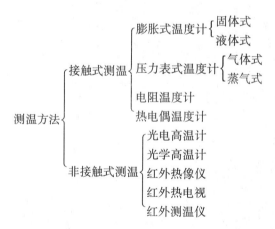

通常接触式测温仪表比较简单、可靠，测量精度较高。但因测温仪器与被测介质需要进行充分的热交换，需要一定的时间才能达到热平衡，所以存在测温的延迟现象，同时受耐高温材料的限制，不能应用于很高的温度测量。非接触式测温通过热辐射原理来测量温度，测温元件不需与被测介质接触，测温范围广，不受测温上限的限制，也不会破坏被测物体的温度场，反应速度一般比较快；但受到物体的发射率、测量距离、烟尘和水气等外界因素的影响。

2.2　接触式测温仪器

接触式测温仪器通过测温元件与被测机械相互接触而测温,主要有膨胀式温度计、压力表式温度计、电阻温度计、热电偶温度计等。

2.2.1　热电偶测温法

热电偶是工业上最常用的温度测量仪器,其优点是:

(1) 测量精度高。因热电偶直接与被测对象接触,不受中间介质的影响。

(2) 测量范围广。常用的热电偶从 $-50℃ \sim +1600℃$ 均可测量,某些特殊热电偶最低可测到 $-269℃$,最高可测到 $+2800℃$。

(3) 构造简单,使用方便。热电偶通常是由两种不同的金属丝组成,而且不受大小和开头的限制,外有保护套管,使用起来非常方便。

此外它还有制作方便、热惯性小等优点。它既可用于流体温度测量,也可用于固体温度测量;既可用于静态测量,也可用于动态测量。能直接输出直流电压信号,便于温度信号的测量、传输、自动记录和控制。因此,在温度诊断中广泛使用。

1. 热电偶测温原理

热电偶测温是基于热电效应的原理进行的。热电效应是指当两种不同导体两端接合成一封闭回路时,若两接合点温度不同,则回路中产生热电势的过程。因此,热电偶是将热能转变成电能的传感器。

当 A、B 两根导线连接成闭合回路时(图 2 - 1),回路中就产生热电势:

$$E_{AB}(T, T_0) = e_{AB}(T) - e_{AB}(T_0) - \int_{T_0}^{T} \sigma_A dT + \int_{T_0}^{T} \sigma_B dT \qquad (3-1)$$

式中　σ——材料的汤姆逊系数,与材料的特性有关。

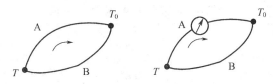

图 2 - 1　热电效应

从热电效应可以看到:

(1) 对于特定的两种材料制成的热电偶,其热电势 $E_{AB}(T_0, T)$ 只与两端温度 T、T_0 有关。

(2) 若保持冷端温度 T_0 不变,则热电势是热端温度 T 的函数:

$$E_{AB}(T_0, T) = E_{AB}(T)$$

因此,热电偶具有以下性质:

(1) 热电偶的热电势只与接合点温度有关,与 A、B 材料中间温度无关。

(2) 若在回路中插入第三种导体材料,只要第三种材料两端温度保持不变,将不影响原回路的热电势。

基于热电偶的性质,得到热电偶的用途如下:

（1）可用第三根导线引入电位计显示温度变化而不影响原回路热电势（图2-2(a)）。

（2）对于被测物体是导体，如金属表面、液态金属等，可直接将热电偶的两端A、B插入液态金属（图2-2(b)）或焊接在金属表面上（图2-2(c)），这时被测导体（液态金属或金属表面）就成为第三种导体。

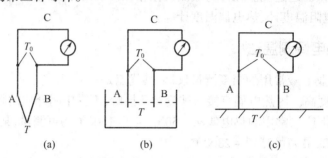

图2-2 热电偶的用途

2.常用热电偶

常用热电偶可分为标准热电偶和非标准热电偶两大类。标准热电偶是指国家标准规定了其热电势与温度的关系、允许误差，并有统一的标准分度表，它有与其配套的显示仪表可供选用。非标准化热电偶在使用范围或数量级上均不及标准化热电偶，一般也没有统一的分度表，只用于特殊场合的测量。

理论上任何两种导体都可以配制成热电偶。实际上纯金属虽然复现性好，但因其产生的热电势太小而无实用价值；非金属热电势大，熔点高，但其复现性和稳定性差，应用上也存在问题，仍处于研究中。

目前常用的热电偶主要是有纯金属与合金、合金与合金两种类型的热电偶。纯金属-合金热电偶有铂铑$_{10}$-铂等；合金-合金热电偶有镍铬-考铜、镍铬-镍硅等。表2-1列出了常用热电偶及其特性。

表2-1 常用热电偶及其特性

项 目		热电偶名称			
		铂铑$_{39}$-铂铑$_6$（WRLL）	铂铑$_{10}$-铂（WRLB）	镍铬-镍硅（WREV）	镍铬-考铜（WREA）
分类号		LL-2	LB-3	EV-2	EA-2
热电极识别	正极	铂铑$_{39}$合金	铂铑$_{10}$合金，较硬	镍铬合金，无磁性	镍铬合金，色较暗
	负极	铂铑$_6$合金	纯铂，较软	镍硅合金，有磁性	考铜合金，银灰色
测温上限/℃	长时间	1600	1300	1000	600
	短时间	1800	1600	1300	800
100℃热电势/mV		0.034	0.643	2.1	6.95
主要特性		性能稳定，精度高，适用于氧化性和中和性介质，但热电势小，价贵，40℃以下冷端温度不用修正	复制精度和测量准确度较高，适用于精密测量及作基准热电偶，热电势较小，价贵	复制性好，热电势大，线性好，化学稳定性较高，价格便宜，是工业生产中最常用一种热电偶	热电势大，灵敏度高，价廉，但考铜合金丝受氧化易变质，质材较硬，不易得到均匀的线径

14

为了保证热电偶可靠、稳定地工作,对热电偶的结构有如下要求:

(1) 组成热电偶的两个热电极的焊接必须牢固;

(2) 两个热电极彼此之间应很好地绝缘,以防短路;

(3) 补偿导线与热电偶的连接要方便可靠;

(4) 保护套管应能保证热电极与有害介质充分隔离。

工业热电偶主要由热电偶丝、绝缘套管、保护套管、接线盒等组成,如图 2 - 3 所示。

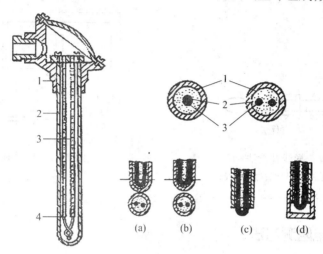

图 2 - 3　热电偶结构示意图

(a) 破底式;(b) 不破底式;(c) 露头式;(d) 框式。

1—接线盒;2—保护套管;3—绝缘套管;4—热电偶丝。

3. 热电偶的终端补偿

热电偶测温时只有当热电偶的冷端温度 T_0 恒定时,热电偶的热电势 $E_{AB}(T, T_0)$ 才是热端温度 T 的函数 $E_{AB}(T)$。这时测量热电势 $E_{AB}(T)$ 即可得到热端温度 T。但由于热电偶一般用贵金属材料制造,材料比较贵重,热电偶不可能做得很长,这时很难保持冷端温度 T_0 恒定。这样,即使是同一热端温度 T,当冷端温度变化时,其热电势也要改变。例如,当热端温度 T 不变,冷端温度由 T_0^1 变到 T_0^2 时,设热电偶的热电势在冷端温度 T_0^1 时为 $E_{AB}(T, T_0^1)$,在冷端温度 T_0^2 时为 $E_{AB}(T, T_0^2)$,因 $T_0^1 \neq T_0^2$,所以 $E_{AB}(T, T_0^1) \neq E_{AB}(T, T_0^2)$,两者产生了误差。因此热电偶需进行终端补偿。终端补偿有导线补偿法和电桥补偿法两种。

1) 导线补偿法

将 A_1、B_1 作为补偿导线,用来将热电偶的冷端延伸到远离热端 T 的冷端恒温器处,以避免热端温度变化对冷端温度造成影响(图 2 - 4)。

2) 电桥补偿法

电桥补偿法是利用电桥进行温度补偿,在电桥中引入一个电阻温度系数大的电阻应变片 R,而电桥电阻 R_1、R_2、R_3、R_4 则为电阻温度系数小、且几乎不随温度而变化的电阻应变片(图 2 - 5)。假定热端温度 T 不变,只有冷端温度 T_0 变化。若电桥在冷端温度 T_0^1 时调平衡,此时电桥输出电势 $e_y = 0$,热电偶的热电势为 $E_{AB}(T, T_0^1)$。当 T_0 从 T_0^1 变

到 T_0^2 时,热电偶产生的热电势为 $E_{AB}(T, T_0^2)$。在 T 相同的情况下由于 $E_{AB}(T, T_0^1) \neq E_{AB}(T, T_0^2)$ 而产生误差。但加入电桥补偿后,由于 T_0 变化,电阻应变片 R 的阻值也随之改变:R 变为 $R \pm \Delta R$。由于电桥不平衡,输出 e_y 将不为零,$E_{AB}(T, T_0^2) \pm e_y = E_A(T, T_0^1)$,从而减少误差起到补偿作用。因此,电桥补偿是利用电桥不平衡产生的电势补偿热电偶因冷端 T_0 温度变化引起的热电势变化值。

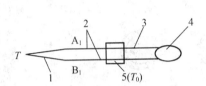

图 2 - 4　导线补偿法

1—热电偶;2—补偿导线;3—铜线;

4—测温器;5—冷端恒温补偿器。

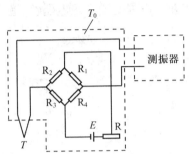

图 2 - 5　电桥补偿法

2.2.2　热电阻测温法

热电阻是中低温区最常用的一种温度检测器。它的主要特点是测量精度高,性能稳定。其中铂电阻的测量精确度最高,不仅广泛应用于工业测温,而且被制成标准的基准仪。

热电阻又称电阻温度计,它是利用导体、半导体的电阻值随温度的增加而增加这一特性来进行温度测量的。根据使用的材料不同,电阻温度计分为金属丝电阻温度计和半导体热敏电阻温度计两种。

1.金属丝电阻温度计

当温度变化时,金属丝电阻温度计的电阻值随温度变化,当材料的温度由 t_0 增加到 $t:t = t_0 + \Delta t$ 时,其电阻值 R_t:

$$R_t = R_0(1 + \alpha \Delta t) \qquad\qquad (3-2)$$

式中　R_0——温度 t_0 时的电阻值;

　　　α——电阻温度系数,随材料的不同而不同,在电阻温度计中一般希望 α 越大越好。

因此,测量电阻 R_t 就可知道温度 t。

目前最常用的金属丝电阻温度计有铂电阻和铜电阻两种。

铂电阻材料为金属铂,符号为 WZB,它具有测温精度高、线性好、稳定性好、电阻温度系数大等优点,测温范围在 −26℃ ~ 600℃,可用作国际实用温标基准器来校准其它温度计。

铜电阻材料为金属铜,符号为 WZG。铜电阻的测温范围在 −50℃ ~ 150℃,具有价格便宜、线性度好等优点;但它也有电阻率低、高温会氧化等缺点。

2.半导体热敏电阻温度计

半导体热敏电阻温度计是由半导体金属氧化物(MnO_2,NiO 等)制成。半导体热敏电

16

阻温度计与金属丝电阻温度计相比具有以下优点：

(1) 电阻温度系数大,灵敏度高,可测 0.001℃ ~ 0.005℃ 的微小温差;

(2) 可制成各种形状,宜动态测量,精度达 ms 级;

(3) 半导体本身电阻高(3kΩ ~ 700kΩ),远距离测量时导线电阻影响可不考虑;

(4) 抗腐蚀性好,在 - 50℃ ~ 350℃ 稳定性好。

半导体热敏电阻温度计的缺点是非线性大、老化快、对环境温度反应灵敏、互换性差、易受环境的干扰、使用时需经常校准。

热电阻测温系统一般由热电阻、连接导线和显示仪表等组成。使用中必须注意以下两点：

(1) 热电阻和显示仪表的分度号要一致;

(2) 为了消除连接导线电阻变化的影响,必须采用三线制接法。

2.2.3 其它接触式测温法

1. 易熔合金测温法

易熔合金测温法是利用易熔合金(易熔塞)测量温度。它是基于纯金属及某些合金(共熔合金)具有各自固定的熔点,把这些具有固定熔点的金属(合金)丝嵌入被测零部件的表面,当零部件经过一定时期的运转后观察金属丝是否熔化来确定该点的温度范围。

此法的优点是安装方便,尤其对运动零部件的测温简单易行,测试结果直观。但是每次只能测一种工况下的温度值,且各点的绝对温度值难以精确确定。

以活塞温度为例,安装好多个易熔塞后,在稳定的待测工况下,机械运行时间应不少于 15 min ~ 20min,然后取出活塞,清除积炭,仔细确定哪些易熔塞已经熔化,哪些半熔化或未熔化。将其结果标注在试验前已经填好的易熔塞标号表中。

2. 硬度塞测温法

硬度塞测温是基于金属材料淬火后,若在不同的温度下进行回火,则该金属材料的表面硬度也将不同,回火温度越高,则表面硬度越低。因此,只要选择适当的金属材料加工成小螺钉,经过淬火后,将其装入被测物体的表面,在机械运行一定的时间后,取出这些螺钉,放在硬度计上打出表面硬度,根据预先绘制的该材料的温度 ~ 硬度曲线,即可测温度值。

该方法的优点是安装方便,不需引线,易进行温度场的测量;但测量精度不高,而且硬度计要求有一定经验的专业人员进行操作,以免因操作不当带来过大的误差。

3. 示温涂料测温法

示温涂料测温法是利用某些物质的颜色随温度变化的特性来进行测温的。例如,复盐碘化汞(HgI_2)、碘化亚铜(Cu_2I_2)当温度达到 70℃ 时会从红色变成黑色。若发现某点示温涂料由红色变为黑色时,就可知道该点温度达到了 70℃。

示温涂料法测温通常要求示温涂料随温度变化的过程不可逆。为了便于进行零件温度分布的实际观察,可以通过选取某种具有多点温度下相继变色的物质,或者可以通过混合多种具有单个变色温度的颜料而制取示温涂料。

变色温度与温度的延续时间有关,延续时间越长,变色温度就越下降,因此,有时要用变色温度 ~ 时间关系曲线校正测试结果。

根据示温涂料法原理可制成变色表面温度示温片和示温带。测温时,只要将表面温度指示片(或示温带)粘附在被测机械的干燥表面,并保持良好接触。当被测表面温度达到该指示器所代表的温度时,便显示出数字或图形(图2-6),根据该指示器标出的温度数值,便可判断机械表面的温度。此法的测温范围在40℃~260℃左右。

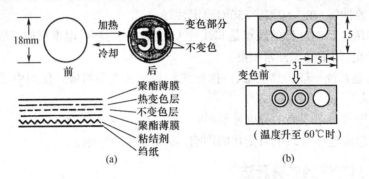

图2-6　表面示温指示器
(a) 数字显示的示温片；(b) 图形显示的示温片。

4.示温蜡片测温法

示温蜡片测温法是利用某些物质在不同温度下能够发生熔化或变色的特性进行测温。如国产的示温蜡片的额定显示温度有60℃、70℃、80℃、90℃、100℃五种。使用时可根据机械额定工作温度选择相应的示温蜡片贴在监测部位,当被测部位温度超过示温蜡片额定温度时,示温蜡片即熔化脱落,从而发现过热现象。另外,如果需要了解机械表面温度变化,则可在机械的相应部位贴上2种~3种温度在变化范围内的示温片,便可反映出温度的细微变化。根据这个原理制成了结构简单、便携式的测温笔,它可根据画在机械表面的笔痕变色时间长短来判定温度范围。目前已有70℃、80℃、125℃等品种的测温笔。

2.3　非接触式测温仪器——红外测温仪器

接触式温度测温必须使测温元件与被测机械的表面良好接触,方可得出正确的测量温度。用接触式测温测出的温度值实际上是测温计的感温元件本身的温度,其测量温度的前提条件是认为感温元件与被测机械"同温",实际上感温元件与被测机械温度可能会有一定的差值,因而可能造成一定的误差。接触式测温由于测温计与被测机械接触,因而会破坏被测机械原来的温度场而造成误差,这类误差是任何接触式测温法都不可避免的。接触式测温必须置身于测量温度场中,对于一些特殊场合,如温度特别高、温度特别低、腐蚀介质、导电介质、导热性差的机械等,甚至无法测温。

由于接触式测温带来误差和测温的局限性,促进了非接触式测温方法的迅速发展。非接触式测温不存在热接触、热平衡带来的缺点和应用范围上的限制,许多接触式测温无法测量的场合,都能采用非接触式测温来解决。非接触式测温可用于测量温度很高的目标、距离很远的目标、有腐蚀性的介质、导热性差的物体、目标微小的物体、小热容量的物体、运动中的物体和温度动态过程及带电物体等的测温。非接触式测温中的红外测温使用最广。

红外测温技术在生产过程中,在产品质量控制和监测、设备在线故障诊断和安全保护以及节约能源等方面发挥了着重要作用。近 20 年来,非接触红外测温仪在技术上得到迅速发展,性能不断完善,功能不断增强,品种不断增多,适用范围也不断扩大,市场占有率逐年增长。红外测温具有响应时间快、非接触、使用安全及使用寿命长等优点。

红外测温是一种在线监测(不停电)式高科技检测技术,它集光电成像技术、计算机技术、图像处理技术于一身,通过接收物体发出的红外线(红外辐射),将其热像显示在荧光屏上,从而准确判断物体表面的温度分布情况。目前应用红外技术的测试仪器较多,如红外测温仪、红外热电视、红外热像仪等。红外热电视、红外热像仪等仪器利用热成像技术将看不见的"热像"转变成可见光图像,使测试效果直观,灵敏度高,能检测出机械细微的热状态变化,准确反映机械内部、外部的发热情况,可靠性高,对发现机械隐患非常有效。

2.3.1 红外概念

红外光也叫红外线,由英国科学家赫胥尔发现。红外线与可见光一样是电磁波的一种,是自然界存在的一种最为广泛的电磁波辐射。宇宙中电磁波的波谱范围很宽,从波长小于 $10^{-6}\mu m$ 的宇宙射线到电力传输用的波长达 $10^5\mu m$ 的长波。红外线在电磁波连续频谱中的位置是处于无线电波与可见光之间的区域。可见光的波长在 $0.4\mu m \sim 0.76\mu m$,其中波长最短的可见光是紫光,波长最长的可见光是红光。比紫光波长短的光叫紫外线,比红光波长长的光叫红外线,它们都是不可见光。图 2-7 所示是各种光在电磁波中的位置。

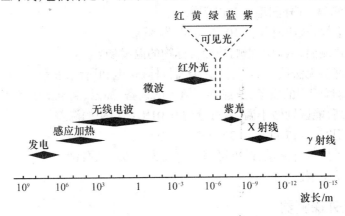

图 2-7 各种光在电磁波中的位置

红外线的波长在 $0.76\mu m \sim 1000\mu m$,它可进一步分为近红外($0.76\mu m \sim 3\mu m$)、中红外($3\mu m \sim 6\mu m$)、远红外($6\mu m \sim 15\mu m$)和超红外(或称极红外,$15\mu m \sim 1000\mu m$)。

红外线和其它光一样以光速传播,可被吸收、散射、反射、折射等,遵循相同的光波定律。

根据斯忒藩-玻耳兹曼(Stefan-Boltzman)定理:任何物体,只要其温度高于绝对零度($-273.16℃$)都要向外辐射能量。从紫光到红光热效应逐渐增加,而最大的热效应在红外光区域。辐射的能量与温度有关,物体温度越高,向外辐射的能量就越多。物体的辐射强度 W 与其热力学温度的 4 次方成正比:

$$W = \sigma\varepsilon T^4 \tag{3-3}$$

式中　W——物体单位面积辐射功率(W/m^2)；

　　　σ——斯忒藩 – 玻耳兹曼常数($\sigma = 5.67 \times 10^{-8} W/m^2 \cdot K^4$)；

　　　ε——物体的比辐射率。

比辐射率是指真实物体的辐射度与绝对黑体的辐射度之比。绝对黑体是指任何温度下全部吸收任何波长的辐射。在同样的温度和相同表面的情况下,绝对黑体辐射的功率最大。绝对黑体的比辐射率为：$\varepsilon = 1$。理想的绝对黑体在自然界中是不存在的。自然界中真实物体的比辐射率 ε 总是小于 1。表 2 – 2 列出了各种材料的比辐射率。

表 2 – 2　各种材料的比辐射率

材料	温度/℃	辐射率	材料	温度/℃	辐射率
铝	20 ~ 1000	0.04 ~ 0.2	镍	100 ~ 1205	0.045 ~ 0.86
黄铜	20 ~ 600	0.03 ~ 0.61	铂	50 ~ 1100	0.05 ~ 0.18
青铜	50 ~ 150	0.1 ~ 0.55	铸铁	50 ~ 1300	0.21 ~ 0.95
铜	5 ~ 1300	0.01 ~ 0.88	钛	200 ~ 1000	0.15 ~ 0.60
铬	50 ~ 1000	0.1 ~ 0.38	钨	200 ~ 3300	0.05 ~ 0.39
铁	20 ~ 525	0.05 ~ 0.85	锌	50 ~ 1200	0.04 ~ 0.60
钢	20 ~ 1100	0.11 ~ 0.98	石棉	20 ~ 1000	0.40 ~ 0.96
铅	20 ~ 200	0.28 ~ 0.93	纸	20 ~ 1000	0.70 ~ 0.96

相对于其它测温,红外测温具有以下优点：

(1) 反应速度快,响应时间在 $10^{-3}s \sim 10^{-9}s$ 量级。

(2) 非接触式测温,从而不影响被测目标物的温度场。

(3) 可用于许多无法接近的目标、远距离目标、带电和腐蚀性等介质温度测量。如月球表面温度,高速运转中的设备,放射性环境下的设备,高温、高电压设备等的温度测量。

(4) 灵敏度高,能区别微小温差,可分辨 0.01℃ 或更小的温差。

(5) 测温范围宽(– 170℃ ~ + 3200℃)。

(6) 可对小目标进行测量,最小可测出直径为 $7.5\mu m$ 的目标。

(7) 可进行动态测温。

2.3.2　红外探测器

红外探测器是红外仪器的核心部件之一,各种红外仪器之所以能够测到红外线,是因为它们有一个专门对红外线敏感的元件,人们通常把这种对红外光敏感的元件叫做红外探测器。红外探测器就是能够把入射的微弱红外光转换为可以测量的电信号的光电转换器件。根据工作原理不同,红外探测器可分为热敏探测器和光子探测器,它们的分类如下：

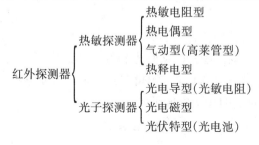

20

1. 热敏探测器

红外光具有很强的热效应,热敏探测器就是利用红外辐射产生热效应的原理制成的。红外辐射加热半导体薄膜(热敏元件)使电阻变化,测量热敏元件的电阻变化从而知道薄膜受到的热辐射。

因红外辐射使敏感元件温度升高比较缓慢,所以,相对来说热敏探测器的响应时间较长,大约在毫秒数量级以上。热敏探测器对入射的各种波长辐射线基本上具有相同的响应率(图2-8(a))。因此,它属于无选择性红外探测器。

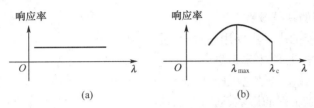

图2-8 探测器的响应率

(a)热敏探测器;(b)光子探测器。

2. 光子探测器

除热敏探测器外,还有一类探测器是利用红外光子与探测器物质中的电子相互作用(光电效应)的原理进行的,这类探测器称为红外光子探测器。红外光子探测器利用红外辐射的光子投射到半导体器件(光敏元件),使半导体器件的电子-空穴对分离而产生电信号,测量其电信号就可得到红外辐射能量。由于不同波长的红外光子具有不同的光子能量,对于某一特定的物质,存在着一个特定的红外波长,如果红外光波长大于这一波长,光子与物质相互作用的程度较弱,因此无法探测,这一特定波长就叫做探测器的响应截止波长 λ_c。因此,光子探测器一般都工作在特定的波段(图2-8(b))。表2-3列出了一些目前典型的各波段探测器。

表2-3 一些目前典型的各波段探测器

波长范围/μm	工作在该波段的典型红外光子探测器
0.7~1.1	硅光电二极管(Si)
1~3	铟镓砷(InGaAs)、硫化铅探测器(PbS)
3~5	锑化铟(InSb)、碲镉汞探测器(HgCdTe)
8~14	碲镉汞探测器(HgCdTe)
16以上	量子阱探测器(QWIP)

3. 光子探测器和热敏探测器的比较

与热敏探测器相比较,光子探测器对红外光的探测率较高,通常被用于需要高灵敏探测的仪器中。光子探测器,尤其是中、长波红外探测器,通常要求工作在深低温,所以一般要采用制冷机或者液氮将它们的工作温度降到-190℃左右,这给一般应用增加了一些麻烦。但是,光子探测器具有响应速度快的特点,它的响应时间一般在微秒或纳秒级,因此一些快速测量的场合,只能采用光子型探测器。譬如,随着我国铁路系统火车不断提速,列车轴温测量红外系统的探测器已经从原来的热敏探测器逐渐更换为半导体致冷的光子红外探测器,其原因就是原有的热敏探测器毫秒级的响应时间已经来不及测量靠得较近的两个火车轮轴的温度。光子探测器和热敏探测器的性能比较如表2－4所列。

表2－4　光子探测器和热敏探测器的性能比较

性　能	灵敏度	响应速度	制冷	使用	其　它
光子探测器	高	快	需要	不太方便	灵敏度随波长变化
热敏探测器	低	慢	不需	方便	耐用、价低、对波长响应变化微小

4.红外探测器的特征参数

红外探测器性能的优劣主要用参数——探测器材料、工作类型、工作温度、工作波长、响应时间以及响应率、探测率来衡量。

(1)响应率 R:输出信号电压(或电流)与输入红外辐射功率之比。为了便于测量,避免探测器噪声和背景辐射的影响,通常输入的红外辐射功率是经过调制的,输入与输出都是指调制成某一正弦频率分量的均方根值和平均值。

(2)探测率 D:当单位功率的红外辐射入射在具有单位探测面积的探测器上时所能获得的单位带宽的信噪比。

表2－5列出了几种红外探测器及其主要技术性能。

表2－5　几种红外探测器及主要技术性能

探测器材料	工作类型	工作温度 /K	峰值波长 λ_P /μm	峰值探测率 D /(cm·Hz$^{1/2}$·W^{-1})	响应时间 /s(频响)
InAs	光伏特	77	2.8	7×10^{11}	5×10^{-7}
PbS	光电导	77	3.8	6×10^{10}	3.2×10^{-5}
PbTe	光伏特	77	5	8.7×10^{10}	2.5×10^{-3}
TGS	热释电	295	1000	1×10^{9}	10Hz
Ge－B	高莱管	295	1000	2×10^{-10}(NEP)	1.5×10^{-2}

2.3.3　红外成像

红外成像就是将人眼不可见的红外辐射信号变成人眼可见的红外热图像显示出来的方法。红外成像系统的主要部分是红外探测器和监视器。其中,红外探测器又称"扫描器"或"红外摄像仪"、"摄像头"等,它由成像物镜、光机扫描机构、致冷红外探测器、控制电路及前置放大器等组成。红外监视器包括视频放大、A/D 转换和信号处理等(图2－9)。

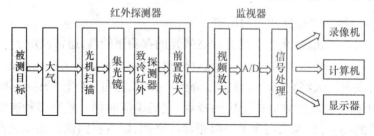

图2－9　红外成像系统组成

红外成像可分为主动式红外成像和被动式红外成像。

1. 主动式红外成像

主动式红外成像是用一红外辐射源照射被测物体,被测物体将反射红外辐射,用传感器接收摄取被测物体反射的红外辐射信号,从而得到被测物体反射的红外信号,经放大和处理后在显示器上形成的二维热图像(图2-10)。

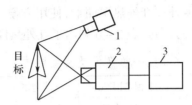

图2-10 主动式红外成像
1—红外光源;2—摄像机;3—监视器。

2. 被动式红外成像

温度在绝对零度以上的物体,都会因自身的分子运动而辐射出红外线。通过红外探测器将物体辐射的功率信号转换成电信号后,成像装置的输出信号就可以完全一一对应地模拟扫描物体表面温度的空间分布,经电子系统处理,传至显示屏上,得到与物体表面热分布相应的热像图(图2-11)。运用这一方法,能实现对目标进行远距离热状态图像成像和测温。图2-12(a)是光学扫描热像仪的结构组成图,图2-12(b)是热像仪的实物图。

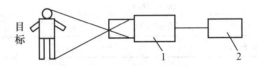

图2-11 被动式红外成像
1—摄像机;2—监视器。

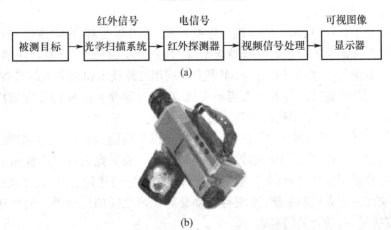

(a)

(b)

图2-12 红外热像仪
(a)红外热像仪的结构组成;(b)红外热像仪实物图。

红外热像仪一般分光机扫描成像系统和非扫描成像系统。光机扫描成像系统采用单元或多元光电导或光伏红外探测器。用单元探测器时速度慢，主要是帧幅响应的时间不够快。多元阵列探测器则可做成高速实时热像仪。非扫描成像的热像仪，如近几年推出的阵列式凝视成像的焦平面热像仪，属新一代的热成像装置，在性能上大大优于光机扫描式热像仪，有逐步取代光机扫描式热像仪的趋势。

由于被动式红外成像无需外部红外热源照射，使用方便，得到非常广泛的使用，从而成为红外技术的一个重要发展方向。表2-6列出了红外热像仪及其主要技术性能。

表2-6 红外热像仪及其主要技术性能

型号	探测器	测温范围/℃	光谱范围/μm	生产厂家
RXY-1	单元InSb	-20~900	2~5.6	上海新跃仪器厂
HWRX-1	光伏型碲锡铅	-20~1000	8~12	电子部11所
841	光伏型碲锡铅	-30~1500	8~12	中科院上海技术物理所
AGA-750	单元InSb	-20~900	2~5.6	瑞典AGEMA公司
AGA-782	单元HgCdTe	-20~1000	8~12	瑞典AGEMA公司
TVS-3100	10元InSb	-20~950	2~5.6	美国HUGHES公司
TVS-3300	10元InSb	-20~280	2~5.6	美国HUGHES公司
TVS-7300	30元InSb	-20~1500	2~5.6	美国HUGHES公司
6T61	单元HgCdTe	-20~700 120~800 700~2000	8~13	日本电器三荣公司
Model525	HgCdTe	20~1300	8~12	美国Inframeteries
IR18	Muilar Sprite		8~13	英国Barr&Stroud

红外成像系统几乎从一诞生就以其强大的技术优势逐步占领了世界军用和商用市场，其在生产加工、天文、医学、法律及消防等方面都得到了广泛的应用，在世界经济的发展中发挥着举足轻重的作用。

在军事应用上，红外技术主要应用在导航系统、探测与搜索、光学成像和目标评估系统中。利用红外探测器能够及时发现危险情况、判别微小目标、探查制导武器系统，还能及时提供有关受损的反馈信息。此外，军事上还利用红外技术识别敌人的某些伪装，或者是关闭敌人的红外传感器。随着无人驾驶飞机、超高速导弹系统和伪装防御成像等方面的研究进展，红外技术在军用市场得到了更大的发展。

在商业领域，红外成像技术可应用于建筑物热损失检测、电气元件故障预测、电子系统测试、生产过程监控及生产中的临界温度控制等。目前研究人员正在探索利用红外技术在积雪中寻找被埋物体(如汽车)、检测激光焊接过程中的热量情况、在边境检查站用红外发送机自动评估边界控制系统、实现与移动交通工具之间的通信等。另外还用作夜视仪、银行防盗装置、自动开关门装置等。

在科学研究方面，红外成像技术主要用于航空领域。人造卫星和太空飞船上的机载红外传感器监视天气变化、研究植被类型、协助农业规划和地质探测，还可探查海洋中的温度变化等。

2.3.4 红外热电视

红外热像仪具有优良的性能,但它的装置精密,价格比较昂贵,且需要制冷系统方能工作,除了一些重要设备需配备红外热像仪外,大多数工业应用采用价格比较低廉的红外热电视。

红外热电视是红外热像仪的一种。红外热电视通过热释电摄像管(PEV)接受被测目标物体的表面红外辐射,并把目标内热辐射分布的不可见热图像转变成视频信号,因此,热释电摄像管是红外热电视的光键器件,它是一种实时成像、宽谱成像(对 $3\mu m \sim 5\mu m$ 及 $8\mu m \sim 14\mu m$ 有较好的频率响应)、具有中等分辨率的热成像器件,主要由透镜、靶面和电子枪三部分组成。其技术功能是将被测目标的红外辐射线通过透镜聚焦成像到热释电摄像管,采用常温热电视探测器和电子束扫描及靶面成像技术来实现,用电子束扫描的方式得到电信号,后经放大处理,将可见光图像显示到荧光屏上(图 2 – 13)。表 2 – 7 列出了目前国内外主要的红外热电视及其技术性能。

表 2 – 7　红外热电视及主要技术性能

型　号	工作波段/μm	测温范围/℃	生产厂家
PTV – 12			北京自力自动化设备厂
IPTV – 1	8 ~ 14	– 30 ~ 1000	华中工学院
PEV	8 ~ 14	0 ~ 1000	华中工学院
ICR	8 ~ 14		华中工学院
HW – II	8 ~ 14	0 ~ 1000	华中工学院
91		– 30 ~ 1100	美国 I.S.I. 公司
XS – 420		– 30 ~ 1100	美国 XEDAR 公司
IR – 80			英国 IV5 公司

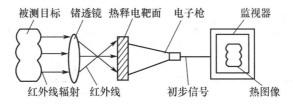

图 2 – 13　红外热电视组成

2.3.5 红外测温仪

红外测温仪又称红外点温仪,它通过接收物体自身发射出的不可见红外能量而工作。非接触红外测温仪有许多应用,最普通的有:在汽车工业诊断汽缸和加热/冷却系统;在电气工业检查有故障的变压器、电气面板和接头;在食品工业扫描管理、服务及贮存温度;另外还有其它许多工程、基地和改造应用及带电设备的红外诊断应用。

通常红外测温仪由光学系统、红外探测器、电信号处理器、温度指示器及附属瞄准器、电源及机械结构等组成(图 2 – 14)。

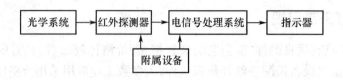

图 2 - 14 红外测温仪组成

　　光学系统的作用是收集被测目标物体的辐射能量,使之会聚到红外探测器的接收光敏面上。红外探测器的作用是把接收到的红外辐射能量转换成电信号输出。电信号处理器将探测器产生的微弱信号进行放大、线性化输出处理、辐射率调整处理、环境温度补偿、系统噪声抑制等。

　　目前国外有美国的 SHA - 1G 型、SHA - 201 型、DHS - 10X 型等红外测温仪。国内有 IR - 1200、HCW300 型、HSW - 300 型等红外测温仪。

　　除红外点温仪外,还有红外线温仪,它主要用于测量目标物体在一直线上的温度分布。这类仪器有日本的 TSS - 180 型、我国的 HCW - 2 等。

　　另外,HW 系列红外双色测温仪、WBH - 71 系列红外比色辐射测温仪可用于冶金、铸造、锻压、轧钢、焊接等部门作高温测量和控制;WFH - 40 型、FHN 型、HW - 2 型红外测温仪可用于高压线接点、交通运输、纺织、化工等方面作中温范围内测量和诊断;HZT - 1A 型红外轴温探测器可用于火车车轴温度监测,用于发现热轴。表 2.8 列出了部分红外测温仪及其主要性能。

表 2 - 8　红外测温仪及主要性能

型　号	工作波段/μm	测温范围/℃	生产厂家
IR - 1200	8 ~ 14	0 ~ 1200	西北光学仪器厂
HCW30 - 1A	8 ~ 14	0 ~ 300	昆明物理研究所
HSW - 300	8 ~ 14	0 ~ 300	乐清曙光电仪厂
SHA - 1G		0 ~ 320	美国 Wahe 公司
DHS - 10X		0 ~ 275	美国 Wahe 公司
HAS - 201		- 20 ~ 200	美国 Wahe 公司

2.4　机械温度诊断

　　机械温度诊断就是利用测温技术,测量机械的温度或温度分布,根据其温度或温度分布的变化来判断机械故障的一种方法。

2.4.1　红外温度诊断

　　红外温度诊断应用相当广泛,几乎遍及各行各业。如红外诊断可进行电力设备的状态监测,通过定期对大型发电厂和变电站、输电线路等设备和接头进行热像监视,测量其温度变化和温度分布,确定机械设备内部缺陷位置;在冶金工业中用热像图监视温度对钢质量进行控制;在化工工业中检测热交换器等化工设备的密封性、焊缝焊接性、管路堵塞等;在医学上红外用于肿瘤的早期诊断等。红外在机械故障诊断中的应用主要有以下几种类型。

1. 轴承磨损故障的红外诊断

机械中大量使用轴承,轴承旋转过程中因相对运动件之间的相互摩擦会产生热量,这些热量一部分散入空间,另一部分传给箱体,通过箱体向外扩散。由于性能好的轴承相对运动的运动件之间的相互摩擦小,工作过程中轴承产生的热量就少,在箱体上从热源——轴承到箱体外缘的温差就小,因此测量到的等温线相对就疏(图2-15(a));性能差的轴承相对运动的运动件之间摩擦大,它在工作过程中产生的热量就多,热量来不及扩散,在箱体上从热源——轴承到箱体外缘的温差就大,因此测量到的等温线相对就密(图2-15(b))。因此,通过等温线的疏密就可比较两个相同工作状态的轴承性能的好坏。

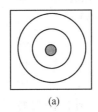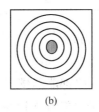

图2-15 轴承磨损的红外诊断示意图

实例1:箱体温升产生的热变形的检测

如当一根轴在两端箱体上的轴承一个性能好、一个性能差时,由于性能差的轴承摩擦产生的热量多,因此箱体热膨胀大、变形大;性能好的轴承摩擦产生热量少,箱体热膨胀小、变形小,从而导致轴的两端产生倾斜(图2-16)。轴的倾斜不仅影响运行,而且增加轴承的磨损、加剧轴承的损坏。

一般直接测量热变形较困难,用红外测温实测两侧箱体四周温度分布,即可了解箱体两侧的热变形。若箱体两侧温差大,则可判断热变形大的轴承有故障,这时及时更换故障轴承即可。

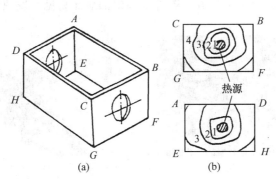

图2-16 机床主轴箱热变形

(a) 主轴箱模型;(b) 主轴箱两端温度场。

2. 红外无损探伤

红外不仅可用于运转机械的故障诊断,而且可用于判断金属材料内部有无缺陷,即材料的无损探伤。

红外无损探伤的原理为:当加热被测金属材料时,热量将沿金属表面流动。若材料内部无缺陷,热流将均匀(图2-17(a));若材料内部有缺陷存在,则热流特性将改变,形成不规则区域(图2-17(b))。因此,测量被测金属材料的表面温度分布,即可发现金属材料内部缺陷所在。

(a)   (b)

图2-17　红外无损探伤
(a) 无缺陷;(b)有缺陷。

红外无损探伤具有以下特点:

(1) 加热和被测设备简单;

(2) 各种材料的各种缺陷都能测量。

红外无损探伤可分为主动红外探伤和被动红外探伤两类。

红外无损缺陷主动探伤的方法是:用一外部热源加热被测金属材料,同时(以后)测量材料表面温度(或温度分布),即可判断材料内部缺陷。它主要应用于多层复合材料、蜂窝材料的缺陷和脱胶的探查,焊接件焊接质量的检测等。

红外无损缺陷被动探伤的方法是:加热或冷却试件,在一个显著区别于室温的温度下保温到热平衡,利用被测物体自身的红外辐射不同于环境辐射的特点来检测物体表面温度或温度分布,表面温度梯度不正常则表明试件中存在缺陷。被动式红外无损缺陷探伤的主要特点是不需要外部热源,特别适用于现场。

3. 红外彩色热像图诊断

图2-18(a)所示是高压直流输电极的平波电抗器上、下线圈连接板缺陷检测红外彩色热像图,图2-18(b)是其外形图。从图2-18(a)显而易见其发热故障部位。

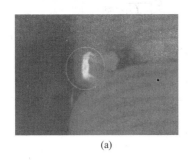

(a)   (b)

图2-18　高压直流输电极上、下线圈连接板红外缺陷检测
(a) 红外热像图;(b) 外形图。

图2-19(a)所示是高压直流输电器外形图,图2-19(b)是高压直流输电器闸刀连接板红外彩色热像图。从图可见,高压直流输电闸刀连接板温度过高。

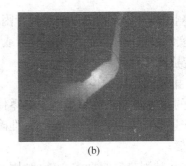

(a)　　　　　　　　　　　(b)

图 2-19　高压直流输电器闸刀连接板红外缺陷检测

(a) 外形图；(b) 红外热像图。

2.4.2　温度诊断对象及诊断方法

温度诊断是最早用于人体疾病诊断的一种方法。正常时,人体有一定的温度值,当人体温度超过一定的极限值时,就表明人体患病。

与人体疾病诊断相类似,当机械工作正常时,各部分机件有一定的温度值;当机件异常时,机件就会发热,当机件温度超过额定值时,就说明该机件可能故障。因此,只要将机件的测量温度与其额定温度进行比较,即可判断该机件是否故障。实际中,根据诊断对象不同,有两种类型的温度检测。

1. 流体温度检测

流体温度检测主要是测量机械系统中各种流体介质的温度,通常又分为稳定温度检测和动态温度检测。前者是指稳定的或变化缓慢的温度检测,如冷却水温度、机油温度、润滑油温度、环境温度等;后者是指随时间急速变化的温度检测,如燃烧火焰温度、燃气温度、排气温度等。

一般液体温度诊断广泛使用的温度计是热电偶温度计,测温方法是接触式测温。表2-9列出了各种流体温度监测仪器及监测部位。

表 2-9　流体温度监测仪器及监测部位

监测参数	监测仪器	监测部位
进气温度	热电偶温度计	总进气管中
排气温度	热电偶温度计	排气管总管法兰下 50mm 处
进出水温度	电阻温度计、热电偶、压力式液体温度计	冷却水进出口
润滑油温度	电阻温度计、热电偶、压力式液体温度计	主油管内,避免在死油区
环境温度	液体温度计	在被测对象周围约 1.5m 处

2. 零件温度检测

零件温度检测主要是测量各种零件、部件的表面温度和体内温度,如活塞、活塞环、气缸壁、气缸盖、排气阀、阀座、喷油器、热交换器、齿轮、轴承以及电气元件、器件等的温度。

零件温度检测一般采用直接测温方法,如触摸法、示温法、硬度塞法、热电偶及非接触测量。

温度检测中以零件内部温度测量最为困难,热电偶测温能够对机械在各种工况下零件的体内温度实现连续测量。当配用示波器或自动电位计时还可以记录被测零件温度曲线。

3. 温度检测应用实例

实例2:排气阀温度的检测

内燃机的排气阀是热负荷最严重的零件之一。排气阀常有的一些故障,如粘接、烧蚀等,常常由于过高的温度而造成。因而,准确地检测排气阀温度,对于寻找排气阀的故障原因极为重要。

测温时,在被测排气阀杆中心处,利用硬质合金钻头钻一个小深孔,孔底部距气阀底平面1.5mm。将双孔瓷管内的热电偶丝放入深孔中,热电偶的头部与底面焊接在一起。孔内加石英粉作为填充物。为保护热电偶,阀杆顶部加一小帽,导线从小罩帽两端缺口处引出,然后用环氧树脂粘固。图2-20所示是排气阀测温装置简图。

实例3:活塞温度检测

活塞温度是反映发动机性能的关键因素。美国RICARDO公司认为柴油机铝合金活塞有3个危险区,其相应最高允许温度分别是:活塞顶部为370℃~400℃;第一环槽为200℃~220℃;活塞销处为260℃~270℃。如果活塞顶部温度超过400℃,就会使活塞发生开裂。如果第一环槽温度超过220℃,就会使活塞环发生粘结,在环槽底部产生积炭,会使环槽迅速磨损。如果活塞销的温度超过270℃,则因材料强度极限的下降,在承载压力作用下销孔发生变形。所以,在诊断发动机故障的过程中必须对相应活塞的热负荷状况有所了解,寻找影响活塞温度的主要因素,或探索活塞温度对发动机工作过程的影响等。

测量活塞温度的热电偶丝的外表需涂一种聚酰亚胺的高温绝缘漆,它在-200℃~400℃范围内具有较高的机械和绝缘性能,同时具有耐水、耐油的性能。除了小型发动机可将热电偶直接焊接到活塞上外,一般都需将热电偶的热接点焊在与活塞相同材料的套帽上。图2-21所示是活塞测温装置。

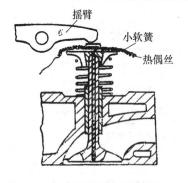

图2-20 排气阀测温装置简图

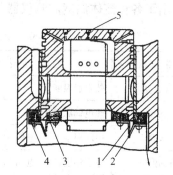

图2-21 活塞测温装置

1—直片状动触头;2—直片状静触头;

3—动触头固定环;4—静触头固定环;

5—热电偶热接点。

2.4.3 温度诊断应用

温度异常是机械故障的"热信号"。温度诊断是以温度、温差、温度场、热像等热力学参数为检测目标,查找机件缺陷和诊断各种由热应力引起的故障。温度诊断所能发现的常见故障大概有以下几类。

1. 发热量异常

当内燃机、加热炉内燃烧不正常时,其外壳表面将产生不均匀的温度分布。采用红外检测技术可以对正在运行的机械设备进行非接触检测,拍摄其温度场的分布、测量任何部位的温度值,通过测量便可了解温度分布的不均匀或变化过程,从而发现发热量异常故障。图2-22所示是加氢反应炉底部外形图和红外图,其温度变化显而易见。

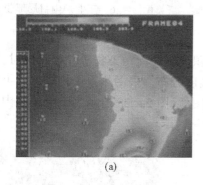 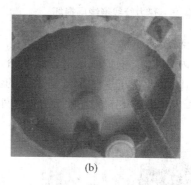

(a) (b)

图2-22 加氢反应炉底部缺陷检测

(a)底部红外图;(b)底部外形图。

2. 流体系统故障

液压系统、润滑系统、冷却系统和燃油系统等流体系统,常常会因油泵故障,传动不良,管路、阀或滤清器阻塞,热交换器损坏等原因而使相应机件表面温度发生变化。通过温度监测,很容易查出流体系统的这类故障。图2-23所示是变压器套管渗漏红外图像,图2-24所示是少油断路器静触头基座接触不良红外图像。

 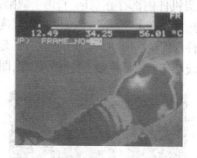

图2-23 变压器套管渗漏 图2-24 少油断路器静触头基座接触不良

3. 保温材料损坏

各种高温设备中耐火材料衬里的开裂和保温层或绝缘层的破损,将表现出局部的过热点和过冷点。利用红外热像仪显示的图像,很容易查找这类耐火材料、保温材料或绝缘材料的损坏部位。图2-25所示是热力管线绝缘层损坏红外图像,图2-26所示是工业炉内衬局部脱落红外图像。

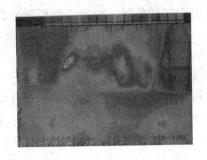
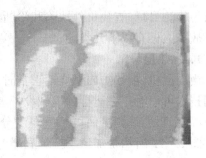

图 2-25　热力管线绝缘层损坏　　　　　图 2-26　工业炉内衬局部脱落

4．污染物质的积聚

当管道内有水垢,锅炉或烟道内结灰渣、积聚腐蚀性污染物等异常状况时,因隔热层厚度有了变化,便改变了这些设备外表面的温度分布。采用热像仪扫描方式可发现这些异常。图 2-27 所示为分馏塔底部结焦红外图像,图 2-28 所示为工业炉管内部结焦红外图像。

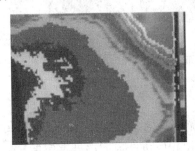

图 2-27　分馏塔底部结焦　　　　　　图 2-28　工业炉管内部结焦

5．机件内部缺陷

当机件内部存在缺陷时,由于缺陷部位阻挡或传导均匀热流,堆积热量而形成"热点"或疏散热量而产生"冷点",使机件表面温度场出现局部的温度变化,探测这些温度变化,即可判断机件内部缺陷所在。常见的有腐蚀、破裂、减薄、堵塞以及泄漏等各种缺陷。图 2-29 所示为电流互感器内部接触不良红外图像,图 2-30 所示为过热的轴套连接红外图像。

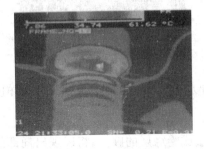
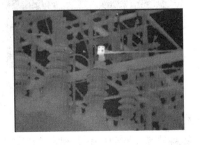

图 2-29　电流互感器内部接触不良　　　图 2-30　过热的轴套连接

6．电气元件故障

电气元件接触不良故障将使接触电阻增加,当电流通过时发热量增大而形成局部过热;相反,整流管、可控硅等器件存在损伤时将不再发热,从而出现冷点。因此,采用红外热像仪扫描,可对高压输电线的电缆、接头、绝缘子、电容器变压器以及输变电网等电气元件和设备的故障进行探查。图2-31所示为电流互感器一次引线接头接触不良红外图像,图2-32所示为损坏的总线断路器接点红外图像。

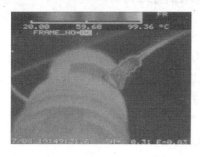

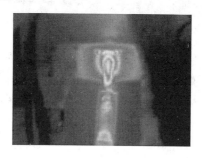

图2-31　电流互感器一次引线接头接触不良　　　图2-32　损坏的总线断路器接点

7. 非金属部件的故障

碳化硅陶瓷管热交换器的管壁存在分层缺陷时,其热传导特性又与温度梯度有关,通常热传导率每变化10%,能获得大约1℃的温差变化。利用快速红外热像仪显示的热像图,能发现这类非金属部件热传导特性的异常,从而发现故障隐患。图2-33所示为高压直流输电A相闸刀刀口过热外形图和红外图。

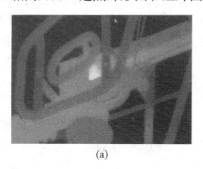

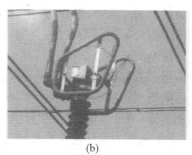

(a)　　　　　　　　　　　　　　　　(b)

图2-33　高压直流输电A相闸刀刀口过热

8. 滚动轴承损坏

滚动轴承零件损坏,接触表面擦伤、烧伤,由磨损引起的面接触等原因引起的故障,都会使其内部发热量增加,从而引起轴承座表面温升。通过轴承内、外温度监测可发现轴承损坏。

9. 疲劳过程

红外温度检测技术还可以检查裂纹和裂纹扩展,连续监测裂纹的发展过程,确定机件在使用中表面或近表面的裂纹及其位置。美国曾研制了一种用于疲劳裂纹和近表面缺陷的红外探测系统,它能够迅速地将正在进行检验的飞机、导弹等机件出现裂纹的位置实时显示出来。

中国科学院金属研究所已从几种金属材料在高速旋转弯曲过程中红外辐射的能量变化,获得了材料在疲劳过程中的动力学图像。研究结果表明,疲劳断裂的温升与疲劳过载有关,使用红外传感方法可以预测疲劳过载、早期疲劳裂纹发生和疲劳断裂破坏报警。

第3章 油样诊断技术

油样诊断技术是机械故障诊断中常用的且较为有效的一种诊断方法。本章重点介绍油样的磁塞检测、油样光谱分析和油样铁谱分析的原理、方法、应用实例及使用场合,并进一步介绍油样常规分析方法和油样污染颗粒计数方法。

3.1 油样诊断技术

机械中有大量相互配合的零部件,它们之间由于相对运动而产生摩擦、磨损,引起机械发热并最终导致机械失效而影响其正常运行。据统计,零部件的磨损失效是机械中最常见、最主要的失效形式,占机械失效故障的80%。摩擦还消耗大量的能量,据估计耗损于机械的摩擦、磨损的能量约占总能源的$1/3 \sim 1/2$。因此,为了减少机械摩擦、磨损及发热,减少其失效,常在机械运动副之间加入润滑油以润滑。

机械的磨损状况不仅由运动副的性质决定,而且与加入运动副表面之间的润滑油的质量有关。运动副相互摩擦、磨损,产生磨损微粒进入润滑油中;此外,润滑油本身还含有空气及其它污染源带来的污染物质。它们是大量的、极小的颗粒,悬浮在润滑油中,并随润滑油进入润滑系统的各个部位。

污染油液将带着污染物到达系统的有关工作部位。当污染物的污染程度超过规定的限值时就会影响机械和油液的正常工作,使机械磨损严重,引起其振动、发热、卡死、堵塞,导致机械性能下降、寿命缩短,造成机件损伤、动作失灵,进一步引起整个机械系统故障。显然,油液系统中被污染的油液带有机械运行状态的大量信息。

3.1.1 油样故障的特点

磨损产生的磨粒是油液污染的主要形式。摩擦、磨损产生污染,污染又导致机件进一步磨损。磨损过程有各种形式,按摩擦表面破坏机理与特征来分,可将磨损分为磨料磨损、粘着磨损、疲劳磨损、腐蚀磨损等。

1. 磨料磨损

磨料磨损是磨损中最常见、也是危害最严重的一种磨损形式。它是由摩擦表面间存在的磨料而引起的类似金属磨削过程的磨损。磨料是指金属表面间存在的硬质颗粒或硬质凸出物,不论是金属还是非金属,统称磨料。这些磨料来源于摩擦产生的磨粒及油液中的混入物质。由于摩擦表面粗糙不平,在摩擦过程中表面凸出部分逐渐剥落下来,或零件相对运动时,摩擦面局部的微观塑性变形、擦伤使零件表面出现脱落成碎屑,它们与外来的硬质污染微粒一起混入油液中引成磨粒。

2. 粘着磨损

两个相对运动的接触表面由于接触压力大或接触点温度过高粘结在一起,相对运动

34

中粘结点受到剪切,引起金属部分撕脱,导致接触表面金属耗损的现象称为粘着磨损。

根据产生的条件不同,粘着磨损可分为热粘着和冷粘着两种。在重载荷和高滑动速度条件下,使零件表面因摩擦产生的大量热来不及散发,使摩擦表面温度骤升,油膜破坏,并使表层材料被热处理而发生结构变化,强度降低,塑性增大,并导致两个相互接触的表面部分熔化并焊合在一起,在运动时被撕开的现象称为热粘着磨损。如发动机气缸拉缸故障即属于热粘着磨损。如在低转速下运转时,因重载荷作用下零件表面实际接触部位的压应力过大引起较大的塑性变形,油膜破坏,导致两个接触表面粘接在一起,运转时被撕开的现象则称为冷粘着磨损。

根据粘着点和摩擦表面的破坏程度,粘着磨损可分为轻微磨损、涂抹、擦伤、胶合和咬合五种情况。

3. 疲劳磨损

疲劳磨损是由于循环接触压力周期性地作用在摩擦表面上,使表面材料经多次塑性变形趋于疲劳,表层材料首先出现微观裂纹,裂纹吸附的油液在裂纹尖端处形成油楔挤压裂纹,使裂纹进一步扩展,直至发生微粒脱落的现象。在齿轮副、滚动轴承中常发生这类磨损。

4. 腐蚀磨损

摩擦过程中,摩擦面间存在化学腐蚀介质,在腐蚀和磨损的共同作用下导致零件表面物质损失的现象称为腐蚀磨损。腐蚀磨损是一种典型的化学—机械的复合形式的磨损过程。因此,凡是能促进腐蚀的因素都可以加快腐蚀磨损进程。腐蚀磨损分为化学腐蚀和电化学腐蚀。

腐蚀磨损主要受腐蚀介质的影响,腐蚀介质的腐蚀性越强,腐蚀磨损的磨损率越大。

3.1.2 油样诊断技术

油样诊断技术是指通过分析油液中磨损微粒和其它污染物质,了解系统内部的磨损状态,判断机械内部故障的一种方法。具体地说,油样诊断技术是通过分析机械中使用过的油液中污染产物——磨损微粒和其它化学元素的形状、大小、数量、粒度分布及元素组成,对机械工况进行监测,判断其磨损类型、磨损程度,预测、预报机械磨损过程的发展及剩余寿命,确定维修方针和决策的一门技术。它是在不停机、不解体的情况下对机械进行状态监测和故障诊断的重要手段。特别对于一些机械,如低速回转机械和往复机械,利用其它监测方法具有一定的困难,这时油样诊断就是一种较为有效的手段。对于有些工作环境受到限制的地方,或者是背景噪声较大的场合,油样污染收集较为方便,因此油样诊断技术是一种可取的方法。

采用油样诊断技术不仅可以获得机械润滑与磨损状况的信息,及时发现故障或预防故障的发生,而且还可用于研究机械中运动副的磨损机理、润滑机理、磨损失效类型等;通过对使用油液的性能分析及油液的污染程度判定,为确定合理的磨合规范及合理的换油周期提供依据。

油样诊断技术类似于验血:首先按要求从人体中抽取血样;然后对抽取的血样进行化验,主要检查血液内含有的各种元素的成分及含量;并根据检验的结果进行判断,如判断病人有无毛病及病情的严重程度;最后是根据病情进行处理。同样,油样诊断过程是:首

35

先从机器中抽取使用过的、能反映机器运行状态且具有代表性的油样,这一过程叫采样;然后采用适当的方法对抽取的油样进行检测,主要检测油样中含有哪些元素,这些元素颗粒的形状和大小如何、数量多少、从大到小元素颗粒的粒度分布如何等;并根据油样检测结果进行判断,即诊断,主要诊断机器有无故障,若有故障,则判断故障的类型及故障的程度;并进一步对机械进行预测,主要预测其剩余寿命及故障形式;最后对机械进行处理,主要确定采用的维修方针、维修时间及需要更换的零部件等。

3.1.3 油样诊断原理

1. 油样诊断原理

利用机械中使用过的污染油样来诊断机械内部磨损部位和磨损程度的原理是:

机械中使用过的油液中含有各种化学元素,它们来源于由相应材料制成的零件。如:柴油机主轴瓦、连杆轴瓦的材料是钢背网状铅锡合金,其主要成分是铅和锡,因此,柴油机润滑油中含有微量铅和锡元素,说明主轴瓦或连杆轴瓦磨损。柴油机曲轴轴颈由球墨铸铁材料铸成,球墨铸铁中含有镁元素,则柴油机润滑油中的微量镁元素表示曲轴轴颈磨损。发动机中使用铝活塞,则润滑油中含有铝元素说明活塞磨损。连杆小头衬套由锡青铜制成,锡青铜材料主要由铜和锌元素组成,因此,润滑油中铜、锌的存在则表示连杆小头衬套的磨损等。表3-1是机械润滑油中含有的各种元素与相应来源对照表。

表3-1 机械润滑油中含有的各种元素与相应来源对照表

元 素	来 源	元 素	来 源
铅、锡	灰尘和空降污物、轴瓦	铝	活塞、轴瓦
硼砂、钾、钠	冷却液、防腐剂残渣	铜	衬套、推力轴承、冷却水渗入
钙、钠	盐水残渣	锌	黄铜零件、含锌添加剂
锌、钡、钙、镁、磷	发动机机油添加剂	硅	尘埃渗入、硅润滑剂
铁	气缸、轴或轴颈、齿轮、滚动轴承、活塞环	铬	镀铬活塞环、滚动轴承

油液中磨损物含量、粒度、形状及其增长速度反映了零件磨损状况。

运行过程中产生的磨粒记录着机械跑合和磨损的历史,磨粒在数量、形态、尺寸、表面形貌、粒度分布及增长速度上反映和代表着不同的磨损类型。

2. 零件磨损曲线

图3-1所示为一般零件的磨损曲线图,图3-1(a)的纵轴为磨粒粒度和浓度分布,图3-1(b)纵轴为累计总磨损量,横轴为工作时间。图中区域Ⅰ为跑合过程,Ⅱ为正常磨损过程,Ⅲ为磨损失效过程。它们分别具有以下特点。

在跑合过程中,加工中残留下来的大尺寸微粒及其配合表面初期磨损产生的微粒在运动过程中被碾碎,并由过滤器滤掉,因此,油液中微粒尺寸和浓度随时间的增加而减少,但总磨损量随时间的增加而增加。正常情况下,在发动机加满新机油后,大约工作120h～150h左右,机油中铁元素浓度稳定在某一水平。跑合过程是机械早期故障的高发期,因此,一般新机器在出厂前都要求进行跑合试验或试运转以消除早期故障。

在正常磨损过程中,系统中微粒尺寸和数量几乎保持不变。正常状态的磨粒是表面光滑的小薄片状,数量较少,一般该状态能维持一个相当长的时间。在正常磨损过程中很

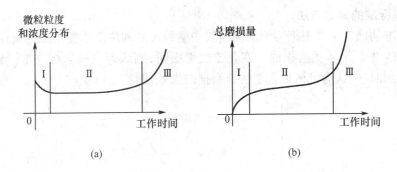

图 3-1 磨损曲线图

Ⅰ—跑合区；Ⅱ—正常磨损区；Ⅲ—磨损失效区。

少有个别机械因偶然因素而产生故障。

在磨损失效过程中,系统产生的磨粒尺寸和浓度骤然增大。这是由于产品在长期使用后,性能下降,各种缺陷导致磨损量增加,因各种缺陷产生的磨粒尺寸较大而使磨粒浓度突增。

3.1.4 油样诊断的判别标准

油样诊断技术中一般可以根据油液中含有的磨粒和杂质的形状、粒度、颜色及数量来进行判别。表 3-2 列出了油液中含有的典型磨粒形态及产生原因。根据磨粒及其它杂质的形状、粒度、颜色,可以初步判断机械的磨损类型。

表 3-2　油液中含有的典型磨粒形态及产生原因

名　称	形　状	粒度/μm	颜色	原　因
正常磨粒		$1 \sim 15$	金属色	正常运动时形成剪切复合层剥离出正常磨粒
疲劳磨粒		$15 \sim 150$	金属色	因传动装置表面疲劳应力而剥落
球状磨粒		$1 \sim 5$	中央白而发光（反射光）	在滚动轴承内产生裂纹中流动的油形成的球形
切削磨粒		$L = 3 \sim 200$ $W = 2 \sim 5$	金属色	因砂子等异物混入引起切削

37

1．判别标准的确定方法

判别标准的确定主要根据实测磨损曲线中磨粒尺寸和浓度迅速增加为机械失效的判别界限(图3-2)。当实测磨损曲线变化比较平缓时,则认为机械运行正常;当实测磨损曲线迅速增加时,则认为机械进入了快速磨损的失效期。

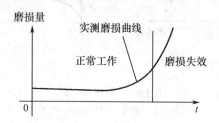

图3-2　确定判别界限方法之一

这种方法相对简单,但每台被测机械必须有工作过程中完整的磨损曲线才能进行判断。因此,实际工作中,常根据同类机械的磨损情况来给出判别界限。在判别曲线中,设置3个判别界限:基准(良好)线、注意(监督)线和危险(故障)线。

当实测磨损曲线在注意线以下时,认为机械运行正常;特别当实测磨损曲线在基准线以下时,则认为机械工作良好;当实测磨损曲线达到注意线时,则应引起高度注意和重视,缩短监测时间,对于重要的机械,甚至可以进行实时监测;当实测磨损曲线到达危险线时,则应立即停机进行检修,以免故障的进一步发展(图3-3)。

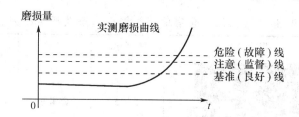

图3-3　确定判别界限方法之二

实际工作中确定判别界限一般有两种方法。

对于几台相同机械工作的情况,可以通过测量几台机械在跑合和正常工作过程中磨粒尺寸或磨粒浓度,从而制定标准曲线。选取跑合后进入稳定运行时各机械磨损量的平均值为基准(良好)线;取各台机械跑合过程中磨损极大值的平均值为注意(监督)线;取各机械跑合过程中磨损最大值为危险(故障)线(图3-4)。

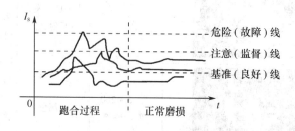

图3-4　确定判别界限方法之三

38

对于只有一台机械工作的情况,取机械正常磨损的平均值为基准(良好)线;取基准线以上2σ的值为注意(监督)线;取基准线以上3σ的值为危险(故障)线(图3-5)。其中,σ是信号的均方根值,它反映信号离开平均值的波动程度和离散程度。

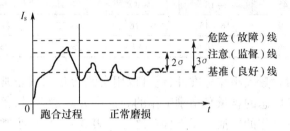

图3-5 确定判别界限方法之四

2. 定量判别标准

定量判别标准又可分为绝对和相对两种。绝对定量判别标准是根据各类机械实际情况制定出每类机械油液中所允许的各种元素的最大量作为判别界限。实测时,当同类机械系统中的各种元素含量达到界限时,则认为该机械即将产生故障。表3-3列出了国外机械中主要元素的允许界限。表3-4列出了机械润滑油中金属元素含量的判断标准值。

表3-3 国外机械磨损界限

系　统	元　素	允许界限/$mg \cdot L^{-1}$
发动机	Fe Al Si(硅、二氧化硅) Cu Cr Pb Na	50 10 15 10 5 可变 有 Na 表明有水或防冻液漏损
传动轴	Fe Al Si Cu Mg	50~200 10 20~50 100~500 可变
后桥传动	Fe Si Cu	100~200 20~50 50
差动装置	Fe Si Cu	40~500 20~50 50
液压系统	Si	10~15

表 3 - 4　机械润滑油中金属元素含量的判断标准值

磨损状态	金属元素含量/mg·L⁻¹					
	Fe	Cu	AL	Cr	Si	Pb
正常	~ 45	~ 15	~ 8	~ 5	~ 20	~ 25
注意	46 ~ 95	16 ~ 45	9 ~ 16	6 ~ 25	21 ~ 40	26 ~ 80
异常	> 96	> 46	> 17	> 26	> 41	> 81

除用油液中元素含量大小作标准外,还可以用实测含量与其正常状态时含量的倍数比来进行判断。正常状态的含量是指刚工作的新油中元素的含量,倍数比是指使用过的油液中元素含量与刚工作的新油中元素含量之比。表 3 - 5 列出了常见元素按含量倍数的判别界限。

表 3 - 5　常见元素按含量倍数比的判别界限

磨损程度	含量为正常时的倍数	
	Cr	Al, Cu, Fe, Si
正常	2 ~ 3	1.25 ~ 1.5
注意	3 ~ 5	1.5 ~ 2
异常	> 5	2 ~ 3

若测量值在正常范围内,则认为机械工作性能良好;在注意范围时提醒人们引起注意,这时应缩短测量周期,以防进入失效状态;当进入异常状态,则说明机械磨损严重,即将故障或已经故障,必须立即停机检修,否则有可能导致机械及整个系统产生无法修复的失效。

目前油样诊断技术中常用的方法有磁塞检测、光谱油样分析、铁谱分析等。

3.2　磁塞检测技术

磁塞检测技术是通过在润滑系统中安装磁塞,用磁塞来收集机件运动中产生的铁磁性磨损微粒,确定机械磨损状况的方法。它是最早、最简单且最常用的一种油样分析技术。

3.2.1　磁塞的结构和工作原理

磁塞由一单向阀配以磁性探头组成。图 3 - 6 所示是磁塞的结构及工作示意图。工作过程中,使用过的润滑油通过磁塞阀体的开口流过磁塞,润滑油中的磁性磨粒被磁性探头所吸聚,随着时间的进行,被磁性探头吸聚到的磨粒越来越多,当达到规定的时间间隔时,取出磁性探头,测量探头上所收集到的磨粒。磁塞检测需满足的条件是安装磁塞不影响原管路中油的流动,且当卸下磁性探头时磁塞阀口无泄漏。

工作中磁塞尽量安装在靠近需要测量的磨损零件处,一般安装在润滑系统中管道的底部或油箱底部。实际工作中为了借助离心力更多地吸聚磨粒,通常将磁塞安装在管道弯曲部位的外侧。

因此,磁塞检测是利用磁塞中的磁性探头来收集油样中的铁磁性磨粒,并每隔一定的时间间隔取出磁性探头,用强磁针对磁塞收集到的磨粒进行测量,根据磨粒数量的变化来分析机械零件的磨损动向;同时用显微镜观察磨粒形态,确定机械零件的磨损状况。磁塞检测中使用的显微镜一般为 10 倍 ~ 40 倍的普通显微镜。

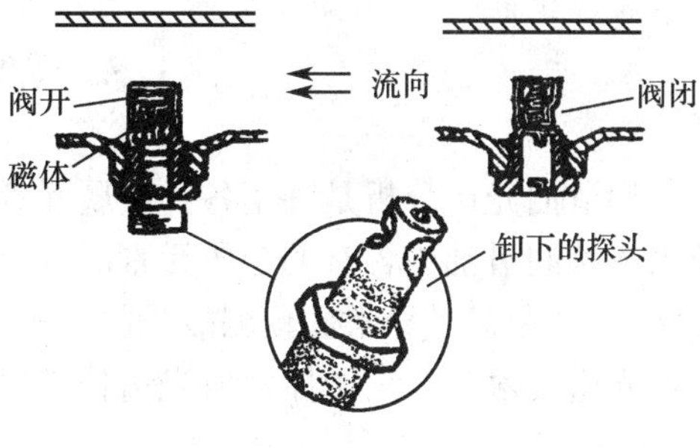

图 3-6　磁塞的结构及工作示意图

磁塞检测结构简单,使用方便,可以得到磨粒含量和磨粒形态两种信息。但磁塞检测也有一些缺点:

(1) 磁塞检测仅适用于铁磁性物质,对其它非磁性物质不起作用。

(2) 磁塞检测只能吸附较大颗粒的铁磁性磨粒,小颗粒的磨粒因其磁矩小不易收集。因此,磁塞检测只适用于磨粒尺寸大于 $50\mu m$ 的大颗粒的情况。

(3) 当润滑油中磨粒多或检测间隔取得过长,磁性探头的磁能达到饱和状态时,磁性探头就失去了吸附磨粒的作用,因此会得不到正确的信息。

(4) 磁性探头必须经常更换,一般连续使用 25h ~ 27h 就需更换测量一次,基本上每天需要测量一次,比较繁琐。

3.2.2　磁塞的应用

磁塞在飞机发动机轴承等的润滑系统上使用广泛。在机械齿轮箱中安装磁塞可用来测量齿轮、轴及轴承的磨损状态。图 3-7 所示是在燃汽轮机的润滑系统中安装磁塞,用来控制和监测 4 个主轴承及增速齿轮这些关键零部件磨损状态的示意图。图中,在需要监测的零部件的相应通路中均安装磁塞,并且在整个回路上还装有全流道残渣敏感器。

图 3-8 所示是全流道残渣敏感器的示意图,它主要由敏感阀体和磁塞两大部分组成。其工作原理是:当润滑油沿阀体壁进入残渣敏感器时,由于油流方向的改变及冲击力、离心力的作用,润滑油中的磨粒及其残渣更容易落入底部被磁塞吸附,油液则从上面的出油口流出。残渣敏感器的作用是当回路中产生较多的残渣时,使与敏感器连接的电气控制线路立即开始动作,以使主机停止运行。

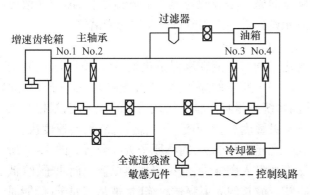

图 3-7　润滑系统中磁塞的安装图

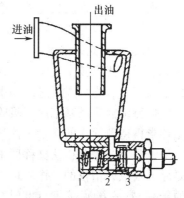

图 3-8　全流道残渣敏感器
1—封油阀;2—磁塞;3—凸轮槽。

41

3.3 油样光谱分析

润滑油光谱分析是利用各种金属元素的原子在迁跃过程中发射或吸收不同的光谱波长来了解润滑油中含有的金属元素的种类,从而导出含有该金属元素的零件,了解零件磨损状况,判断机械异常和预测故障的一种方法。光谱分析方法有原子吸收光谱技术、原子发射光谱技术和等离子体发射光谱技术等。

3.3.1 光谱分析原理

任何物质都由原子组成,原子又是由原子核和绕核运动的电子组成。每个电子处在一定的能级上,具有一定的能量。正常状态下,原子处于稳定状态,具有最低的能量,这种状态称为基态。基态原子受到外界热、电弧冲击、光子碰撞或光子照射时,吸收一定的能量,核外电子就会跃迁到更高的能级,这时的原子就处于激发态。激发态原子很不稳定,存在时间大约只有 10^{-8} s 左右,又会从激发态跳回基态,这时多余的能量就会以光的形式辐射出来。

每一种元素的原子的核外电子轨道所具有的能级是一定的,它在从基态到激发态的跃迁过程中吸收或辐射光子的能量和波长是特定的。表 3 - 6 列出了各种主要金属元素所激发出来的光谱波长。

表 3 - 6 各种主要金属元素所激发出来的光谱波长

元 素	铁	铝	铜	铬	锡	铅	钠
光谱波长/Å	3720	3092	3247	3579	2354	2833	5890

因此,用仪器测出油液中磨损微粒的原子所吸收或发射光子的波长,就可知道润滑油中所含元素的种类,从而确定磨损材料,找到磨损源;测出该波长光子的光密度强弱,就可知道润滑油中含有该元素的数量,进而判断零件磨损的严重程度。当油液中含有的金属元素含量迅速增加,则意味着该元素组成的零件正在急剧磨损。

3.3.2 光谱分析仪器

光谱测量中根据测量油液中磨损微粒的原子是吸收还是发射光谱波长,油样光谱分析可分为原子吸收光谱分析和原子发射光谱分析。光谱分析仪器称为光谱仪。

1. 原子吸收光谱技术

原子吸收光谱技术是将待测元素的化合物或溶液在高温下进行试样原子化,使其变为原子蒸气。当光线发射过的一束光穿出一定厚度的原子蒸气时,光线的一部分将被原子蒸气中待测元素的基态原子吸收,检测系统测量特征辐射线减弱后的光强度,根据光吸收定律求得待测元素的含量。该技术分析灵敏度高,使用范围广,需样品量少,速度快。

原子吸收光谱分析法又称原子吸收分光光度分析法,简称原子吸收分析。图 3 - 9 所示是原子吸收光谱仪的工作原理图。试样被吸入燃烧头,经火焰加热成蒸气而原子化(低能原子)。另一方面,元素灯发射的某一特定波长的光束穿过火焰时,被基态原子(低能原子)所吸收(高能原子)。仪器检测出系统吸光度并表示成元素的浓度。图 3 - 10 所示是美国 PERKIN – ELMER 公司生产的原子吸收分光光度计外形,另外还有国产的 WFX 系列原子吸收光谱仪等。

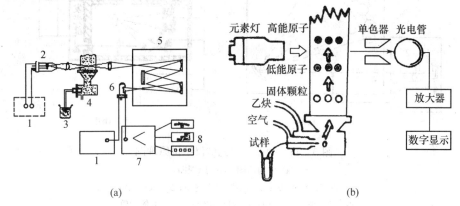

图 3 – 9 原子吸收光谱仪的工作原理图

(a) 结构组成图;(b) 工作原理图。

1—电源;2—光源;3—试样;4—火焰原子化燃烧头;
5—光学系统;6—光电元件;7—放大器;8—读数系统。

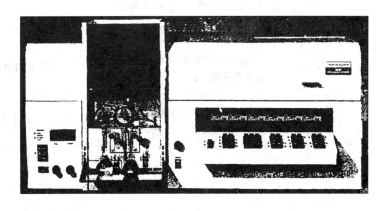

图 3 – 10 原子吸收分光光度计外形

2. 原子发射光谱技术

原子发射光谱技术是利用不同元素的物质受到强光源激发后发出不同波长的光线,再通过光学系统排序得到光谱。根据特征谱线可以判断某物质是否存在以及其含量的多少。原子发射光谱仪能在很短的时间内测出油液中 30 种元素的浓度。

原子发射光谱仪由油样激发单元、光学单元和测光单元三部分组成(图 3 – 11)。弧光火焰激发油液中的磨粒,使磨粒元素进入激发态。激发态原子很不稳定,它会发射一定波长的能量而进入基态。因此,由原子发射的波长或能量可以了解含有该元素的材料,从而找出故障零件;由光谱谱线密度或亮度可以了解元素含量,从而知道磨损零件的磨损程度。光谱分析所测得的信息有元素种类和各种元素含量。当油液中金属元素的含量迅速增加时,就意味着由该元素组成的零件正在急剧磨损。

原子发射光谱仪是利用原子发射光谱技术测定润滑油中各种金属元素浓度的仪器。目前在油液监测中用得较多的发射光谱仪主要有美国 SPECTROIN CORPORATED 公

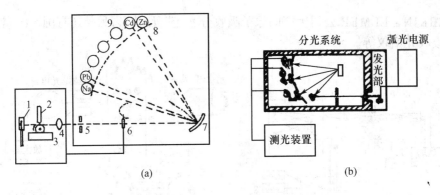

(a)　　　　　　　　　　　(b)

图 3-11　原子发射光谱仪结构原理图

(a) 结构简图；(b) 原理图。

1—汞灯；2—电极；3—油样；4—透镜；5—入射狭缝；

6—折射板；7—光栅；8—射出狭缝；9—光电倍增管。

司生产的 M 型油液分析直读光谱仪,美国 BAIRD CORPORATION 公司生产的 MOA 型油液分析直读光谱仪。图 3-12 所示是 MOA 直读发射光谱仪的外形图。表 3-7 列出了目前市场上的润滑油光谱分析仪器。

表 3-7　润滑油光谱分析仪

名　称	型　号	用途及适用范围	生产厂商
直读光谱仪	FAS-2C	润滑油内磨损金属及其它元素含量的测定	美国 BAIRD 公司
发射光谱仪	SPECT-ROI-W	润滑油内磨损金属及其它元素含量的测定	美国 SPECTROIN 公司
原子吸收分光光度计	WFX-1D WFX-Ⅱ WFX-110 WF5 WYX-402 WYX-3200 GFU-201	润滑油及其它油液中微量元素含量的分析	北京第二光学仪器厂,北京、沈阳、上海、南京分析仪器厂,贵阳新天精密光学仪器厂
原子吸收光谱仪	PERKIN-ELMER 2280 2380 4000 5000	润滑油及其它油液中微量元素含量的分析	美国 PERKIN-ELMER 公司
油料分析直读光谱仪	MOV	润滑油内磨损金属及其它元素含量的测定	美国 BAIRD 公司

图 3 – 12　直读发射光谱仪的外形图

3．其它光谱分析技术

除原子吸收光谱分析和原子发射光谱分析外,还有 X 射线荧光光谱分析以及红外光谱分析等光谱分析技术。它们的激发源不是电弧也不是火焰,而是相应的 X 射线或红外光源。

等离子发射是较新颖的样品激发技术。将流经石英管的氩气流置于一高频电场下形成约 8000K 的等离子体。高温等离子体使从石英管中心喷射出的样品离解、原子化、激发。等离子发射法的再现性较好,准确度很高,但较大的粒子会被遗漏。目前有 ICP 型电感偶合等离子体发射光谱仪。

X 荧光是介质在放射源照射下所释放的特征 X 射线。通过检测油液在放射源照射下释放的 X 射线可以确定磨粒的数量和成分。该方法可直接测定各种特殊形态的试样而不破坏试样,可测量的元素种类多,测量范围宽,而且速度快,分析结果规律性强。

当用不同波长的红外辐射照射油样时,油样会选择性地吸收某些波长的辐射,形成红外吸收光谱。根据某些物质的特征吸收峰位置、数目以及相对强度,可以推断出油样中存在的官能团,并确定其分子结构。

利用红外光谱技术分析油样中有机化合物的基团结构,通过比较新旧油的红外吸收峰的峰位与峰高,可定性与定量检测基础油与添加剂组分是否发生了化学变化以及变化的类型与程度;利用红外光谱的油样分析软件可定量测试油样的氧化值、硫化值、硝化值、积炭、水分、乙二醇、燃油稀释度等参数。通过对谱图的分析,结合各参数的数值,可获得油样品质变化的信息。目前有 FT – IR 红外光谱仪。

3.3.3　光谱诊断实例

图 3 – 13 所示是测量得到的光谱密度图。从图可见,A、B、C、D 处密度较大,对照表 3 – 6 可知,润滑油中含有铅、铜、铬和铁,从而可确定机械的磨损零件;再从光谱密度的大小可以看出元素含量的大小顺序为铁、铜、铅、铬。

实例 1：原子吸收分光光度计监测 D9L 推土机变速箱

石家庄铁道学院用美国 PE2380 原子吸收分光光度计对施工机械进行监测发现,编号为 1007 的 D9L 推土机变速箱在使用到 6027h 时的铁含量高达 525mg/L,大大超过极限值。及时通知用户要求再取油样送检,分析结果为 928 mg/L。由于第二次送样延误,当结果返回时,变速箱前进挡离合器已损坏。事实证明光谱分析是有效的。另一台编号为 7710 的 777 型载重汽车的油样,在用光谱分析时发现铝含量超标。用户及时拆验,发现主轴承损坏。由于及时发现故障,避免了更大的曲轴折断事故发生。

实例 2:直读式发射光谱仪在线监测内燃机机车柴油机

上海铁路局科研所、上海机务段使用美国 BAIRD 公司的 FAS–2C 直读式发射光谱仪,采用在线监测的方法监测 ND2 内燃机机车柴油机。测定 122 号机车在换油后行驶 59.954km 时,润滑油中铁元素含量 84.1 mg/L,落在标准警告线上;铜元素含量 91.7 mg/L,落在故障区内;铅元素含量 92.6 mg/L,落在故障区内。据此发出警报,解体检查发现了柴油机主轴瓦断裂故障。

实例 3:推土机最终传动箱油液趋势分析

对一台推土机最终传动箱油液检测进行趋势分析(图 3–14)。当运行到 2000h 进行换油周期内第 4 次分析时,发现 Fe、Si、Al 浓度剧增,经拆检发现密封环损坏,砂土侵入,使零件磨损加剧。

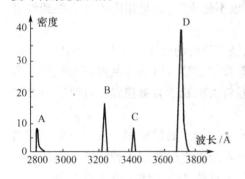

图 3–13　测得的光谱密度图

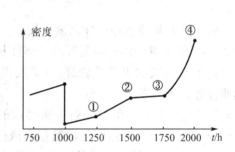

图 3–14　最终传动箱铁元素浓度变化

3.3.4　光谱分析的特点

光谱分析具有以下特点:

(1)光谱分析自动化程度高,分析速度快,检测可靠,能同时进行多元素分析,是预防机械事故、实行状态维修的有力手段。

(2)光谱分析效率高。40s 内便可测定一个油样中 10 种元素的含量,一般一台仪器可承担 500 台机械监测任务。

(3)光谱分析可用于各种有色和黑色金属检测。

(4)光谱分析能检测的微粒尺寸小于 $10\mu m$,特别对 $0.01\mu m \sim 1\mu m$ 级的磨粒分析效率高,这在早期故障预测中相当重要。但光谱分析在探测较大颗粒时灵敏度不高。

(5)光谱分析获得的信息主要是磨损元素种类和元素含量,不能获得磨粒的形态和大小。

(6)光谱分析仪器价格昂贵,实验费用高,难以在生产现场使用。

3.4　油样铁谱分析

铁谱分析技术(Ferrography)是 20 世纪 70 年代在摩擦学领域研究成功的一种先进技

术。它利用高梯度的强磁场将润滑油中所含的机械磨损颗粒和污染杂质有序地分离出来,并借助显微镜对分离出的微粒和杂质进行有关形貌、尺寸、密度、成分及分布的定性、定量观测,以判断机械的磨损状况,预报零部件的失效。

铁谱分析技术的优势为:

(1) 能分离出润滑油中较宽范围内的磨粒,应用范围广。

(2) 通过对磨粒的定性观察和定量测量,可判断磨损发生的部位以及磨损程度,提供更丰富的故障特征信息。

油样铁谱分析的工作原理是:油样通过高梯度强磁场,油样中的磨粒在磁场力、重力和液体黏性阻力的共同作用下,大小磨粒所通过的距离不同,因而按尺寸大小沉淀于玻璃基片(或管壁)上。利用铁谱显微镜观察玻璃基片(或管壁),由于不同的磨粒在铁谱显微镜下呈现不同的颜色,通过显微镜可以了解磨粒成分,从而确定磨损零件;再利用铁谱读数仪读出不同区域磨粒的含量了解磨粒尺寸分布(大小颗粒分布)情况,进一步确定机械的磨损动态和磨损程度。

油样铁谱分析使用的主要仪器是铁谱仪,根据工作原理的不同,有分析铁谱仪、直读铁谱仪、在线式铁谱仪、旋转式铁谱仪和气动式铁谱仪等。

3.4.1 分析式铁谱仪

将油液中的磨损金属微粒及污染杂质微粒从油液中分离出来,制成铁谱基片,再在铁谱显微镜下对基片上沉积的磨损微粒的大小、形态、成分、数量等方面的特征进行定性观测和定量分析后,就可对监测机械零件的摩擦学状态作出判断。分析式铁谱仪是分析运动副表面磨损程度、推断磨损部位和磨损机理的重要手段。

目前国内使用的分析式铁谱仪主要有美国标准石油公司(Standard Oil Company)(原由 Foxboro 公司生产)生产的双联式铁谱仪、我国实用技术研究所生产的 FTP－X1 型分析式铁谱仪、重庆光学仪器厂生产的 TPF－1 型分析式铁谱仪。图 3－15 所示是 FTP－X1 型分析式铁谱仪。

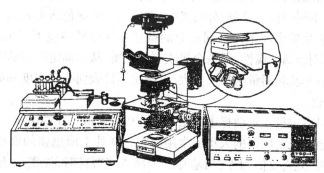

图 3－15　FTP－X1 型分析式铁谱仪系统

分析式铁谱仪(Analytical Ferro graph)主要由铁谱制谱仪(谱片制备装置)、铁谱显微镜、光密度读数器三部分组成。

1. 谱片制备过程

图 3－16 所示是铁谱制谱仪的原理和结构简图。它主要由微量泵 2、玻璃基片 3、磁

场装置 4、导油管 5 和贮油杯 6 等组成。油样通过一个具有稳定速率的微量泵输送到位于磁场装置上方的玻璃基片上,玻璃基片与水平面成 1°～1.2°的小倾角,使得在它表面沿油样流动方向形成一个由弱到强的磁场。当油样沿斜面流动时,使磁化的颗粒在高梯度磁场力、液体黏性阻力和重力共同作用下按尺寸大小依次沉淀在玻璃基片上,油则从玻璃基片下端的导油管排入贮油杯。玻璃基片经清洗、固定和干燥处理而制成谱片(Ferro-graph)(图 3 - 17)。

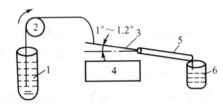

图 3 - 16　分析式铁谱仪

1—油样;2—微量泵;3—玻璃基片;4—磁场装置;5—导油管;6—贮油杯。

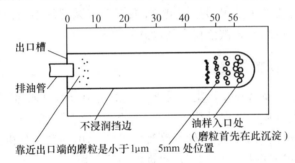

图 3 - 17　磨粒在图片上的排列示意图

2. 铁谱显微镜

铁谱显微镜是一种特殊的显微镜,它配有高放大倍数的物镜镜头,且装有反射光和透射光两个独立的光源,两个光源又配以不同颜色的滤光片,形成双色照明的双色显微镜。工作时,利用两组不同颜色、不同成分的光(通常使用一组绿色透射光和一组红色反射光)同时照射到玻璃基片的磨粒上。不同成分的微粒在铁谱显微镜下将呈现不同颜色。因此,可以据此来判别金属的属性:黑色金属或有色金属,从而确定磨损的零件;另外通过显微镜可以观察磨粒形状和测量磨粒尺寸大小,确定零件表面磨损程度和磨损性质。

3. 铁谱读数仪

铁谱读数仪可以定量表示油样中磨损微粒的相对含量。在铁谱显微镜上有光传感器可以测量光密度值。光密度值的大小通常用磨粒在基片上所遮盖的面积的百分比表示。当基片上无磨粒时,光密度值为零;当基片上全部覆盖磨粒时,光密度值为 1。用铁谱读数仪测得玻璃基片上不同位置沉淀的光密度数,即可得到油样中磨粒的含量及磨粒在基片上的分布情况。

当对同一机械在不同时间获取的油样进行铁谱分析时,若每次得到的谱片上相应各位置的光密度值出现一稳定数值时,则说明机械处于正常工作状态;若磨粒数量出现突然升高或大小颗粒比急剧增大时,则说明机械开始出现严重磨损过程。

4. 磨粒含量的定量表示法

磨损情况可用数量形式来表示,一般采用一些特征量来表示。

1) 磨损微粒量($A_L + A_S$)

磨损微粒量也称总磨损量,用($A_L + A_S$)来表示。其中,A_L为谱片入口处大磨粒的最大覆盖区;A_S为距A_L5mm处小磨粒的最大覆盖区。当同一机械的每次测量值稳定时,说明机械处于正常磨损状态;当每次测量值迅速增加时,说明机械处于异常磨损状态。

2) 严重磨损度($A_L - A_S$)

严重磨损度用($A_L - A_S$)来表示。当同一机械的每次测量得到的大颗粒磨粒数A_L和小颗粒磨粒数A_S的值稳定时,严重磨损度($A_L - A_S$)也稳定,则说明机械处于正常磨损状态;当机械磨损严重时,测量得到的大颗粒磨粒数A_L和小颗粒磨粒数A_S的值都会增加,但由于大颗粒A_L比小颗粒A_S增加得多,所以当严重磨损度($A_L - A_S$)值迅速增加时,说明机械处于异常磨损状态。

3) 大小颗粒比(A_L / A_S)

大小颗粒比是指大颗粒与小颗粒的比值(A_L / A_S)。同样,当同一机械每次测量得到的大颗粒磨粒数A_L和小颗粒磨粒数A_S的值稳定时,大小颗粒比(A_L / A_S)也稳定,说明机械处于正常磨损状态;当机械磨损严重时,测量得到大颗粒A_L比小颗粒A_S增加得多,因此,大小颗粒比(A_L / A_S)值迅速增加时,说明机械处于异常磨损状态。

4) 磨损严重性指数I_S

磨损严重性指数是一个综合性指标,它定义为:

$$I_S = (A_L + A_S)(A_L - A_S) = A_L^2 - A_S^2$$

当同一机械的每次测量值稳定时,说明其处于正常磨损状态;当每次测量值迅速增加时,说明其处于异常磨损状态。

3.4.2 直读式铁谱仪

直读式铁谱仪用来直接测定油样中磨粒的浓度和尺寸分布,能够方便、迅速而准确地测定油样内大小磨粒的相对数量,只能作定量分析,但比分析式铁谱仪的定量分析更准确,检测过程更简单、迅速,仪器成本更低廉。因此,它是目前机械监测和故障诊断中较好的手段之一。

图 3—18 所示是美国 RPERDICT Technologies 公司生产的型号为 DRⅢ 的直读式铁谱仪外形图。其它还有北京协力所和北京铁路局科研所共同开发生产的 ZTP 型直读式铁谱仪、重庆光学仪器厂生产的 TPD 型直读式铁谱仪等。

图 3—19 所示是直读式铁谱仪的结构原理图。取自机械的油样,经黏度和浓度稀释后,在毛细管虹吸作用下经位于磁场上方的玻璃沉积管,油样中的铁磁性磨粒在高梯度磁场作用下,依粒度顺序排列在沉积管壁不同位置上(图 3—20)。在沉积管入口处是 > $5\mu m$ 的大颗粒磨粒的覆盖区,在距入口处 5mm 处沉淀的是 $1\mu m \sim 2\mu m$ 的小颗粒磨粒的覆盖区。在这两个区域的固定点分别引入两束光源,并由两只光敏探头(光传感器)接收穿过磨粒层的光信号,经处理后即得沉淀在入口处 > $5\mu m$ 大颗粒磨粒的覆盖区的读数 D_L 和距第一光源 5mm 处沉淀的 $1\mu m \sim 2\mu m$ 小磨损颗粒的覆盖区读数 D_S。

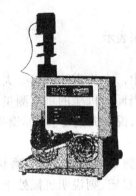

图 3 – 18　DRⅢ直读式铁谱仪外形图

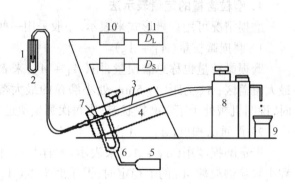

图 3 – 19　直读式铁谱仪结构原理图

1—油样；2—毛细管；3—沉积管；
4—磁铁；5—灯；6—光导纤维；
7—光电探头；8—虹吸泵；9—废油；
10—电子线路；11—数显屏。

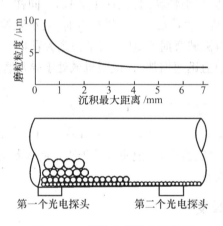

图 3 – 20　磨粒在管壁上的排列

测量中随着流过沉淀器管的油样的增加，光传感器所接收的光强度逐渐减弱，当 2mL 油样流过沉淀器管后光传感器所接收到的两个光密度值才代表大小颗粒的磨粒读数 D_L 和 D_S，从而得到各种特征量：磨损微粒量（$D_L + D_S$）、磨损严重度（$D_L - D_S$）、大小颗粒比（D_L / D_S）以及磨损严重性指数 $I_D = (D_L + D_S)(D_L - D_S) = D_L^2 - D_S^2$。

3.4.3　旋转式铁谱仪

分析式铁谱仪和直读式铁谱仪是应用比较广泛、比较成熟的铁谱分析仪器，特别是分析式铁谱仪，它既可研究谱片上磨粒的形貌、大小、成分等，又可做定量分析。但这些仪器对污染严重的油样（如野外工作环境下的机械内的润滑油等）的定量和定性分析效果不好。这是因为分析式铁谱仪在制谱过程中，润滑油中的污染物会滞留在谱片上。如果数量很多，将影响对磨粒的观测。为此，英国斯旺西大学摩擦学中心于 1984 年研制了回转颗粒沉积器（RPD）。中国矿业大学和杭州轴承试验中心研制了 KTP 型和 XTP 型旋转式铁谱仪。图 3 – 21 所示是 KTP 型旋转式铁谱仪的外形图。图 3 – 22 是它的工作原理示意图。

50

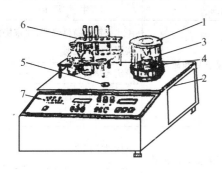

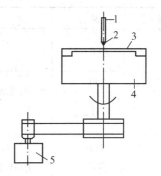

图 3－21　KTP 型旋转式铁谱仪的外形图

1—磁场装置；2—直流电机和旋转组件；

3—集油筒；4—定位漏斗；5—水准器；

6—试管架；7—自动控制系统。

图 3－22　旋转式铁谱仪的工作原理

1—定量移液管；2—油样；3—玻璃基片；

4—磁场装置；5—电机。

对于 KTP 型旋转式铁谱仪，工作位置的磁力线平行于玻璃基片，当含有铁磁性磨粒的润滑油流过玻璃基片时，铁磁性磨粒在磁场力作用下，滞留于基片，而且沿磁力线方向（径线方向）排列。

制谱时，图 3－22 中油样 2 由定量移液管 1 在定位漏斗的限位下，被滴到固定于磁场 4 上方的玻璃基片 3 上。磁场装置、玻璃基片在电机 5 的带动下旋转，由于离心力的作用，油样沿基片向四周流动。油样中的铁磁性及顺磁性磨粒在磁场力、离心力、液体黏性阻力、重力作用下，按磁力线方向（径向）沉积在基片上，残油从基片边缘甩出，经收集由导油管排入贮油杯，基片经清洗、固定和甩干处理后，便成了谱片。

3.4.4　在线式铁谱仪

在线式铁谱分析仪主要由电磁铁、光电转换、信号放大、电容传感器及其测量电路、油路切换、采样动作控制、微处理器等部分组成。

分析式铁谱仪、直读式铁谱仪和旋转式铁谱仪均需技术人员从被监测机械中抽取油样，并送到化验室或分析中心去完成。而在线式铁谱仪是安装于机械的润滑油路中进行实时监测、实时控制磨损颗粒的浓度及尺寸分布，以监测机械工况的铁谱分析仪器。图 3－23 所示是 958PF 型在线式铁谱仪外形图。它由传感器和显示单元两部分组成。

图 3－23　在线式铁谱仪外形图

在线式铁谱仪的工作原理与其它铁谱仪不同，它是通过测量达到某一固定的磨粒时油液的体积了解磨粒浓度。如果达到某一固定的磨粒时油液体积大，则说明油样中含有的磨粒少或小；油样体积小，则说明磨粒多或大。当零件磨损严重时，沉淀一定数量磨粒的油样体积就减少。表 3－8 列出了目前国内外常用的铁谱仪。

表 3-8 国内外常用的铁谱仪

名　称	型　号	用途及适用范围	生产厂商
分析式铁谱仪	FTP-X1	大型机械和零部件的工况监测和故障诊断,润滑剂品质评定	北京铁路局科研所,北京协力实用技术研究所
	TPF-1		重庆光学仪器
	FM-Ⅲ		美国 PREDICT Technologies 公司
直读式铁谱仪	TPD-1 TPD-1A	大型机械和零部件的工况监测和故障诊断,润滑剂品质评定	重庆光学仪器厂
	RDⅢ		美国 PREDICT Technologies 公司
在线式铁谱仪	OLF-1	润滑油系统磨屑浓度的在线监测	西安交通大学
旋转式铁谱仪	KTP-1	润滑油内磨粒分离和分析	中国矿业大学科技开发部
	XTP-Ⅱ XPG-Ⅱ	润滑油内磨粒分离和分析,XPG-Ⅱ可测量谱片上沉积磨粒覆盖率	杭州轴承试验中心
	WIT-1	润滑油内磨粒分离和分析	武汉工学院

3.4.5 铁谱加热技术

铁谱分析中有时还采用其它技术辅助铁谱分析,如铁谱加热技术、湿化学分析等。铁谱加热技术是根据不同材料在各种温度下回火颜色不同来鉴别各种金属成分的。表 3-9 列出了铁系材料试样经加热后的回火颜色与温度的关系。

表 3-9 铁系材料试样经加热后的回火颜色与温度的关系

温度 /℃	表面颜色变化				
	碳素工具钢	轴承钢	铸铁	镍钢	不锈钢
204	蓝色	部分蓝色	青铜色	不变化	不变化
232	蓝色	蓝色	青铜色	不变化	不变化
260	蓝色	蓝色	蓝色	不变化	不变化
287	蓝灰色	蓝灰色	蓝色	不变化	不变化
315	灰色	灰色	灰色	不变化	不变化
398	灰色	灰色	灰色	青蓝色	不变化
420	灰色	灰色	灰色	蓝色	青铜色
471	灰色	灰色	灰色	蓝色	蓝色(呈杂色)
510	灰色	灰色	灰色	蓝色	蓝色(呈杂色)

另外,可用湿化学处理和铁谱加热技术处理方法区别如铝、银、铬、镉、镁、钼、钛、锌等白色金属。表 3-10 列出了白色有色金属磨粒的鉴别。

表 3 – 10　白色有色金属磨粒的鉴别

	0.1N HCl	0.1N NaOH	330℃	400℃	480℃	540℃
铝	可溶	可溶	不变化	不变化	不变化	不变化
银	不溶	不溶	不变化	不变化	不变化	不变化
铬	不溶	不溶	不变化	不变化	不变化	不变化
镉	不溶	不溶	黄褐色	–	–	–
镁	可溶	不溶	不变化	不变化	不变化	不变化
钽	不溶	不溶	不变化	微带黄褐色到深紫色		
钛	不溶	不溶	不变化	淡褐色	褐色	深褐色
锌	可溶	不溶	不变化	不变化	褐色	蓝褐色

实例 4:铁谱加热技术应用

图 3 – 24 所示是一台 Ford Tornado 柴油机进行磨合后投入负载运行的铁谱直读数据,每小时从柴油机取一次油样,采用直读式铁谱仪进行分析,得到 D_L、D_S,直读数据和磨损严重性指数 I_D 如图。为了鉴别磨合情况,在运行 0.25h 的时候取油样作铁谱分析,得到的直读数据与磨合试验 15h 的情况相同,并且利用铁谱加热技术发现谱片上的一些白色微粒在加热到 330℃保温 90h 时部分白色微粒变为棕色,这表明磨粒来自铸铁件——汽缸活塞环,这也与磨合试验时相似,说明磨合过程尚未结束,并可能继续下去。负荷运行开始的直读数据处于中等状况,并有所起伏。当运行到 40h ~ 60h 时,因为更换了过滤器,直读读数下降。当运行 87h 时油样铁谱分析发现铁谱上有大量磨粒,许多大磨粒重叠沉淀在铁谱片的进口端,加热处理后发现有大量的氧化亚铁存在,表明柴油机运行中有过热现象,这时,I_D 增加,表明严重磨损开始。因此,判断发动机将要产生故障。继续运行到 110h,发动机发生了故障。

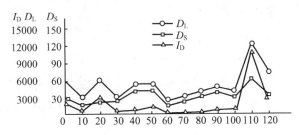

图 3 – 24　柴油机铁谱直读数据

3.4.6　铁谱分析的取样方法

由于油液中磨粒的浓度会达到动态平衡,因而在达到动态平衡后的一段时间内,用相同的方法取出的同一油样将含有相同的磨粒。如果取样方法不当,磨粒浓度及其粒度分布也会发生显著的变化,这就有可能对机械作出错误的判断。因此,油液的取样方法相当重要。

1. 取样方法

(1)如果在系统工作时取样,最理想的取样是在已知工作状态下进行。

（2）如果在停机后取样，则需考虑磨粒的沉降速度和取样点位置。

（3）取样必须考虑换油的影响。

（4）任一系统在不同部位将具有不同的磨粒浓度，因此，每次取样必须从系统的某一固定部位取样。

2．取样位置

经验表明，得到最富代表性的油样取样方法是从润滑油流过的回油管内，并在滤清器之前取出油样。但这种取样方法必须是在机械运转中进行。若系统中油管粗、流速低，应避免从管子底部取样。

一般系统处于运转状态取样最为适宜；若无法在系统运转时取样，则应在停机后尽快取出油样。由于磨粒的沉降，随着停机后时间的延长，取样管插入油面的深度应适当增加。通常，应在停机后 2h 内取样，以免漏失大磨粒。

3．取样间隔

取样间隔应根据机械摩擦副的特性和机械的使用情况，并考虑实验研究的目的和对故障早期预报准确度等要求而定，对机械的不同运行期或实验研究的不同阶段可有不同的取样间隔，通常对新的或刚大修后的机械应增加取样频率，以判断磨合是否结束。而对处于正常磨损期内的机械，其常见系统取样间隔推荐如下：

飞机燃汽轮机：	50h
航空液压系统：	50h
柴油机：	200h
大型传动齿轮：	200h
地面液压系统：	200h
重型燃汽轮机：	250h ~ 500h
大型往复式发动机：	250 ~ 500h

3.4.7　铁谱分析的特点

油样铁谱分析具有以下特点：

（1）铁谱分析的操作步骤复杂，操作要求严格。

（2）铁谱分析可获得的信息有磨粒数量、大小、形态、成分及粒度分布。

（3）铁谱分析适用的磨粒尺寸较宽，一般在 $1\mu m \sim 1000\mu m$ 量级时，分析效率可达 100%。

（4）铁谱分析对非铁系颗粒的检测能力较低，这对像柴油机这样含有由多种材质组成的摩擦副的机械进行故障诊断时，往往感到欠缺。

（5）铁谱分析的规范化不够，特别对分析式铁谱仪，分析结果对操作人员的经验有较多的依赖性。

3.5　其它油样分析方法

3.5.1　油样常规分析方法

一般，油样分析技术可以分为两类：一类是分析油液中的不溶物质，即机械磨损微粒的检测;另一类是油样本身的物理化学性质分析,即润滑油的常规分析及监测。

润滑油常规分析是指采用油品化验的物理方法对润滑油的各种理化指标进行测定。在针对机械诊断这一特定目标时,需要分析的项目一般可选为油液的黏度、水分、酸值、水溶性酸或碱和机械杂质等。各类润滑油在这些项目上都有各自的正常控制标准。表 3 – 11 是某矿务局根据理化指标推荐的换油标准。

表 3 – 11 根据理化指标推荐的换油标准

项目	压缩机油	汽轮机油	石油基液压油		油包水液压油	液力传动油	齿轮油	轴承油
			一般机械用	精密机械用				
外观		不透明有杂质			有菌,发臭		有杂质	
黏度/%	±20	±15 (±10)	±15	±10 ±5	+10 −25	−20	±15	±10
酸值大于 (/mgKOH/g)	1	1 (0.5)	2	2	3.0	腐蚀不及格		1 (0.3)
机械杂质大于 /%	1.5 (压风机上) 0.2	0.1	0.1	0.05		0.1	0.5	0.27
水分/%		>0.2	0.1	0.1	<30 >50	0.2	0.5	0.2
凝点大于/℃	−20 (压风机上) −5	−8					−15	
清净度大于 /(mg/100mL)			40	10				
Pb 值大于/kg			20	20			20	
残炭/%	>3							
腐蚀性	对铜片、钢片有腐蚀							
添加剂元素含量	硫、磷、铅等元素含量降低一定量							

1. 黏度

黏度是评定润滑油使用性能的重要指标。黏度的作用在于当机械运转时,在相对运动部件的表面上形成油膜,使部件间的相互摩擦变为油膜内润滑油层之间的内摩擦。

一般称相对运动油层间具有内摩擦力的性质为黏性,用黏度来衡量。实际中一般使用动力黏度、运动黏度和恩氏黏度等,工业上采用的是运动黏度。只有正常的黏度才能保证摩擦副工作在良好的润滑状态下。黏度过大会增加摩擦阻力;过小又会降低油膜的支撑能力,建立不起油膜来,自然会导致磨损状态的恶化。如果润滑油变质(如氧化),其黏度值必然有所变化。因此必须及时检测润滑油的黏度,以保证机械处于良好的润滑状态,减少机械的磨损故障。

2. 水分

润滑油水分是指润滑油中含水量的重量百分数,是表征润滑油质量的另一个重要指标。润滑油含水能造成润滑油乳化和破坏油膜,从而降低润滑效果,增加磨损。同时水分还能促进机件的腐蚀,加速润滑油的变质和劣化。特别对加有添加剂的油品,含水会使添加剂乳化、沉淀或水分分解而失去效用。

3．酸值

酸值是指中和 1g 润滑油中的酸所需要的氢氧化钾的毫克数。它表明了油品含有酸性物质的数量。在润滑油的贮存和使用过程中,润滑油与空气中的氧发生化学反应,生成一定量的有机酸,这些有机酸会引起连锁反应,使油品中的酸值越来越大,引起润滑油的变质,造成机械的腐蚀,影响使用。因此,酸值是鉴别油品是否变质的主要方法之一,也是评价润滑油防锈性能的标志。

4．水溶性酸或碱

如果润滑油中含有可溶于水的无机酸、碱过多,特别容易引起氧化、胶化和分解化学反应,以至使油品腐蚀机械。尤其是与水或汽接触的油品更是如此。例如,变压器油中,由于水溶性酸碱的存在,不仅会引起腐蚀,而且还会引起严重事故。

5．机械杂质

机械杂质是指存在于润滑油中所有不溶于溶剂(如汽油、苯)的沉淀状或悬浮状物质(多数为砂子、黏土、灰渣、金属磨粒等)的重量百分比。它是反映油品纯洁性的质量指标。如果润滑油中机械杂质含量过高,会增加摩擦副的磨损及堵塞滤油器。

以上这些指标是衡量润滑油使用性能最简单的常用尺度。通过对这些指标的测定,一方面监测润滑系统,另一方面预测、预防机械润滑不良而可能出现的故障。表 3–12 列出了部分现场快速简易化验仪器。

表 3–12　现场快速简易化验仪器

名　称	型　号	用途及适用范围	生产厂商
机油快速分析器	SJY–1	现场检测机油黏度、水分、酸值和污染程度	黑龙江省农机维修研究所
便携式油液分析箱	BYF–A	现场检测黏度、闪点、水分、酸碱值等	中国矿业大学科技开发部
快速油质分析仪	HF–1	现场对润滑油机械杂质、氧化物、水、酸值、金属颗粒含量测定	上海华阳检测仪器有限公司
油液质量快速分析仪	YYF–1		中国机械管理培训中心
润滑油质量分析仪	CCA–2201	对润滑油磨屑、乳化变质物、氧化物、水分等进行检测	浙江永嘉宏图机械厂
	ZFL–3110		温州市龙湾求进检测仪器厂
润滑油污染测试仪	CCL–2224		温州市莲池仪器厂

3.5.2　颗粒计数方法

颗粒计数是评定油液内固体颗粒(包括机械磨损颗粒)污染程度的一项重要技术。它是对油样中含有的颗粒进行粒度测量,并按粒度范围进行计数,从而得到有关颗粒粒度分布的重要信号。早期颗粒计数是靠光学显微镜和肉眼对颗粒进行测量和计数,后来采用图像分析仪进行二维的自动扫描和测量,但它们都需要先将颗粒从油液中分离出来。随着颗粒计数技术的发展,研制成功了各种类型的先进的自动颗粒计数器,它们不需要从油样中分离出固体颗粒便能自动地对其中的颗粒大小进行测量和计数,因而在判断油液的污染程度方面非常有效。

颗粒计数方法主要由以下两种方法:

1)显微镜颗粒计数技术

将油样经滤网过滤,然后将滤膜烘干,放在普通显微镜下统计不同尺寸范围的污染颗粒数目和尺寸。由于能直接观察磨损微粒的形状、尺寸及分布情况,可定性了解磨损类型和磨损微粒来源。该技术装备简单,但操作费时,人工计数误差较大,再现性也较差。

2)自动颗粒计数技术

自动颗粒计数器都是利用传感器技术,当颗粒经过时将反映其大小的信号输出并同时计数。它不需要从油样中分离出固体微粒,而是自动地对油样中的颗粒尺寸进行测定和计数。

目前成为商品的自动颗粒计数器都属于线流扫描型,按工作原理来分又可分为遮光型、散光型和电阻变化型。它一般由传感器、放大器、电路和计数装置组成。它们的共同点都是使油样流经具有狭窄通道的传感器,而当颗粒经过时便有反映其大小的信号输出并同时计数。

目前国外最普遍使用的是基于遮光原理的计数计,大多是美国 HIAC/ROYCO 公司的系列产品,型号有 PC – 320、4100 和 PAR347 等自动颗粒计数计。遮光型计数计是利用光束受到流经光电管元件的油中的微粒遮断时,就对光电管的减弱信号的脉冲进行计数,根据脉冲信号分析,可把微粒按大小分布情况分类。

PC – 320 型是目前使用最多的一种,主要用于实验室内进行污染分析和在线污染监控,可同时进行 6 个 ~ 12 个颗粒尺寸范围的计数,测定颗粒粒度范围为 $1\mu m \sim 900\mu m$。

4100 系列是近年来发展的新产品,具有 6 个通道,双通道显示,它采用微机控制,使用操作方便,可与不同的配套装置组成适用于各种条件和线型的系列。图 3 – 25 所示是该系列中的一种适用于润滑油污染分析的产品外形。

图 3 – 25　润滑油污染分析的产品外形

PAR347 型自动颗粒计数器是专为过滤器性能试验系统设计的在线式颗粒分析仪,全部测定数据和计算结果可由打印机输出。表 3 – 13 列出了几种典型类型的颗粒计数器。

颗粒计数计的优点在于它不但能记录油液中微粒的数量,而且还能给出每个微粒的尺寸大小,因此它在判断油的污染程度上很有效。但它不能分辨被记录的颗粒种类,分不清这些颗粒是磨粒还是外部侵入的固体污染颗粒。因此,这种仪器在反映机械磨损工况方面,远不如在判断油污染程度上那样敏感。

表 3-13 典型类型的颗粒计数器

名　称	型　号	用途及适用范围	生产厂商
颗粒计数器	HIAC/ROYCO-4100 系列	润滑油、液压油中污染微粒计数,机器工况监测和污染分析	美国 PACIFIC SCIENTIFIC 公司 HIAC/ROYCO 公司
	PARTO-SCOPE-SF7 系列	润滑油中颗粒粒度分布测定,水分悬浮物分析	德国 KRATEL 公司
磨粒分析器	MODEL56	润滑油内磨粒含量的现场或试验室测定	美国 TRIBOMETRICS,INC
颗粒定量仪	KLD-1	油液中所含铁磁性磨粒总量的测定	中国矿业大学科技开发部
	PQ90	油液中金属碎屑快速测定	美国 PREDICT Technologies

第4章 振动诊断技术

振动诊断技术是目前机械故障诊断中最常用的诊断方法,它主要通过对机械振动信号在时域、频域、幅值域、相关域以及其它新领域进行信号分析和处理,提取机械故障的特征信息,进行机械的故障诊断。本章重点讲解信号在时域、频域、幅值域、相关域的特点、常用的诊断方法及其适用场合,并通过实例分析加以说明。

4.1 概 述

振动诊断技术是发展最快、研究最多的故障诊断方法,它是通过测量机械外部振动来判断机械内部故障的一种方法。振动诊断技术包括振动测量、信号分析与处理、故障判断、预测与决策等几个步骤。具体地说,振动诊断技术是对正在运行的机械直接进行振动测量(对非工作状态机械设备作人工激振再进行振动测量),对测量信号进行分析和处理,将得到的结果与正常状态下的结果(或与事先制定的某一标准)作比较,根据比较结果判断机械内部结构破坏、碰撞、磨损、松动、老化等故障,然后预测机械的剩余寿命,采取决策,决定机械是继续运行还是停机检修。

4.1.1 振动诊断原理

振动是机械运行过程中出现的必然现象。如:坐在公共汽车上人体感到的晃动,汽车经过不平路面时的颠簸,开车、停车过程中的冲击,以及发动机的抖动等统称为振动。许多机械产生故障的现象就表现为振动过大,振动过大又加速机件磨损,使得振动更大,从而形成恶性循环。

振动在机械运转过程中或多或少都会出现。即使在良好的状态下,由于机械在制造和安装中的误差(如不平衡、不对中)及其本身的性质(如齿轮传动机构等)也会产生振动。

大部分机械内部异常时,如轴承磨损、疲劳破坏、齿轮的断齿、点蚀等,会导致振动量的增加以及振动频率成分或振动形态的改变。

不同的故障是由于机械故障所施加的激励不同而引起的。因而产生的振动会具有各自的特点,这是故障判别的依据。

因此,从机械振动及其特性就可了解机械内部状态,从而判断其故障。

4.1.2 振动诊断内容

振动诊断内容大致包括以下几个方面:

1. 诊断对象的选择

机械种类繁多,如果把生产中的每台机械都作为诊断对象不仅不可能,而且也是不经济的。因此,作为被诊断对象的机械应具有以下一些特征:

（1）停机后会对整个系统产生严重影响的机械或部件，如经济损失大或会造成人员伤害或整机严重损坏等。如电力网的发电机械，飞机、工程机械及汽车中的发动机等。

（2）维修费用高的机械或部件。

（3）对结构故障反应比较敏感的机械或部件。

2．测点的选择

诊断机械选好后，需确定在机械的哪个部位进行测定。通常测点的选择原则是选择最容易显示问题所在的点作为测试点。对于一般旋转机械，轴和轴承的振动最能反映出振动的大小，因此，有测轴和测轴承两种振动测定方法。

测轴振动时，测试点选在轴上，在轴上安装传感器；测轴承振动时，测试点选在轴承上，传感器安装在轴承上。对高速旋转体，由于振动不能及时地传递到轴承上，因此测轴振动为好；而对非高速旋转体，由于振动能及时地传递并反映到轴承上，因此可测轴承振动。

选择测点时应注意以下两个问题：

（1）方向性。低频振动有方向性，因此，需在 3 个方向测量振动；而高频振动一般无方向性，因此在 1 个方向上测量即可。

（2）同一点。对于某点的各次测量需保持在同一点上，因此，第 1 次测量时需作标记。

3．参数选择

根据应用参数的不同，有 3 种测振参数：位移、速度和加速度。对应有 3 种不同的传感器：位移传感器、速度传感器和加速度传感器。位移、速度、加速度虽然可以通过微分、积分关系互换，但转换后灵敏度受到影响。另外由简谐运动位移、速度、加速度关系

$$位\quad移：x(t) = A\sin(\omega t + \varphi)$$
$$速\quad度：v(t) = A\omega\cos(\omega t + \varphi) = \dot{x}$$
$$加速度：a(t) = -A\omega^2\sin(\omega t + \varphi) = -\omega^2 x = \ddot{x}$$

可得：当频率 ω 小时，位移测定灵敏度高；频率 ω 大时，加速度测定灵敏度高。因此，得到测定参数的选择原则：低频选位移和速度，中频选速度，高频选加速度为测振参数。

图 4－1 所示是按频带选定测定参数指南；图 4－2 所示是美国齿轮制造协会（AGMA）所提出的预防损伤曲线，它们都可用来作为确定测定参数的依据。

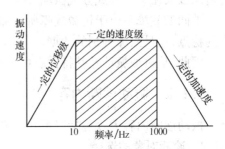

图 4－1　按频带选定测定参数指南图　　　　图 4－2　预防损伤曲线

在振动故障诊断中,对于不同的故障类型所选择的测振参数也不同。对于位移量或活动量成为异常故障时,如机床加工的振动现象、钟表的异常等,选位移为测振参数。对于以振动能量和疲劳为异常故障时,如旋转机械的振动等,选速度为测振参数。当冲击力等力的大小成为异常时,如轴承和齿轮的缺陷引起的振动,则选加速度为测振参数。

4. 测定周期确定

测定周期确定一般根据的原则是:

(1) 对于劣化进展相对缓慢的机械可以选择较长测定周期;对于劣化进展较快的机械,则选择较短的测定周期;对于发生故障不确定又很重要的机械,则可采用实时监测。

(2) 对于同一机械,测定周期也是变化的,需要根据其当时所处的状态来确定。

(3) 对于刚投入使用的完好的机械,可采用较长的测定周期;对于运行接近于预期寿命时,则选用较短的周期或连续监测。

5. 判别标准的选择

得到机械的振动信号后,必须将机械振动信号与其振动标准相比较,才能对机械的运行状态作出判断。常用判别标准有绝对判别标准、相对判别标准和类比判别标准3种。

绝对判别标准是在规定了正确的测定方法、测量位置及测量工况等后制定的标准。测定故障时,使机械某一部位实测值与相应同一部位的"判别标准"相比较,作出良好、注意、异常的判断。图4-3所示是诊断滚动轴承损伤的振动标准。图4-4所示是振动位移标准。绝对判别标准是优先使用的标准,但标准制定较困难,从而限制了它的使用。

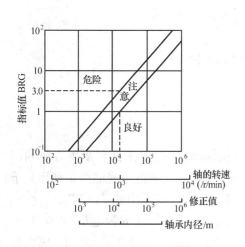

图4-3 滚动轴承损伤振动标准图

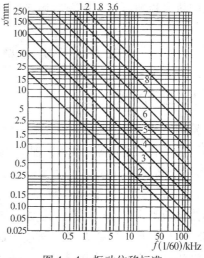

图4-4 振动位移标准

相对判别标准是对机械的同一部位定期测定,按时间先后进行比较。一般将正常状态的值定为初值,根据实测值与初值的倍数比来进行判断。倍数比通常按照过去的经验和人的感觉,由经验或实验给出。表4-1列出了一般机械在低频和高频的相对判别标准。

表 4-1　相对判别标准

振动频率	注意区域	异常区域
低频	实测值/初值 = 1.5～2	实测值/初值 = 4
高频	实测值/初值 = 3	实测值/初值 = 6

图 4-5 所示是低频振动下的速度标准,图 4-6 所示是旋转机构、齿轮及滚动轴承的相对判别标准。

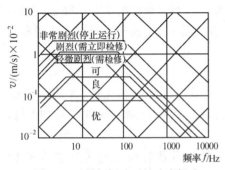

图 4-5　低频振动下的速度标准

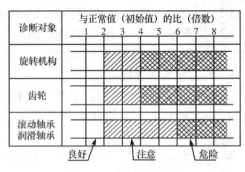

图 4-6　相对判别标准

类比判别标准是当数台同样规格的机械在相同条件下运行时,通过对每台机械的同一部位进行测定和相互比较来掌握其异常程度的方法。如用听诊器听多个轴承故障以及发动机气门故障检测就是使用通过相互比较判断故障的相对判别方法。

4.2　振动检测方法与检测设备

4.2.1　振动检测方法

振动检测方法一般有机械法、光测法和电测法等几种。

机械法主要利用物体相对运动、惯性原理进行振动测量,它虽然具有使用方便的优点,但不适用于高频振动的测量,而且机械法测量的灵敏度相对较低。光测法是利用光干涉原理进行测量,可适用于高频振动测量。目前机械测量中广泛使用的是电测法。

电测法将所测机械量(位移 x、速度 v、加速度 a 或力 F 等)转换成为电量(电流 I、电压 U、电荷 Q、电容 C 或电感 L 等),通过测量这些电量得到被测机械量。实际上,机械量测量中电测法是一种非电量电测技术,它主要是通过传感器将机械量(非电量)转换成为电量,然后进行测量。传感器是电测法中必不可少的关键元件,是将非电量转换成为电量的转换装置。

4.2.2　常用测振传感器

测振传感器在传感器中占有相当大的比重。它的发展方向是高精度与高灵敏度、小型与超小型、特轻量级、集成化、与后续仪表结合、数字化及智能化。

测振传感器的种类很多,分类方法也很多,一般有如下几种分类方法:

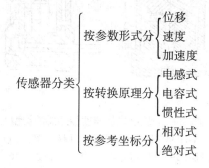

1．压电式加速度传感器

压电式加速度传感器是利用某些晶体材料,如石英晶体(SiO_2)、压电陶瓷、有机压电薄膜等,在某一方向承受外力时,晶体内部会由于极化而在表面产生电荷。这种将机械能转换成电能的现象称为压电效应。利用压电效应的原理制成的传感器称压电式传感器。常用的压电式传感器有压电式加速度传感器、压电式力传感器、压电式压力传感器和压电式阻抗头等。

压电式加速度传感器利用压电效应的原理制成。当晶体在某一晶轴方向受力的作用时,压电晶体表面产生电荷 q_a,由于其产生的电荷量与其受到的力 F 成正比:

$$q_a = \varepsilon F \qquad\qquad (4-1)$$

式中 ε——取决于材料的压电常数。

根据牛顿第二定律:力与加速度成正比。则压电晶体表面产生的电荷量与加速度成正比:

$$q_a = S_q a \qquad\qquad (4-2)$$

测出压电式加速度传感器表面的电荷量即可知道物体运动的加速度。

另外,由于电压与电荷有如下关系:

$$U = \frac{q_a}{C_p} \qquad\qquad (4-3)$$

所以压电晶体表面的电压量也与加速度成正比:

$$U = S_U a \qquad\qquad (4-4)$$

式中 S_q——电荷灵敏度;

S_U——电压灵敏度;

C_P——压电晶体内电容。

压电晶体是发电式变换元件,不需要进行供电,但其产生的电信号十分微弱,因此需加前置放大器放大电信号。

压电式加速度传感器主要由金属底座、质量块、压电晶体、压紧弹簧、引出线及外壳等组成。图4-7所示是常用的压电式加速度传感器的几种结构形式,图4-8所示是压电式加速度传感器的外形图。

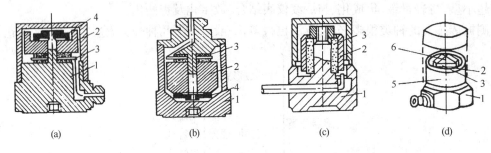

图 4 - 7　压电式加速度传感器的类型

（a）中心压缩式；（b）单端倒转压缩式；（c）圆环剪切式；（d）三角剪切式。

1—底座；2—质量块；3—压电晶体；4—弹簧；5—预紧环；6—三角形中心杆。

压电式加速度传感器是一种应用最广的振动、冲击传感器。与其它传感器相比,它具有体积小、重量轻、量程大、灵敏度高、紧固耐用等特点。它的工作频率范围宽(不考虑安装条件一般在 0.1Hz ~ 20kHz),但它的灵敏度受温度、噪声等影响大,低频测量精度差,对电磁场、声场、辐射场等外界干扰比较敏感,因此需配用高阻抗前置放大器。表 4 - 2 是几种压电式加速度传感器的特性表。

表 4 - 2　压电式加速度传感器的特性(B&K 公司)

加速度振动传感器的形式	主要用途	灵敏度		共振频率 /kHz	横向灵敏度 /%	最大冲击 /G	质量 /g
		电压 S_V /(mV/G)	电荷 S_V /(Pc/G)				
4332	测定普通振动,振动试验及控制	45 ~ 60	40 ~ 60	30	<4	7000	30
4334				30			
4333	测量高频及一般振动	14 ~ 24	14 ~ 20	40	<4	10000	13
4335				40			
4338	测定建筑物的振动,低能量低频振动的测定,与充电式前置放大器合用	~ 100	100 ± 2	12	<3	2000	~ 60
4339	测定一般振动,振动试验控制,与电压式前置放大器合用	10 ± 0.2	~ 10	45	<3	10000	16
4340	测定了坐标方向的一般振动	12 ~ 24	14 ~ 20	23	<4	500	35
4343	测定一般振动,振动试验和控制,与充电式前置放大器合用	~ 10	10 ± 0.2	50	<3	10000	16
4344	高频高能量振动的测定,冲击测定,轻型结构的测定	2 ~ 3	2 ~ 3	70	<5	14000	~ 2

振动测量中,加速度传感器的安装方式相当重要。如果安装不牢,高频振动时就会使传感器与被测物体之间产生撞击,增大测量误差,严重时甚至得出完全错误的结果。表4-3列出了传感器固定方式及其适用频率范围,图4-9列出了其它类型的加速度传感器。

图4-8　压电式加速度传感器的外形图

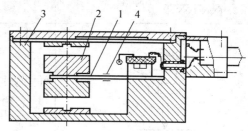

图4-9　BAR-6型加速度传感器
1—等强度梁;2—质量块;
3—壳体;4—应变片。

2．磁电式速度传感器

磁电式速度传感器又称感应式、电动式或动圈式速度传感器。磁电式速度传感器的主要组成部分是线圈、磁铁和磁路。

磁电式速度传感器有绝对式和相对式两种形式。它们的工作原理大致相同,都是基于导线在磁场中运动切割磁力线,在导线中就产生感应电流——电磁感应原理进行的,线圈中的感应电动势 E 大小为:

$$E = kBNL\dot{x} \tag{4-5}$$

表4-3　传感器固定方式及适用频率范围

加速度传感器固定法	特　　　点
钢制双头螺栓	钢螺栓固定传感器与被测物体视为一体,上限频率10000Hz
绝缘体 绝缘螺栓	绝缘螺栓固定传感器与被测物体视为一体,用于需要电绝缘时,上限频率7000Hz
刚性高的专用垫 粘接剂(可用快速粘接剂)	粘接剂固定,上限频率10000Hz
刚性高的蜡	频率性好,上限频率7000Hz,不耐热

65

加速度传感器固定法	特　点
与测定端绝缘的磁铁	仅用于 1000Hz～2000Hz
测头	用于低频,上限频率 500Hz

式中　　B——磁感应强度;

N——线圈匝数;

L——每匝线圈长度;

$\dot{x}$——线圈相对磁钢(壳体)的运动速度。

图 4－10 所示是 CD－1 型绝对式磁电式速度传感器的结构图。磁钢 3 借助于铝架 4 固定在壳体 6 内,并通过壳体形成磁回路。线圈 7 和阻尼环 2 安在芯轴 5 上,芯轴用弹簧 1 和 8 支承在壳体内,构成传感器的活动部分。其中,活动部分的质量和弹簧刚度决定了传感器的固有频率。

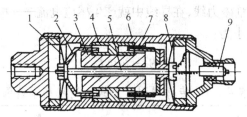

图 4－10　CD－1 型绝对式磁电式速度传感器的结构原理图

1、8—弹簧;2—阻尼环;3—磁钢;4—铝隔磁套;

5—芯轴;6—壳体;7—线圈;9—输出接线座。

图 4－11 所示是 CD－2 型相对式磁电式速度传感器的结构图。磁钢 2 固定在壳体 1 上形成磁回路。被测机械通过活动顶杆 6 使线圈 3 运动。由于线圈相对磁钢运动而切割磁力线,因而产生感应电动势。

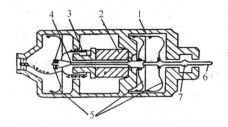

图 4－11　CD－2 型相对式磁电式速度传感器的结构原理图

1—壳体;2—磁钢;3—线圈;4—连杆;5—弹簧;6—活动顶杆;7—限位块。

磁电式速度传感器线圈阻抗低,对需配用的测量仪器的输入阻抗和电缆长度要求不高,结构比较简单,价格低廉,维修方便,抗干扰能力较强,且在几百赫兹下的频率范围内有较大的电压输出。它的缺点是工作频带窄,一般在 10Hz～1kHz。它主要用于化工、发电机组、建筑物、地震等机械的振动监测。图 4－12、图 4－13 所示是其它类型的速度传感器外形图。

图 4－12　SD 型长行程速度传感器外形

图 4－13　光电转速传感器外形

3. 电容式位移传感器

电容式位移传感器是一种非接触式位移变换装置,利用位移量转变成电容量的原理进行检测。电容式位移传感器实际上是一种可变参数电容器。两平板组成电容器(图 4－14)的电容量 C:

$$C = \frac{\varepsilon_r \varepsilon_0 A}{\delta} \quad (\text{F}) \tag{4－6}$$

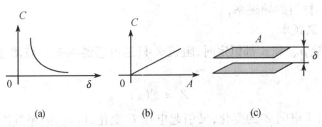

图 4－14　平板电容

式中　ε_r——极板间介质的相对介电常数,其中空气的介电常数为 $\varepsilon = 1$;

　　　ε_0——真空中介电常数,$\varepsilon_0 = 8.85 \times 10^{-12}$(F/m);

　　　δ——极板间距(m);

　　　A——两极板相互覆盖面积(m^2)。

从式(4－6)可见,当极板间的相对介电常数 ε_r、极板间距 δ 和极板面积 A 变化时,都会引起电容量 C 的变化。改变其中一个参数即可得到一种传感器。

当极距 δ 变化、其它参数不变时的电容式位移传感器称极距变化型传感器;当两极板相互覆盖面积 A 变化、其它参数不变时的电容式位移传感器称面积变化型传感器。图 4－15所示是极距变化型位移传感器的结构图。图 4－16 所示是测量线位移时的两种面积变化型传感器示意图。

4. 电涡流式位移传感器

电涡流式传感器是一种非接触式位移传感器。它利用两个带电线圈相互接近时会产生互感从而改变其测得的电压量的原理进行检测。如图 4－17 所示,由于被测金属体内产生感应电流自身闭合,故称为涡流。该涡流又反过来作用到线圈,使线圈附加一互感,

67

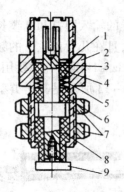

图 4-15 电容式位移传感器结构图
1—弹簧卡圈；2—壳体；3—电极座；
4、6、8—绝缘衬套；5—盘形弹簧；
7—螺帽；9—电极板。

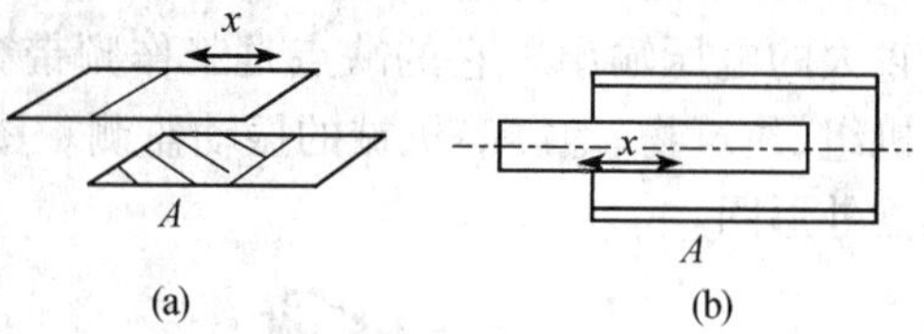

图 4-16 面积变化型传感器示意图

从而改变线圈原有电感量，也改变了线圈原有的阻抗（$Z = R + iL$）。

当传感器探头（扁平线圈）与被测金属物体之间的间隙 x 变化时，互感及阻抗 Z 也变化。阻抗 Z 是下列参数的函数：

$$Z = F(\rho, x, f, \mu) \qquad (4-7)$$

式中　ρ——被测金属材料的电阻率；

　　　μ——被测材料的导磁率；

　　　f——激励磁频率。

特别是当参数 ρ、f 和 μ 都恒定时，阻抗 Z 只是传感器探头与被测金属间的距离 x 的函数：

$$Z = F(x) \qquad (4-8)$$

另一方面，由于电阻 Z 的变化，又引起电压 U 变化，因此，测量线圈的电压即可得到传感器探头与被测物体之间的距离变化。

图 4-18 所示是 CZF3 型电涡流位移传感器的结构图。线圈架 2 的端部粘贴着线圈 3，外面罩着聚酰亚胺保护套 4。电涡流位移传感器灵敏度和分辨率较高，而且受环境介质影响小，但其灵敏度与被测对象的材料和形状有关。图 4-19、图 4-20、图 4-21 所示是其它类型的位移传感器外形图。

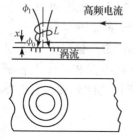

图 4-17　电涡流位移传感器原理图

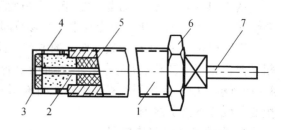

图 4-18　电涡流位移传感器结构图
1—壳体；2—线圈架；3—线圈；4—保护套；
5—绝缘套；6—固定螺母；7—导线电缆。

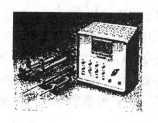  

图4－19　TDZ－1型中　　　图4－20　TDZ－1A－80型　　　图4－21　TDJ－1型
频位移传感器　　　　　　　组合位移传感器　　　　　　　角位移传感器

4.2.3 激振器

1. 激振器

对静止的设备或非工作状态下的机械进行振动测量时就要利用激振器。激振器是对机械施加某种预定的激振力，使其按要求振动起来，以利于进行振动测量的装置。激振器可分类如下：

$$
激振器\begin{cases}
按大小分\begin{cases}激振器\\ 振动台\end{cases}\\[2ex]
按产生激振力的方式分\begin{cases}电动式激振器\\ 电液式激振器\\ 电磁式激振器\end{cases}
\end{cases}
$$

图4－22所示是电动式激振器结构图，图4－23是其结构示意图，图4－24是其外形图。它由支承弹簧、壳体、磁钢、顶杆、磁极板、铁芯和驱动线圈等元件组成。其中，驱动线圈和顶杆固连在一起，并通过弹簧支承在壳体上。驱动线圈则正好位于磁极形成的高磁通密度的气隙中。它是根据通电导体在磁场中受到电动力的原理进行检测的。

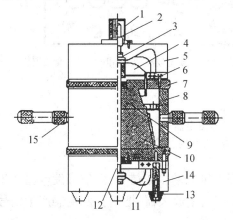

图4－22　电动式激振器结构图

1—保护罩；2—连接杆；3—螺帽；4—连接骨架；

5—上罩；6—线圈；7—磁极板；8—壳体；

9—铁芯；10—磁钢；11—弹簧；12—顶杆；

13—底脚；14—下罩；15—手柄。

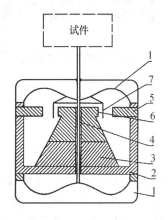

图4－23　电动式激振结构示意图

1—弹簧；2—壳体；3—磁钢；

4—顶杆；5—磁极；6—铁芯；

7—驱动线圈。

69

当交变电信号通入磁场中与顶杆相连的驱动线圈时,线圈受到磁场的交变电动力,从而带动顶杆运动,这就使激振器顶杆产生激振力。这个激振力用来推动被测静止机械运动。一般顶杆激振力不等于电动力,它是由激振器产生的激振力、弹簧产生的弹簧力和阻尼器产生的阻尼力以及由于活动部分质量而产生的惯性力共同作用的结果。因此,激振器的激振力大小是不确定的,实际测量中一般是在顶杆上安装一个力传感器来测出激振力大小。

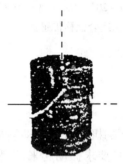

图4-24　激振器的外形图

激振器将交变电信号通入磁场中的线圈,线圈在磁场力的作用下产生交变电动力——激振力。交变的电信号由信号发生器产生,信号发生器能产生各种所需信号,一般有正弦信号发生器、随机信号发生器、伪随机信号发生器、矩形波、三角波等信号发生器。其中正弦信号发生器是最常用的信号发生器,图4-25所示是正弦信号发生器外形图及面板结构图。

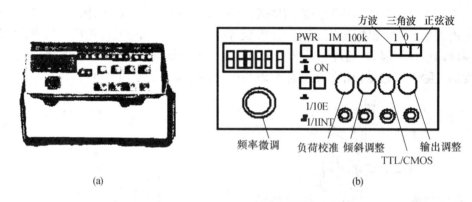

图4-25　正弦信号发生器
（a）外形图；（b）面板结构图。

正弦信号发生器能产生频率 ω 在一定范围内可调的正弦信号,但信号发生器产生信号的功率太小,不足以推动被测机械运动,因此需功率放大器,把信号发生器产生信号的功率放大,然后再输入激振器,以推动被测机械运动。

2. 脉冲锤

正弦激振产生的激振力是一个简谐力,只有一个频率成分,若要对机械进行较大频率范围($f_1 \sim f_2$)测量,就要逐个改变频率,逐次测量,这样不仅费时费力,而且得到的信号在频谱图上仍是不连续的,从而引出了脉冲激振的概念。

脉冲激振在一次激振过程中就能激起被测机械全部频率的振动,而且,激振仪器简单。因此,它能快速对机械进行激振而达到测振的目的。

脉冲激振使用的激振仪器是一把带有力传感器的脉冲锤,图4-26所示是其外形图。激振时用锤敲击被测静止机械,同时由脉冲锤头部的力传感器测量敲击的激振力大小。脉冲锤由于敲击时锤子产生的是瞬态的脉冲激振力而得名。

脉冲锤的结构如图4-27,主要由脉冲锤体、力传感器和锤头垫等几部分组成。其中,锤头垫由各种不同材料(橡胶、尼龙、有机玻璃、铜、钢等)制成。硬度从橡胶→尼龙→有机玻璃→铜→钢增加。一般来说,材料越硬,可测量的频率范围越宽,但能激振出来的能量越小;材料越软,可测量的频率范围越小,但能激振出来的能量越大。图4-28是不同锤头垫时脉冲力的频谱图。

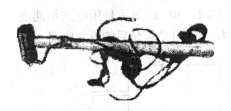

图4-26 脉冲锤的外形图

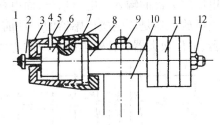

图4-27 脉冲锤结构图

1—锤头垫;2—锤头;3—压紧套;4—力信号引出线;
5—力传感器;6—预紧螺母;7—销;8—锤体;
9、12—螺母;10—锤柄;11—配重块。

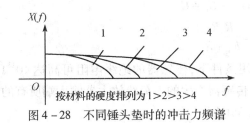

图4-28 不同锤头垫时的冲击力频谱

4.2.4 振动测量其它配套仪器

1. 放大器

按功能,放大器可分为电压放大器、电荷放大器和功率放大器:

$$\text{放大器}\begin{cases}\text{放大电信号}\begin{cases}\text{电荷放大器}\\\text{电压放大器}\end{cases}\\\text{放大功率——功率放大器}\end{cases}$$

压电式传感器产生的电信号十分微弱,因此,需要经过放大后才能进行分析处理及记录。一般用电压放大器和电荷放大器两种放大器作为前置放大器。而功率放大器则用于放大信号发生器产生的信号的功率,以使激振器能推动被测机械运动。图4-29所示是功率放大器的外形图和面板图。

71

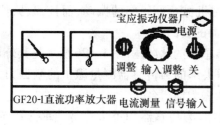

(a)   (b)

图 4 - 29　功率放大器

(a) 面板结构图；(b) 外形图。

电压放大器和电荷放大器的作用都是放大电信号，它们的输出都是电压信号，所不同的是电压放大器的输入是电压信号，而电荷放大器的输入是电荷信号。

电压放大器是压电式传感器的一种前置放大器。图 4 - 30(a) 所示是压电式加速度传感器、电压放大器和传输电缆组成的等效电路。图 4 - 30(b) 是简化后的等效电路。

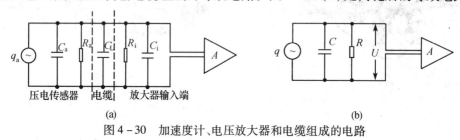

压电传感器　电缆　放大器输入端

(a)   (b)

图 4 - 30　加速度计、电压放大器和电缆组成的电路

(a) 等效电路；(b) 简化电路。

图中，等效电容：$C = C_a + C_L + C_i$

等效电阻：$R = \dfrac{R_a R_i}{R_a + R_i}$

在正确的制造和使用条件下，传感器的绝缘电阻可高达 $10^{13}\,\Omega \sim 10^{14}\,\Omega$，放大器的输入电阻也在 $10^7\,\Omega$，因此，传感器产生的电荷给放大器输入端所有的电容充电，电容器上的电压 U_i 就是放大器的输入电压：

$$U_i = \frac{q_a}{C_a + C_L + C_i} \tag{4 - 9}$$

当放大器的放大倍数为 K_v 时，放大器的输出电压 U_0 为：

$$U_0 = -K_v U_i = -\frac{K_v q_a}{C_a + C_L + C_i} \tag{4 - 10}$$

式中　C_a——传感器电容量；

　　　C_L——电缆电容量；

　　　C_i——电压放大器输入电容；

　　　q_a——压电式加速度传感器总电荷量。

因此，电压放大器的特点是：

(1) 输入是电压信号，输出仍是电压信号，且输出电压与输入电压成正比，从而进一步导出输出电压与输入电荷量成正比。

（2）高频特性好,低频特性差。为了保证测试精度,使用时应注意电压放大器的下限频率,测量信号频率应大于放大器下限频率。

（3）传感器与电压放大器之间连接导线电缆的性能与长度影响电缆电容,测量过程中会导致非线性误差。使用中尽量选用低噪声电缆,不使分布电容发生变化,以消除导线影响。

电荷放大器是一个具有电容负反馈且输入阻抗极高的高增益运算放大器。图4-31所示是由压电式加速度计、电荷放大器和导线电缆构成的等效电路图。其中,C_f为反馈电容,K为运算放大器的放大倍数。

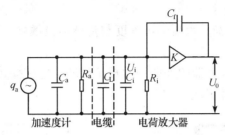

图4-31 加速度计、电荷放大器和电缆组成的等效电路

由于电荷放大器的输入电阻极高,一般要求在$10^9\Omega \sim 10^{14}\Omega$,放大器输入端电荷为压电式传感器产生的总电荷量$q_a$与"反馈电荷"$q_f$之差,而总电荷量等于反馈电容与电容两端电位差的乘积:

$$q_f = C_f(U_i - U_0) = C_f(\frac{U_0}{K} - U_0) \qquad (4-11)$$

放大器的输入电压就是电荷$(q_a - q_f)$在电容C两端形成的电位差:

$$U_i = \frac{U_0}{K} = \frac{q_a - q_f}{C} = \frac{1}{C}\left[q_a - C_f(\frac{U_0}{K} - U_0)\right] \qquad (4-12)$$

$$U_0 = \frac{kq_a}{C + (1-K)C_f} \approx \frac{q_a}{C_f} \qquad (4-13)$$

式中　C——等效电容,$C = C_a + C_L + C_i$;

　　　C_f——反馈电容;$1/C_f$相当于放大倍数。

电荷放大器具有以下的特点:

（1）输入是传感器的电荷信号,输出电压信号,输出电压与电荷成正比。

（2）输出与传感器到电荷放大器之间的连接导线电缆电容无关。因此,放大器输出不受连接导线性能的影响。在测量和标定时,对所用导线的长短、型号要求不高。

（3）低频特性好。一般可用于≤0.3Hz或更低频率。实际工作中一般都使用电荷放大器。

（4）电荷放大器都含有上限频率可调的低通滤波器或上下限可调带通滤波器。测试中不需再加入滤波器就可根据实际需要得到要求频率范围的信号,或可用于消除低频、高频噪声干扰。

（5）线性度好,信噪比高。

（6）电荷放大器上有灵敏度调节旋钮,因此,通过调节灵敏度旋钮可使电荷放大器与不同灵敏度的传感器匹配使用。

电荷放大器在使用中应注意：

（1）输入端不可直接输入电压信号，若要输入电压信号，需串接一个电容器后再输入。

（2）电荷放大器有零点偏移，长时间使用应调零。

（3）振动测量中，系统各部分连接要牢固，且应接地。接地点最好选在电荷放大器后的仪器上。

（4）仪器较娇气，人体或外界感应信号会破坏电荷放大器，连接压电式加速度传感器时，放大器电源要处于关闭状态。要保持放大器仪器插座及电缆插头高度清洁、干燥，以保证电荷放大器的高输入阻抗。

（5）使用时，要调整电荷放大器的灵敏度与传感器灵敏度一致。当不用高通滤波器时，高频上限频率置线性。

图4-32所示是电荷放大器的外形和面板结构图。它主要由灵敏度旋钮、放大器旋钮、滤波器旋钮、输入插头等组成。

 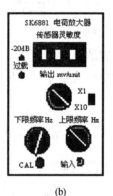

(a)   (b)

图4-32　电荷放大器面板结构

（a）外形图；（b）面板结构图。

灵敏度旋钮：工作中调整放大器灵敏度旋钮示值与所用传感器灵敏度相一致。

放大器旋钮：电荷放大器的放大器旋钮有3个使用范围。

滤波器旋钮：根据所需信号频率范围来选择开关位置可得到不同频率的信号。

2．微积分电路

一般振动测量中，某一点只能安装一种传感器。因此，测量振动时一般只能使用位移、速度、加速度三种传感器中的一种，每种传感器只能测得一种响应信号。当同时需要得到三种或其中两种信号时就要采用微积分电路。

例如，用位移传感器只能测量位移信号。为了得到速度信号就需进行一次微分：

$$v = \dot{x} = \frac{\mathrm{d}x}{\mathrm{d}t} \tag{4-14}$$

为了得到加速度信号就要进行二次微分：

$$a = \ddot{x} = \frac{\mathrm{d}^2 x}{\mathrm{d}t^2} \tag{4-15}$$

同理，用速度传感器只能测得速度信号。为了得到位移信号就需进行一次积分：

$$x = \int \dot{x} \mathrm{d}t \qquad\qquad (4-16)$$

为了得到加速度信号就得进行一次微分：

$$a = \dot{v} = \ddot{x} = \frac{\mathrm{d}\dot{x}}{\mathrm{d}t} \qquad\qquad (4-17)$$

同样,用加速度传感器只能测量加速度信号。为了得到速度信号就要进行一次积分：

$$\dot{x} = \int a \mathrm{d}t \qquad\qquad (4-18)$$

为了得到位移信号就要进行二次积分

$$x = \iint a \mathrm{d}t \mathrm{d}t \qquad\qquad (4-19)$$

因此,微积分电路的作用是完成位移、速度、加速度三种信号之间的转换。实际仪器中微积分电路是一种 RCL 串联电路：

$$U_0 = U_R + U_C + U_L = iR + \frac{1}{C}\int i \mathrm{d}t + L\frac{\mathrm{d}i}{\mathrm{d}t} \qquad\qquad (4-20)$$

根据积分或微分要求,具体有各种形式的 RC 串联和 RL 串联电路。

3. 滤波器

实际振动和噪声信号的频率范围可能很宽,而我们只对其中一部分频率成分感兴趣;有时由于各种高低频噪声干扰,影响测量结果分析的精确性。这时就需要用到滤波器。实际上,滤波器是一种选频装置,它能使特定的频率成分通过,其它频率成分被极大地衰减掉。

根据要求不同,滤波器形式也不同。一般滤波器可分为低通、高通、带通和带阻四种类型。

低通:$0 \sim f_h$ 之间频率成分几乎不衰减地全部通过;大于 f_h 的高频成分受到极大地抑制而衰减(图 4-33(a))。

高通:$f_L \sim \infty$ 之间频率成分的信号通过;小于 f_L 的低频成分极大地抑制而衰减(图 4-33(b))。

带通:只有一段频率范围 $f_L \sim f_h$ 的信号通过,其它频率范围的信号受到抑制而衰减掉(图 4-33(c))。

带阻:只有一段频率范围 $f_L \sim f_h$ 的信号受到抑制而衰减,其它信号则完全通过(图 4-33(d))。

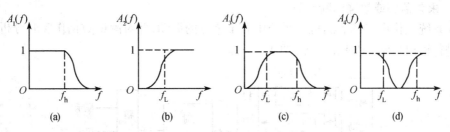

图 4-33　滤波器的类型

(a) 低通; (b) 高通; (c) 带通; (d) 带阻。

4.2.5 振动测量传感器和分析仪器的配套

各种振动测量传感器需与特定的放大器、分析仪器配套才能使用,以满足各种不同测试要求。实际测量可有以下几种常用配套方法:

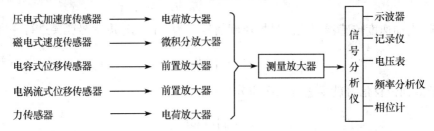

1. 现场测量分析仪器

现场测量分析仪器一般是一些便携式测振仪,用于测量、记录现场数据,并进行一定的分析、处理。其测试系统如图4-34所示。

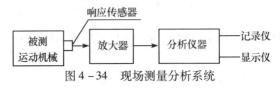

图4-34 现场测量分析系统

2. 现场记录、实验室分析系统

用计算机或其它记录仪记录下现场振动数据,然后到实验室重放记录数据,并用专用的分析仪器分析、处理振动数据(图4-35)。

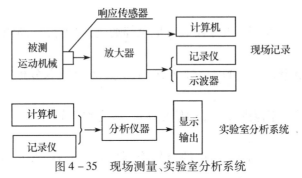

图4-35 现场测量、实验室分析系统

3. 永久监测或故障诊断系统

在系统工作中连续监测机械系统中若干个点的振动,并对测试数据作实时分析处理,最后进行输出显示、记录和报警(图4-36)。

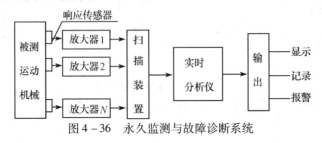

图4-36 永久监测与故障诊断系统

发动机综合测试仪利用振动、电压、电流、油压、缸内压力、喷油压力、温度传感器等进行永久故障监测。图 4 - 37 所示为涡轮发电机故障诊断系统,图 4 - 38 所示为泵机故障诊断系统。

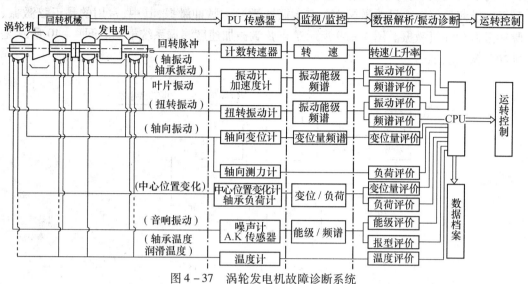

图 4 - 37　涡轮发电机故障诊断系统

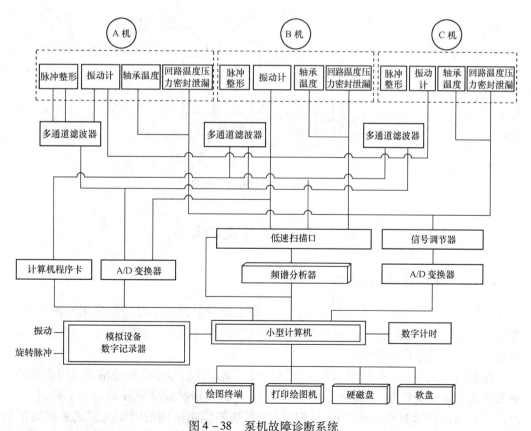

图 4 - 38　泵机故障诊断系统

4. 激振测振系统

对于运动机械,可以直接测量振动。但对于静止设备,为了测量其振动,就必须进行激振才能测量振动。目前激振方式有激振器激振和脉冲激振,其中,常用的是正弦激振、脉冲激振和随机激振。图 4 - 39 所示是正弦激振加速度测振系统框图。图 4 - 40 所示是脉冲激振系统框图。

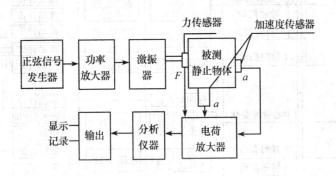

图 4 - 39 正弦激振系统框图

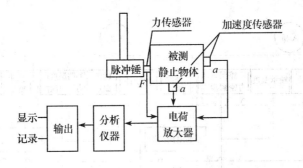

图 4 - 40 脉冲激振系统框图

4.3 振动信号故障诊断

4.3.1 振动信号的分类

信号首先可分为静态信号和动态信号。静态信号是指不随时间而变化的信号,如直流电、静载荷。动态信号是指随时间而变化的信号,如交流电、动载荷。实际上静态信号可看作是动态信号中的特例。

动态信号又可分为确定性信号和随机信号。确定性信号是指能够精确地用明确的数学关系式来描述的信号,如简谐信号 $x(t) = A\sin(\omega t)$,指数衰减信号 $x(t) = A\,\mathrm{e}^{at}$,它们都可以用明确的数学关系式来表示。随机信号是指不能用精确的数学关系式来描述的信号,如汽车及座位振动信号、发动机振动和噪声信号等,它们都不能用精确的函数关系式来表示。

确定性信号可分为周期信号和非周期信号。周期信号是指每隔一定时间间隔重复出现的信号,一般可分为简谐信号和复杂周期信号两类。非周期信号是指无任何规律的信号。

4.3.2 振动信号的时域故障诊断

以时间 t 为自变量的动态信号统称为时域信息。时域信息包括振动响应时间历程、振幅时间信号等。

1. 振动波形诊断

振动波形是指振动的响应时间历程($x(t) \sim t$ 曲线)。振动波形是测试中的原始信号,理所当然地包含机械故障的全部信息。但由于干扰的影响,一般不能直接用来作为机械故障的诊断信息。而对于一些简单振动波形或对原始信号进行时域平均后就可用来表示机械故障特征。

提取特定的周期分量,以该周期分量的周期为间隔截取信号,然后将所截的信号叠加平均的方法就是时域平均法。时域平均可消除信号中的非周期分量和随机干扰,保留确定的周期分量。

例如,以某齿轮一转为周期,进行时域平均,可以排除该齿轮的其它干扰,使齿轮产生以一转为周期的故障更为突出,从而提高信号的信噪比。图 4-41 所示是时域平均提高信号信噪比的例子。时域平均具有如下特点:

(1)需摄取两个信号,其中一个为参数信号(加速度 a、速度 v、位移 x 信号),另一个为时标信号,用来作为截取周期的依据。

(2)可用在噪声环境下除去与给定周期无关的全部信息分量,抗噪性强。

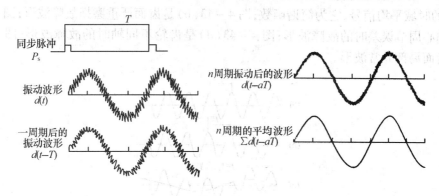

图 4-41　时域平均方法

振动波形诊断是利用实测振动波形与正常振动波形或发生某种故障的典型故障波形相比较来判断故障。

实例1:滚动轴承振动波形诊断

图 4-42 所示是滚动轴承正常和各种典型故障时的实测波形。正常时,信号为完全无规律的随机信号(图 4-42(a));当滚动轴承产生异常冲击时,则信号为以该冲击为周期的冲击信号(图 4-42(b));当滚动轴承偏心安装时,则信号产生拍振现象(图 4-42(c))等。

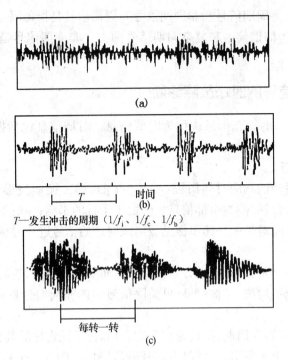

图 4 - 42　滚动轴承振动波形

（a）正常振动波形；（b）异常冲击波形；（c）偏心安装波形。

实例 2：齿轮时域平均波形诊断

图 4 - 43 所示是齿轮正常和各种典型故障时的时域平均波形。图 4 - 43（a）是齿轮正常时的时域平均信号，它为简谐函数；图 4 - 43（b）是齿面严重磨损故障波形；图 4 - 43（c）是偏心周节误差时的故障波形；图 4 - 43（d）是齿轮不同轴时的故障波形；图 4 - 43（e）是齿面局部异常波形。

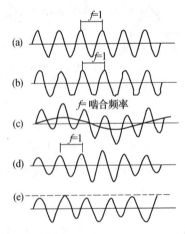

图 4 - 43　齿轮振动时各种典型时域平均波形

（a）正常；（b）磨损；（c）偏心周节误差；（d）不同轴；（e）局部异常。

若实测振动波形与上面所列举的某种故障的振动波形相一致时,则说明轴承或齿轮发生了该种故障。

振动波形诊断的优点是几乎不需进行信号处理就能得到信号的振动波形,进行机械的故障诊断。它的缺点是由于实测得到的各种振动波形受外界干扰影响大,从而影响诊断的准确性。因此,振动波形诊断仅适用于简单部件的振动诊断。

2. 振幅—时间图诊断

振幅—时间图诊断法一般使用两种方法。一种是变转速工况下的振幅—时间图,另一种是稳定转速工况下的振幅—时间图。对于运行工况经常变化的机械,可以测量和记录其在开机或停机过程中振幅随时间的变化过程,根据振幅随时间变化的曲线判断机械的故障。对于转速工况不变的机械,可以测量振幅随时间的变化过程,得到系统的不稳定性,从而判断故障。

1)变转速工况下振幅—时间图诊断

以旋转机械开机过程为例,变转速工况下振幅随时间的变化过程一般有如下5种情况:

(1)开机过程振幅不随时间而变,可能的原因是:① 别的机械及地基振动传递到被测机械而引起,这不是被测机械本身的故障;② 流体压力脉动或阀门振动引起,这是被测机械本身的故障源。

(2)开机过程振幅随时间而增大,被测机械可能存在如下故障:① 转子动平衡不好;② 轴承座和基础刚度小;③ 推力轴承损坏等。

(3)开机过程中振幅出现峰值,一般由共振引起。可能的振源包括:① 临界转速低于工作转速的柔性转子,这是机械正常的工作状态,不存在故障源;

② 系统或部件(箱体、支座、基础等)共振,这是机械工作中不允许的,应设法纠正。

(4)开机过程中某时刻振幅突增,可能存在如下故障:① 轴承油膜振动,如半速涡动的情况;② 零件配合间隙过小或过盈量不足。如零件配合间隔过盈量不足,当达到一定的转速时,相互配合的零件之间松开,振幅突然增加。

(5)除上述分析外,还有开机过程中振幅变化不稳定,对于这种情况一般难以诊断。

因此,根据上面的分析,可根据开机过程中振幅—时间变化来寻找机械振动的振源,从而判断机械的故障。

2)稳定转速工况下振幅—时间图诊断

在稳定转速工况下可根据振幅—时间、相位—时间曲线的变化判断故障。这种情况下,曲线变化反映系统时变,此时可能原因一般是零件松动引起。

实例3:风机振幅、相位时间图诊断

图 4 – 44 所示是风机振动振幅、相位在 30min 内变化情况。发现相位随时间缓慢增加,检查结果表明,该风机叶轮套装过盈不足导致旋转时松动,引起振动不稳定。

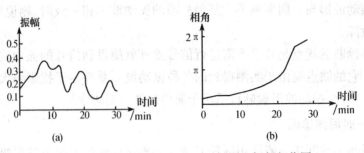

图 4-44　风机振动的振幅—时间图和振幅相位图

4.3.3　振动信号的幅域故障诊断

1. 均方根诊断

均方根(RMS)诊断是根据机械的某些特征点上振动响应的均方根值与标准均方根值的比较来判断机械内部状态、进行故障诊断的一种方法。信号的均方值 ψ_x^2 与信号的均值 m_x、方差 σ_x^2 之间有如下关系：

$$\psi_x^2 = m_x^2 + \sigma_x^2 \qquad (4-21)$$

信号的均方根 ψ_x(信号的有效值)既反映了信号振动的平均信息,又反映了信号的波动和离散程度。因此,它可比较完整地反映机械内部状态,可用来作为判断机械内部状态异常与否的依据。

均方根诊断中一般使用绝对判别标准。因此,均方根诊断中的关键是判别标准的确定。一般它需根据大量试验数据和机械运行资料,经过统计分析才能制定。表4-4是回转机械的国际标准(ISO2372 和 ISO3945),它是根据机械的功率大小、安装条件、振动情况等分别判定的。表中的 I 级是指小型机械,一般使用15kW 以下电机的回转机械;Ⅱ级

表 4-4　回转机械国际标准

振动强度		ISO2372				ISO3945	
范围	速度有效值 /mm·s^{-1}	I 级	Ⅱ级	Ⅲ级	Ⅳ级	刚性基础	柔软基础
0.28							
0.45	0.28	A	A				
0.71	0.45			A	A	优	优
1.12	0.71						
1.8	1.12	B	B				
2.8	1.8			B			
4.5	2.8	C			B	良	良
7.1	4.5		C	C			
11.2	7.1				C	可	可
18	11.2	D					
28	18		D	D		不可	不可
45	28				D		
71	45						

82

是指中型机械,一般使用 15kW ~ 75kW 电机的回转机械;Ⅲ级指刚性安装的大型机械;Ⅳ级为超大型机械。

对应于某一回转机械,如果实测速度的均方根值在表中的 C 类范围,则说明机械处于临界状态,需引起足够的注意;如果实测速度均方根值超过表中 C 类极限数据,则认为该机械状态异常,需立即进行修理。

均方根诊断简单易行,是一种实用性很强的诊断方法,它可适用于各种信号定期或永久的监测,在目前的一些简易便携式诊断机械中广泛使用。均方根分析的主要缺点是振动标准制定较为困难,它需进行大量的实验统计才能得到。

2. 概率密度函数诊断

概率是指某一事件出现的可能性,概率的值一般在 0 ~ 1 之间变化。概率为 0 的事件是不可能事件;概率为 1 的事件是一定会发生的确定性事件。

对于随机信号,定义信号 $x(t)$ 落在区间 $(x,x + \Delta x)$ 内的概率为(图 4 - 45):

$$P(x < x(t) \leq x + \Delta x) = \lim_{T \to \infty} = \frac{T_x}{T} \qquad (4 - 22)$$

则 $P(x < x(t) \leq x + \Delta x)$ 为概率分布函数。

式中　T——信号采样的总时间;

　　T_X——信号落在区间 $(x,x + \Delta x)$ 内的时间:$T_X = t_1 + t_2 + \cdots + t_N = \sum t_i$。

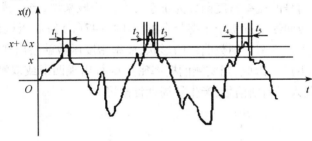

图 4 - 45　概率测量

概率密度函数 $p(x)$ 定义为:

$$p(x) = \lim_{\substack{T \to \infty \\ \Delta x \to 0}} \frac{p(x \leq x(t) \leq x + \Delta x)}{\Delta x} = \lim_{\substack{T \to \infty \\ \Delta x \to 0}} \frac{1}{\Delta x} \frac{T_x}{T} \qquad (4 - 23)$$

根据式(4 - 23),当区间 Δx 为单位区间($\Delta x = 1$)时,概率密度函数:

$$p(x) = P(x < x(t) \leq x + \Delta x) = \lim_{T \to \infty} \frac{T_x}{T}$$

因此,概率密度函数表示单位区间上的概率,概率密度函数能在幅域中完整描述随机信号的分布规律。

不同特点的随机信号有不同的概率密度曲线。图 4 - 46 是几种典型信号的概率密度函数图。随机信号的概率密度函数是正态分布,它的形状是中间凸出的钟形;正态分布的概率密度函数是中间下凹的盆形;当随机信号中混有正弦信号时,它的形状是具有双峰的鞍形。因此,从概率密度函数可以区分随机信号的一些特性。

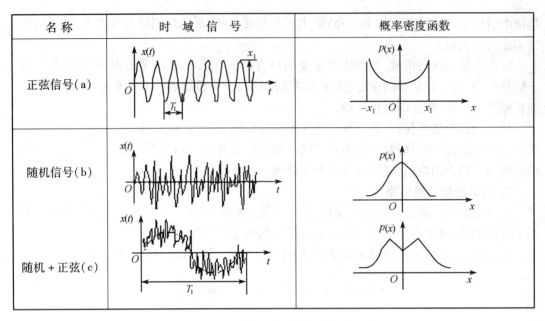

名　称	时　域　信　号	概率密度函数
正弦信号(a)		
随机信号(b)		
随机 + 正弦(c)		

图 4 – 46　几种典型信号的概率密度函数

在动态信号分析中,对于不同的动态信号,有不同的概率密度函数。如正弦信号的概率密度函数为盆形;随机信号的概率密度函数为正态分布。一般来说,当机械处于正常工作状态时,其概率密度函数曲线是近似于正态分布的(图 4 – 47(a));而当机械出现异常周期信号时,就改变了原来概率密度函数曲线的形状,概率密度函数就会出现中间凹两边高的双峰形状(图 4 – 47(b))。因此,当实测的概率密度函数出现凹形或双峰形状时,就说明正常的随机信号中混入了周期信号,产生了周期性故障。

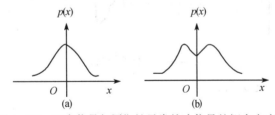

图 4 – 47　正常信号与周期性异常故障信号的概率密度图

(a) 正常信号;(b) 异常周期信号。

图 4 – 48 是新旧轴承的概率密度函数图。新轴承性能好,振动信号的波动幅度较小;旧轴承性能差,振动信号的波动幅度较大,因此,其概率密度函数的方差较大。

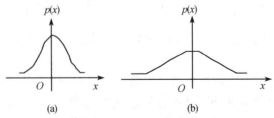

图 4 – 48　新旧轴承的概率密度函数

(a) 新轴承;(b) 旧轴承。

实例 4:实测轴承概率密度函数

图 4 – 49 所示是几种情况下轴承概率密度函数的比较。图 4 – 49(a)是较好的轴承，其分布接近于正态分布;图 4 – 49(c)的概率密度的函数方差比较大,但不出现鞍形,主要是由于制造质量较差,引起振动较大;图 4 – 49(d)是疲劳破坏时的概率密度函数,它的方差很大,曲线非常离散。

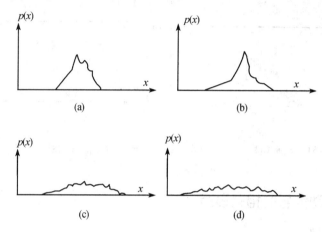

图 4 – 49　几种情况下轴承概率密度函数

（a）较好的轴承($m_x = 126, \sigma_x^2 = 246$）; （b）外滚道划伤三道($m_x = 124, \sigma_x^2 = 300$）;

（c）外圈 32 棱滚道（信号衰减 10 倍）($m_x = 124, \sigma_x^2 = 1405$）;

（d）滚珠疲劳破坏（信号衰减 10 倍）($m_x = 128, \sigma_x^2 = 3463$）。

图 4 – 50 所示是滚动轴承正常运转和冲击异常时的概率密度函数图。机器正常运转时概率密度函数接近于正态分布,冲击异常时概率密度函数的形状有明显的不同。

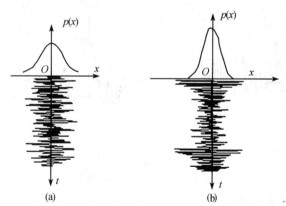

图 4 – 50　滚动轴承正常运转和冲击异常时的信号及概率密度函数图
（a）正常; （b）冲击异常。

实例 5:实测动平衡机轴承的时域信号和概率密度函数

图 4 – 51 是实测动平衡机上两个相同轴承的时域信号和概率密度函数图,正常和冲击异常在概率密度函数图上有明显的差异。

概率密度函数诊断的优点是诊断图形直观。缺点是概率密度计算复杂,当周期信号比较小时在概率密度函数图上反映不明显,只能适用于比较明显的周期信号的场合。

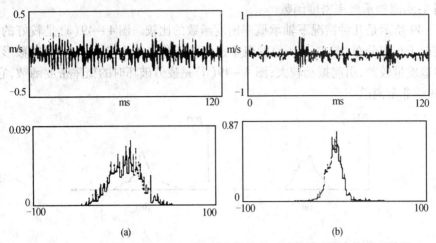

图 4-51 动平衡机上正常和冲击异常轴承的时域信号和概率密度函数图
（a）正常；（b）冲击异常。

4.3.4 振动信号的相关诊断

1. 自相关函数

自相关函数是描述动态信号在某一时刻的数据 $x(t)$ 与另一时刻的数据 $x(t+\tau)$ 之间的相互依赖关系（图 4-52），自相关函数定义为：

$$R_x(\tau) = \lim_{T \to \infty} \frac{1}{T} \int_0^T x(t)\, x(t+\tau)\, \mathrm{d}t \qquad (4-24)$$

式中　T——采样长度；

　　　τ——时差。

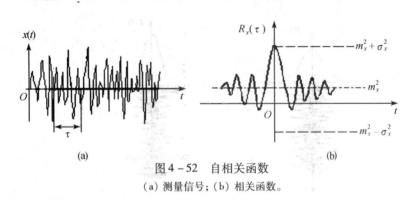

图 4-52　自相关函数
（a）测量信号；（b）相关函数。

自相关函数具有下列性质：

（1）横坐标是时差 τ。

（2）正弦信号的自相关函数是余弦信号，且自相关函数的周期与信号的周期相同。

设正弦信号 $x(t) = A\sin\omega_n t$，则它的自相关函数为：

$$R_x(\tau) = \frac{A^2}{2}\sin\omega_n\tau$$

进一步推得，周期信号的自相关函数是不衰减的周期信号。

（3）自相关函数 $R_x(\tau)$ 是偶函数，对称于纵轴。因此有：

$$R_x(-\tau) = R_x(\tau)$$

（4）对于非周期信号，当 $\tau=0$ 时，$R_x(\tau)$ 为最大。一般来说，有：

$$R_x(0) \geq |R_x(\tau)| \qquad (\text{当} \tau \neq 0 \text{时})$$

（5）当 $\tau=0$ 时，$R_x(0) = m_x^2 + \sigma_x^2 = \psi_x^2$。当 $\tau=0$ 时，自相关函数的大小就是均方值的大小。

（6）对于随机信号，当时差 $\tau \to \pm\infty$ 时，有：

$$\lim_{\tau \to \infty} R_x(\tau) = R_x(\pm\infty) = m_x^2$$

即随着时差 τ 的增大，随机信号自相关函数很快接近于平均值的平方。

（7）特别是当随机信号是零均值时，随机信号的自相关函数很快收敛于时差轴 τ 上，有：

$$\lim_{\tau \to \infty} R_x(\tau) = R_x(\pm\infty) = 0$$

这说明，随机信号的自相关函数是衰减的信号。

图 4-53 是几种典型信号的自相关函数图。图 4-53（a）是正弦信号的自相关函数图，它是不衰减的余弦信号；图 4-53（b）是随机信号的自相关函数图，它是中间大两端很快衰减的信号；图 4-53（c）是正弦加随机信号的自相关函数图，它开始时很快衰减，最后只剩下不衰减的周期成分。

名称	时 间 历 程	自 相 关 图
正弦 信号 （a）	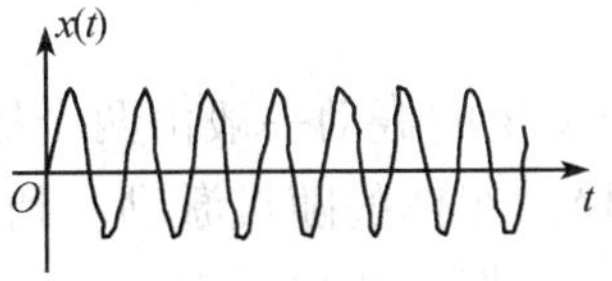	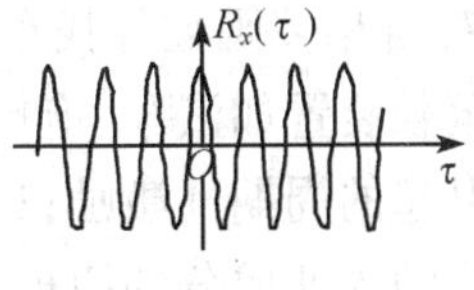
随机 信号 （b）		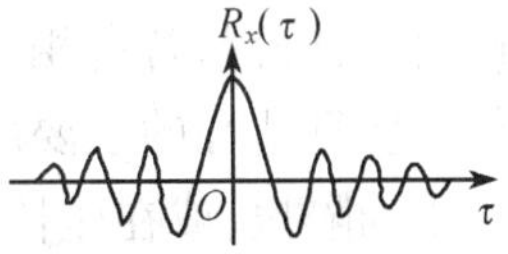
正弦 + 随机 （c）	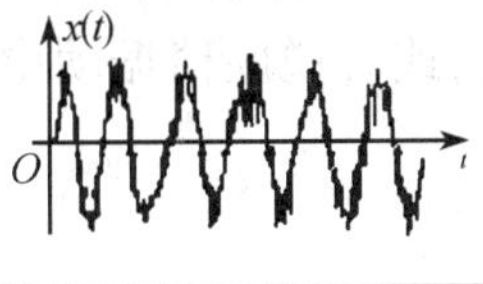	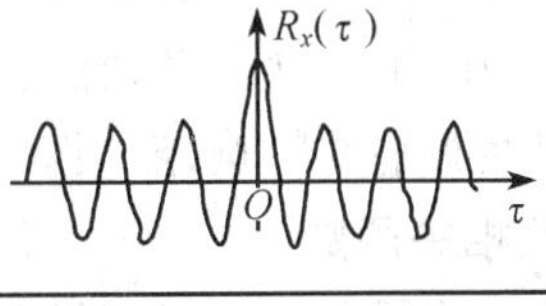

图 4-53　几种典型信号的自相关函数

自相关诊断主要利用周期信号的自相关函数是不衰减的周期信号、随机信号的自相关函数是衰减的信号这一性质进行。用振动、噪声诊断机械故障时，正常状态下振动和噪声是大量的、无序的、大小接近相等的随机冲击。因此正常状态下的振动和噪声信号是随机信号，它们的自相关函数随着时差 τ 的增加而衰减；当机械运行不正常时，随机信号中就会出现有规则的周期性脉冲信号，它们的大小要比随机信号大得多。例如，当机械中轴承磨损、间隙增大时,轴和轴承盖之间就会产生撞击现象;滚动轴承滚道出现剥蚀、齿轮传动中某个齿面严重磨损或花键配合间隙增大时,都会在随机信号中出现周期信号。当随机信号中出现了周期性故障时,其自相关函数就会出现不衰减的周期信号,据此即可判断机械是否含有周期性故障。特别在故障发生初期,周期信号不明显,用其它方法难以发现时,采用相关分析法能很容易地发现随机信号中的周期成分,并根据周期成分找出缺陷所在。

实例6:自相关函数诊断拖拉机变速箱故障

图4-54所示是拖拉机变速箱噪声的自相关函数曲线。图4-54(a)是正常状态的自相关函数图,当时差 $\tau = 0$ 时,自相关函数有一峰值;在时差 $\tau \to \pm \infty$ 时,自相关函数迅速趋于零。图4-54(b)则不同,当时差 $\tau \to \pm \infty$ 时,自相关函数不趋于零,而是绕横轴波动,说明随机信号中含有了周期信号。显然,图4-54(b)是含有异常周期信号时的自相关函数图。

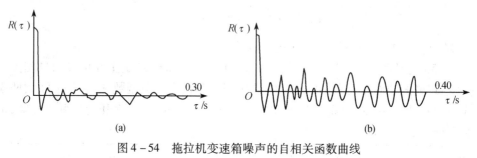

图4-54 拖拉机变速箱噪声的自相关函数曲线
(a)正常状态;(b)异常状态。

实例7:自相关函数寻找车辆振动原因

各类运载装置如汽车、拖拉机、坦克等座椅发生的振动一般由两个振源所激发,一个是发动机引起的周期性激励;另一个是地面环境对车体的随机激励。利用自相关函数能检查出隐藏的周期成分的原理,就可找出影响座椅振动的主要因素。首先测量座椅振动信号,进行自相关分析,若自相关函数不衰减,则说明座椅振动信号中含有周期性激励,进而判断引起人体舒适性的主要原因是发动机振动,这时就要在发动机与机架连接处安装减振器进行主动隔振,或在座椅下采取减振措施实行被动隔振。采取减振措施后,可再用自相关函数来检查隔振的效果。若隔振后测得的自相关函数成为衰减的信号时,则说明座椅振动中已不包含由发动机引起的周期性激励,或者说座椅振动中已排除了发动机引起的周期性激励的影响,隔振效果良好。

2. 互相关函数

与自相关函数相类似,互相关函数是反映两个动态信号 $x(t)$ 和 $y(t)$ 之间的相互依赖关系(图4-55)。两个信号之间的互相关函数定义为:

$$R_{xy}(\tau) = \lim_{T \to \infty} \frac{1}{T} \int_0^T x(t) y(t + \tau) \mathrm{d}t \qquad (4-25)$$

互相关函数具有如下一些基本性质:

(1)互相关函数不是偶函数,但仍是个实函数。

(2)互相关函数 $R_{xy}(\tau)$ 在 $\tau = 0$ 时一般并不为最大,其最大值一般发生在某一时差

τ_0 处：
$$R_{xy}(\tau_0) = | R_{xy}(\tau) |_{MAX} = m_x m_y + \sigma_x \sigma_y$$
特别是当信号均值为零，$m_x = m_y = 0$ 时，有：
$$| R_{xy}(\tau) |_{MAX} = \sigma_x \sigma_y$$
（3）互相关函数当时差 $\tau \to \pm \infty$ 时，$\lim\limits_{\tau \to \infty} R_{xy}(\tau) = R_{xy}(\pm \infty) = m_x m_y$。特别是当信号是零均值信号，$m_x = m_y = 0$ 时，$\lim\limits_{\tau \to \infty} R_{xy}(\tau) = R_{xy}(\pm \infty) = 0$。

由于自相关函数仅仅是互相关函数的一个特例，互相关函数比自相关函数有着更广泛的应用。

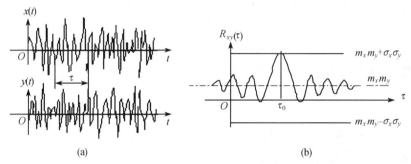

图 4-55　互相关函数

（a）互相关测量；（b）互相关函数。

实例 8：利用互相关函数诊断埋在地下水管的漏水问题

水管埋在地下，通常很难发现确切的漏水处，利用互相关函数能很快诊断水管的漏水位置。具体做法是：

在管路上先挖开两点（图 4-56（a））A 和 B，若发现 A 点管路中仍有水，而 B 点管路中已无水，则在 A 点安装传感器得测量信号为 $x(t)$，在 B 点安装传感器得测量信号为 $y(t)$，将 $x(t)$ 和 $y(t)$ 输入相关仪进行相关分析，就可得到水声信号 $x(t)$ 和 $y(t)$ 的互相关函数（图 4-56（b））。从互相关函数的最高点找到时差 τ_0，时差 τ_0 则表示同一水声信号传到 B 与传到 A 点之间的时差，水源距 B 比距 A 相差距离 ΔL 为：

$$\Delta L = c \tau_0 \tag{4-26}$$

式中　c——声音传播速度。

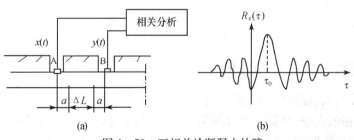

图 4-56　互相关诊断漏水故障

实例 9：利用互相关函数寻找噪声源

实验室有一台精密仪器和多台工作的机械，发现周围的机械影响到精密仪器的正常工作,但不清楚是哪台机械对它影响最大,这时可用相关分析法。

设图 4 – 57(a)中 1、2、…为各工作仪器的位置,在这些点的测量信号为 $x_1(t)$、$x_2(t)$…。O 点为精密仪器的位置,测量信号为 $y(t)$。只要测量任一点 i 的信号 $x_i(t)$ 与 O 点的信号 $y(t)$ 之间的互相关函数(图 4 – 57(b)),根据它们之间的峰值大小即可知道其相关程度。

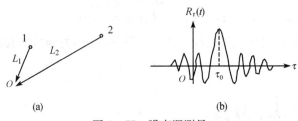

图 4 – 57　噪声源测量

在互相关函数图上找出最大峰值对应的时差 τ_0,计算距离 L:

$$L = c\tau_0$$

式中　c——声速。

如果 $L = L_1$,则说明仪器 1 处的信号 $x_1(t)$ 对精密仪器 O 点影响最大,移走 1 点上的仪器,将会显著减少精密仪器的振动和噪声。

实例 10:利用互相关函数进行汽车的相关测速

当汽车行驶在较硬的路面上时,汽车前后轮胎所经过的路况基本上是相同的。由于后轮与前轮相距一个轮距 L,因此后轮将比前轮滞后 $L/v = \tau_0$(v 是车速)的时间经过同一点。若在前后轮轴上安装传感器,测量信号前轮为 $x(t)$,后轮为 $y(t)$,进行相关分析(图 4 – 58(a)),得到前轮信号 $x(t)$ 和后轮信号 $y(t)$ 之间的相关函数 $R_{xy}(\tau)$(图 4 – 58(b))。在互相关函数找出时差 τ_0,即可得到汽车行驶的车速:

$$v = \frac{L}{\tau_0} \tag{4 – 27}$$

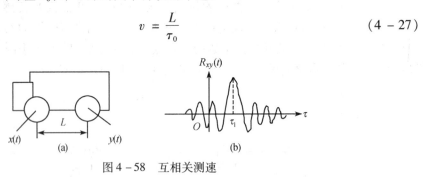

图 4 – 58　互相关测速

4.3.5　振动信号的频域诊断

除对信号作时域、幅值域等分析外,常常需要研究振动信号的频率特征。对应于每一个频率,它们的幅值大小、幅值在单位频率上的密度、幅值的能量或功率在单位频率的密度以及相位的变化情况,这个分析过程通常称为频谱分析或频域分析。

频域分析中,通常以频率为横坐标,以振幅值或幅值谱密度、能量谱密度、功率谱密度或相位为纵坐标用图形来表示,这个图形称为频谱图。常见的频谱分析有幅值谱分析、功率谱分析、倒频谱分析等。

1. 幅值谱、功率谱诊断

信号的幅值谱 $X(f)$ 是信号的幅值与频率之间的相互关系。时域信号 $x(t)$ 可以通过傅里叶积分(式 4 - 28)变为频域信号 $X(f)$,通常称为傅氏正变换,记作 $X(f) = F[x(t)]$:

$$X(f) = \int_{-\infty}^{\infty} x(t) e^{-j2\pi ft} dt \qquad (4-28)$$

同样,频域信号 $X(f)$ 也可以变为时域信号 $x(t)$:

$$x(t) = \int_{-\infty}^{\infty} X(f) e^{j2\pi ft} df \qquad (4-29)$$

这个过程通常称为傅氏逆变换,记作 $x(t) = F^{-1}[X(f)]$。傅氏变换与傅氏逆变换组成了信号的傅氏变换对。因此,时域信号 $x(t)$ 和频域信号 $X(f)$ 之间可通过傅氏变换联系起来,工程上常用快速傅氏变换(FFT)进行傅氏变换运算。

信号的功率谱密度可分为自功率谱密度(自谱)和互功率谱密度(互谱)两种,自谱定义为:

$$S_x(f) = \frac{|x(f)|^2}{T} \qquad (4-30)$$

或

$$S_x(\omega) = \frac{|x(\omega)|^2}{T} \qquad (4-31)$$

它是非负实偶函数,是双边功率谱。一般实际工程中常用单边自功率谱 $G_x(f)$(图 4 - 59)来表示:

$$G_x(f) = 2S_x(f) \qquad (f > 0) \qquad (4-32)$$

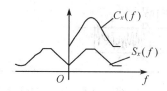

图 4 - 59 功率谱图

自功率谱密度函数 $S_x(f)$ 与自相关函数 $R_x(\tau)$ 是一对傅氏变换对:

$$S_x(f) = \int_{-\infty}^{\infty} R_x(\tau) e^{-j2\pi ft} d\tau \qquad (4-33)$$

$$R_x(\tau) = \int_{-\infty}^{\infty} S_x(f) e^{j2\pi ft} df \qquad (4-34)$$

互谱($S_{xy}(f)$)又称交叉谱,它反映了信号 $x(t)$ 和信号 $y(t)$ 在频域上的联合特性,描述了两个平稳信号 $x(t)$ 和 $y(t)$ 在频域上的相关性。自谱是互谱的特例,互谱比自谱能反映更多的信息。

如自谱与自相关函数是一对傅氏变换对一样,互谱与互相关函数也是一对傅氏变换对:

$$S_{xy}(f) = \int_{-\infty}^{\infty} R_{xy}(\tau) e^{-j2\pi f\tau} d\tau \qquad (4-35)$$

$$R_{xy}(\tau) = \int_{-\infty}^{\infty} S_{xy}(f) e^{j2\pi f\tau} df \qquad (4-36)$$

图 4 - 60 所示是几种典型信号的幅值谱和自功率谱。图 4 - 60(a)是正弦信号的幅值谱或功率谱形态,它是只有一个频率成分 f_1 的离散谱线。图 4 - 60(b)是复杂周期信号的幅值谱或功率谱形态,它是具有无限多个频率成分的离散谱线,而且每个频率 f_n 是第一个频率(基频) f_1 的整数倍。图 4 - 60(c)是随机白噪声信号的幅值谱或功率谱形态,它是具有无限多个等幅值频率成分的连续谱线。图 4 - 60(d)是随机白噪声中含有频率为 f_1 的简谐信号的幅值谱或功率谱形态,它在频率 f_1 处有一峰值。

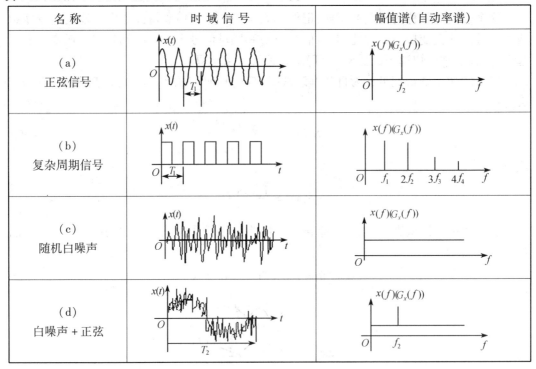

名　称	时 域 信 号	幅值谱(自动率谱)
(a) 正弦信号		
(b) 复杂周期信号		
(c) 随机白噪声		
(d) 白噪声 + 正弦		

图 4 - 60　典型信号的幅值谱

2. 响应频谱诊断

利用响应的功率谱和振幅谱或者它们的变化所提供的信息来诊断故障统称响应频谱诊断。响应频谱诊断是最基本的频域诊断方法,目前故障诊断中经常使用。

时域分析和幅域分析一般仅能判别机械是否存在故障,难以确定故障的原因及确切的故障部位,通常用于机械的简易诊断中。频域信息诊断是广泛使用的精密诊断方法,它可用来确定故障的原因和故障部位。

常用的响应频谱诊断可分为两种:绝对判别法和相对判别方法。绝对判别法是将实测值与机械的振动标准值相比较判断故障;相对判别法是利用机械运行中前后两种状态之间谱图的变化来判断故障。

1)绝对判别法

绝对判别法诊断机械故障时需要有标准谱图。图 4 - 61 所示是某种机器的维护标准图。图中画了 3 条曲线:曲线 1 表示良好运行状态下机器上某点的振动响应频谱;曲线 2

表示机器运行正常状态频谱的包络曲线;曲线3表示机器频谱维护极限曲线。若机器实测振动曲线在正常状态频谱包络曲线2内,说明机器工作正常;若机器振动频谱值超过了频谱维护极限曲线3,则需立即停机检修。

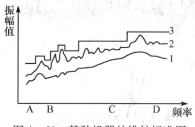

图4-61 某种机器的维护标准图

对应于各频段谱图的变化具有以下规律:

频谱在低频段(AB)发生变化,往往反映转子的平衡状况;频谱在中频段(BC)发生变化,能反映转子的对中情况;频谱在高频段(CD)发生变化,则说明滚动轴承或齿轮啮合情况有变化。

因此,利用机械的频谱图可以定性诊断旋转机械质量的不平衡、轴弯曲、油膜振动、滚珠轴承磨损、齿轮啮合变坏、零件松动、开裂及结构安装情况的变化等。频谱图的变化与振源之间有对应关系(表4-5)。

由于需对特定机械进行大量调研、专门实验分析得到的统计数据才能建立标准谱图,因此,目前一般用相对判别法来进行故障分析。

表4-5 频谱图的变化与振源之间的对应关系

①当响应频谱中工作频率分量(f_1)大时可能的故障形式	②响应频谱中低于工作频率的分量大时可能的故障形式	③响应频谱中数倍工作频率的分量大时可能的故障形式	④响应频谱中高频分量较大时可能的故障形式
a. 转子动平衡、静平衡不好; b. 工作频率接近轴的临界转速或接近结构部件的固有频率	a. 轴承的油膜振动; b. 转轴上有裂纹; c. 离心压缩机喘振; d. 次谐波引起的共振	a. 转轴对中不好; b. 叶片共振; c. 高次谐波共振	a. 齿轮振动; b. 滚珠轴承振动; c. 阀门引起的振动

2) 相对判别法

相对判别法是通过实测机械的频谱图与其正常状态的频谱图相比较来确定机械是否异常,并根据异常状态的频率特性判断故障的振源。利用频谱法进行故障诊断的诊断原则大致有3类。

(1) 与正常信号相比,增加了周期分量。根据周期分量的频率可以判断机械产生的周期性故障。

实例11:汽车变速箱频谱分析

图4-62所示是试验测得的汽车变速箱振动加速度的频谱图,图4-62(a)为正常、图4-62(b)为异常频谱图。从图可见,与正常状态信号的频谱图相比,变速箱在$f_1 = 9.2$Hz和$f_2 = 18.4$Hz处增加了峰值,且有$f_2 = 2f_1$,因此,可以判断变速箱中某对齿轮有故障。

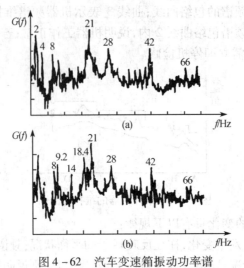

图 4-62　汽车变速箱振动功率谱

（2）与正常信号相比，幅值明显增大。这种情况一般表示机械性能变坏，振动加剧；或者是机械运转时间长，相对运动件之间磨损严重，间隙增大，从而引起剧烈振动。

实例 12：新、旧滚珠轴承的频谱分析

图 4-63 所示是某机器新、旧滚珠轴承的频谱图，曲线 A 是新轴承的频谱，曲线 B 是滚动轴承内表面产生麻点时的频谱。两者对比可见，滚动轴承性能变坏时，功率谱图上高频分量的幅值明显增加。

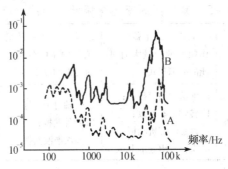

图 4-63　新、旧滚珠轴承的频谱图

A—新轴承；B—旧轴承。

（3）与正常信号频谱图相比，有故障的信号频谱图上频率成分发生了改变。

实例 13：发动机排气阀门间隙正常和不正常时的频谱图

图 4-64 所示是在发动机排气阀门间隙正常和不正常时的频谱图。当排气阀门间隙不正常时，增加了 20kHz 以上的频率成分。

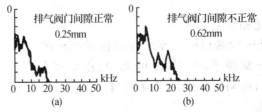

图 4-64　发动机排气阀门间隙正常和不正常时的频谱图

94

实例14:各种情况下发动机加速度自功率谱图

图4-65所示是各种情况下发动机加速度自功率谱图。比较可见,各种不正常状态的谱图中频率成分与正常状态的谱图相比有明显的差异。

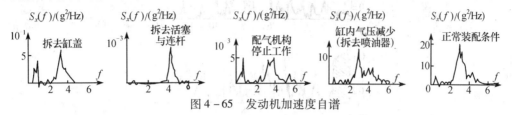

图4-65　发动机加速度自谱

3. 凝聚函数分析

时域中描述两个信号相似程度用相关函数,频域中描述两个信号相互关系一般用凝聚函数。凝聚函数又称相干函数。两个信号 $x(t)$ 和 $y(t)$ 之间的凝聚函数定义为:

$$\gamma_{xy}{}^2(f) = \frac{|S_{xy}(f)|^2}{S_x(f)S_y(f)} = \frac{|G_{xy}(f)|^2}{G_x(f)G_y(f)} \tag{4-37}$$

其中, $S_x(f)$ 、 $S_y(f)$ 、 $S_{xy}(f)$ 为双边谱; $G_x(f)$ 、 $G_y(f)$ 、 $G_{xy}(f)$ 为单边谱; $S_x(f)$ 、 $S_y(f)$ 、 $G_x(f)$ 、 $G_y(f)$ 为自功率谱; $S_{xy}(f)$ 、 $G_{xy}(f)$ 为互功率谱。

凝聚函数 $\gamma_{xy}{}^2(f)$ 的值在 $0 \sim 1$ 之间: $0 \leqslant \gamma_{xy}{}^2(f) \leqslant 1$ 。当 $\gamma_{xy}{}^2(f) = 0$ 时,表示信号 $y(t)$ 与信号 $x(t)$ 在频率 f 下完全无关;当 $\gamma_{xy}^2(f) = 1$ 时,表示信号 $y(t)$ 与信号 $x(t)$ 在频率 f 下完全相干。一般在考虑噪声干扰的影响下只有当凝聚函数 $\gamma_{xy}{}^2(f) = 0.7$ 以上时,才可以认为信号 $y(t)$ 与信号 $x(t)$ 在频率 f 下是相干的。

对于线性输入输出系统,可将凝聚函数 $\gamma_{xy}{}^2(f)$ 理解为频率 f 处一部分输出的均方值,这一部分输出 $y(t)$ 是由输入 $x(t)$ 引起的。而 $[1 - \gamma_{xy}{}^2(f)]$ 是在频率 f 处不是由 $x(t)$ 引起的输出 $y(t)$ 的均方值。因此,凝聚函数 $\gamma_{xy}{}^2(f)$ 代表了输出 $y(t)$ 有多大程度是来自于输入 $x(t)$;有多大部分 $[1 - \gamma_{xy}{}^2(f)]$ 不是由 $x(t)$ 引起的,而是由其它信号或干扰引起的。

一个机械可以有多个振源,当系统存在故障时,故障源的振动量会发生变化,因此,它们在总振动中的贡献量也将发生变化;故障也会产生新的振源,也会使总的振动量在不同频率域中发生变化。

凝聚函数能在多源振动环境下通过各振动量贡献的计算和比较来识别声源和故障源,能正确识别线性系统的通道情况,是故障诊断中有用的方法。

实例15:收割机座椅舒适性研究

某联合收割机座椅振动加剧影响了座椅的舒适性。为寻找振动加剧的原因,分析座椅和四轮的振动,其中,1、2为后轮位置,3、4为前轮位置,5为座椅位置。并作座椅振动和四轮振动的凝聚函数 $\gamma_{i5}^2(f)(i = 1,2,3,4)$,结果如图4-66所示。从图可见:

(1)后轮与座椅振动之间的凝聚函数 $\gamma_{15}^2(f)$ 、 $\gamma_{25}^2(f)$ 的值都在0.2左右,说明后轮对座椅的振动影响关系不大。

(2)左前轮与座椅振动的凝聚函数在频率0.2Hz~1.3Hz的范围内较大,达到0.7以上,说明在这个频率范围内左前轮振动对座椅的振动影响较大。

(3)右前轮与座椅振动的凝聚函数在频率0~1.1Hz、1.6Hz~2.2Hz范围内也较大,达到0.7以上,说明在这两个频率范围内右前轮振动对座椅的振动影响较大。

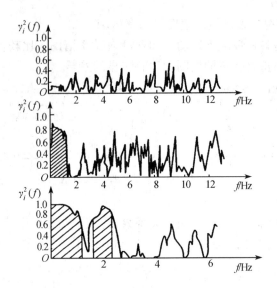

图 4 - 66　实测凝聚函数

因此,对前轮采取减振措施,改进前轮振动特性就能有效改善座椅舒适性。

4. 传递函数分析

传递函数是反映系统本身特性的一个物理量。任何机械,如一台机器或一个部件均可认为是一个系统,当它出现故障时,其传递函数就会发生改变。因此,传递函数用来判断机械故障是相当有效的。

对于输入 $x(t)$、输出 $y(t)$ 的系统,其传递函数定义为输出拉氏变换与输入拉氏变换之比:

$$H(s) = \frac{Y(s)}{X(s)} \qquad (4-38)$$

式中　s——复变量,$s = \delta + j\omega$。

特别当 $s = j\omega = j2\pi f$ 时,拉氏变换就成为傅氏变换,这时 $H(\omega)$ 或 $H(f)$ 称为频率响应函数(简称频响函数),也称正弦传递函数:

$$H(\omega) = \frac{Y(\omega)}{X(\omega)} \qquad (4-39)$$

$$H(f) = \frac{Y(f)}{X(f)} \qquad (4-40)$$

频响函数是输出傅氏变换与输入傅氏变换之比。

正弦传递函数的物理意义是:对于线性系统,如果输入是频率为 f 的正弦波,则输出也是具有相同的频率的正弦波。在实际工程中通常把频响函数(正弦传递函数)称为传递函数。

机械故障诊断一般是根据机械的状态与正常状态或发生某种典型故障时的状态相比较来判断故障。由于响应频谱信号中既包含有机械的系统信息,还包含有系统受到的激励信号,因此,用响应频谱进行故障诊断时,要求相对比机械的试验条件和工况完全相同,这给机械故障诊断带来了困难。而系统传递函数的改变仅仅反映机械系统内部状态的改变,反映机械系统内部故障。因此,利用传递函数的变化进行机械故障诊断更为有效。

实例 16:传递函数分析卫星结构完好性

为了诊断卫星在实验室进行例行振动试验过程中结构的完好情况,可用传递函数诊断。具体方法是在卫星作正式高强度振级试验前后,分别测量卫星的传递函数,然后相互比较。若正式高强度振级试验后卫星结构完好,则试验后测得的卫星的传递函数应与试验前完全一样;若试验过程中卫星的结构发生了改变,则试验前后的传递函数则会不一样。因此,根据试验前后卫星的传递函数是否改变可以判断卫星通过高强度振级试验后结构是否损坏。

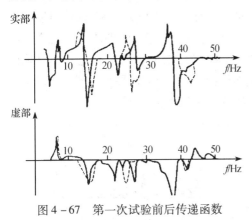

图 4-67 第一次试验前后传递函数   图 4-68 修复后试验前后传递函数

频响函数的测量是在振动台上进行的,它通过对卫星施加振级为正式高振级试验的 2% 的振动进行传递函数测量,由于测量传递函数时施加的振动振级非常小,因而不会破坏卫星的结构。图 4-67 所示是第一次测得的正式高强度振级试验前后传递函数,发现试验前后测量的传递函数变化较大,因此,诊断高振级强度试验后卫星内部零件有损坏,经检查确实发现卫星内波导管的连接松动。修复后重做试验,结果如图 4-68 所示,高强度振级试验后与试验前的传递函数基本相同,说明卫星内部结构无损坏。

5. 倒频谱分析与诊断

时域上连续的简谐信号在频域上只有一根谱线;复杂的周期信号在频谱图上是离散谱线……复杂的时域信号在频域上显得清晰明了,而且在频域上可得到时域上所得不到的信息。

一般机械的频谱图是相当复杂的,用频谱图来精确诊断存在一定的困难。如果对响应的功率谱再作傅氏变换,是否能得到更清晰的信息,并得到频域上所得不到的信息呢?这就引入了倒频谱的概念。

倒频谱分析是故障诊断中精密诊断的一种有力手段,广泛用于振源、噪声源识别、故障诊断、去除回波等场合。

倒频谱有各种定义,常用的是功率倒频谱和幅值倒频谱,一般工程上用幅值倒频谱。

功率倒频谱:

$$C_P(\tau) = | F^{-1}[\lg G_X(f)]|^2 \qquad (4-41)$$

幅值倒频谱：

$$C_x(\tau) = |F^{-1}[\lg G_X(f)]| \qquad (4-42)$$

倒频谱是频域信号的傅氏变换,倒频谱的自变量 τ 称为倒频率,其单位一般是时间毫秒(ms)。因此,频域信号经过傅氏变换换到了一个新的时间域,即倒频域。

倒频谱本身无实际含义,只是为了更简单分析而使用的信号,经过倒频谱转换,使频谱图上的一组等间隔曲线、一组边频带信号等在倒频谱图上只是一根简单的谱线,分析诊断起来更为简便。

实例 17:齿轮箱检修前后的振幅谱和倒频谱图

图 4 - 69 所示是某安装在燃气透平机和发电机之间的齿轮箱检修前后的振幅谱图,该齿轮箱与燃气透平机连接的轴转速为 85×60 r/min(对应回转频率为 85Hz),与发电机连接的轴转速为 50×60 r/min(对应回转频率为 50Hz)。从图可见,修理前后的功率谱图有一定的差别,但并不明显。而从信号的倒频谱(图 4 - 70)则可非常明显地看出修理前在 85Hz(11.8ms)处信号很强,而 50Hz 的信号很弱,说明齿轮箱的故障源主要由 85Hz 的振源引起,只要排除或减少 85Hz 振源的影响,就排除了齿轮箱的故障。

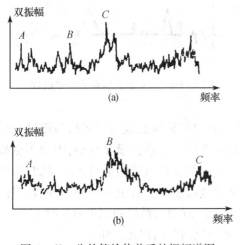

图 4 - 69 齿轮箱检修前后的振幅谱图

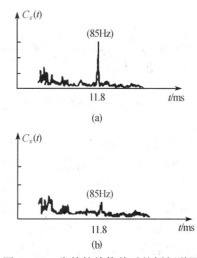

图 4 - 70 齿轮箱检修前后的倒频谱图

实例 18:卡车变速箱功率谱和倒频谱

图 4 - 71 所示是正常和异常状态下某卡车变速箱一挡齿轮啮合时振动的功率谱和倒频谱图。从功率谱图上只能看到,正常状态的功率谱图无明显的周期性,而异常状态的功率谱图含有大量间距约为 10Hz 的边频带信号,因此,从功率谱图不能确切地得到边频的调制信号源。但从倒频谱图上可以清楚看到,异常状态下在倒频谱为 95.9ms(10.4Hz)时的信号很强。根据频率的大小最后找到空转不受载荷时的二挡齿轮是调制信号源,即故障源。

6. 转速谱图诊断法

转速谱图(又称瀑布图)是以机器的转速为纵坐标,横轴为频率,将不同转速下振动的功率谱叠加在一起的"三维"图形(图 4 - 72)。转速谱图中每一条曲线下对应一定转速时机械上某点振动响应的自功率谱,每条曲线的峰值表示自功率谱对应一定转速时,一

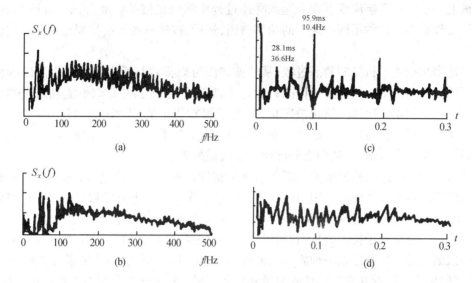

图 4 - 71 卡车变速箱正常和异常状态下功率谱和倒频谱图

(a)、(c) 异常；(b)、(d) 正常。

定振动频率处的峰值。从转速谱图可以得到机械在运转范围内的所有转速条件下和感兴趣的所有频率内的全部振动幅值特性。因此,转速谱图是判断机械在整个工作转速范围内是否存在问题的一种良好依据。转速谱图诊断是通过测量机械运转中的转速谱图,与标准谱图对比,根据转速谱图的变化情况辨认故障苗头的一种方法。

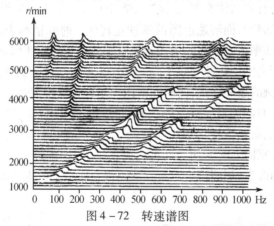

图 4 - 72 转速谱图

转速谱图诊断法适用于旋转机械的振源识别和故障诊断。一般旋转机械中有两种振源:一种是与转速有关的振源,如旋转部件的不平衡引起的振动。另一种是与转速无关的振源,如周围环境振动引起的振动、振动式机械中流体介质引起的振动。从转速谱图很容易区分这两种振源。如果转速谱图中的谱峰连线是沿着坐标原点的斜线方向,则表示这种振动的频率与转速成正比,是与转速相关联的振源引起的振动。如果转速谱图中的谱峰连线是沿着垂直方向,则说明机械中有共振,因为不管转速多大,都有固定频率的振动。如果在某些转速下水平方向的谱峰很多,则表明在此特定转速范围内机器在许多频率处都有很大的振动,在这些转速范围内机器的动力性能不好。

转速谱图诊断中的关键问题是转速谱的制作。它是将机械分别固定在不同转速时测量机械上某点的振动响应或者在升速或降速过程中测量机械的振动,再对振动的响应信号进行处理后得到各种不同转速下的功率谱图,然后,按转速的大小排列在一张图上而得到。

转速谱图描述了机械的暂态过程,从转速谱图可以很容易看出机械发生故障的振动频率范围和转速大小。但从转速谱图只能初步判断机械有无故障,而不能判断全部故障情况。一般是根据转速谱图指出故障区间,然后再在指定的故障区间内作其它分析(如作振动频率及转速在特定范围的功率谱、组合功率谱、阶数比和阶数跟踪等分析)获得具有较高分辨率的定量信息,从而更精确地判断机械故障。

利用转速谱图进行机械故障诊断要求测量精度高和数据存储量大,在机械变速时需要精确而快速地测量其转速。因为在每一个转速下作一次自谱分析和存储就需要很大的计算机容量,而在很多转速处都要作功率谱,所以对数据存储提出了更高的要求。

转速谱图分析属于特征分析,它通过对旋转机械的特征和特征信号进行分析来提供诊断的依据。通过检测任意一种旋转机械的轴承,可以找出有缺陷的轴承和判断故障类型,确定机械中齿轮及其它零部件的质量和损坏情况。转速谱图分析对于提高产品性能、避免重大事故、及时维修都有重大意义。

除了转速谱图外,有时还用时间谱图来分析机械的故障。因为有时系统负荷和运转状态的大幅度改变并不引起转速变化,或者转速只有很小的变化,如用同步或调速电机驱动的旋转机械,转速谱图就不好用,这时时间谱图是一个理想工具。

时间谱图是由安装在旋转机械上的测振传感器在依次的时间间隔处测得的响应功率谱图的记录。时间谱图与转速谱图类似,也是“三维”图形,如图4-73所示。它们之间的差别仅是时间谱图的纵轴是时间,而转速谱图的纵轴是转速。时间谱图表示在每一个指定的时间坐标上,都有一条自功率谱图。时间谱图虽然在形式上很相似于转速谱图,但在应用上则不同。转速谱图是利用谱图中转速与频率间的相互关系——线性关系或转速与频率无关来判断机械振源,进行机械的故障诊断,而时间谱图中不存在这种关系。但是,在很多情况下,一个机械系统的振动—时间关系能提供更多的信息,例如可用来测量起动和停机瞬间的振动,或者用来测量改变负荷和运转状态期间的振动,尤其适用于检查信号的平稳性。例如,图4-74是汽车行驶时座椅上的振动加速度时间谱图,图中可以看到在每个频率上座椅振动的功率谱不随时间而改变,从而得出汽车在该路面上座椅上的振动是平稳的。

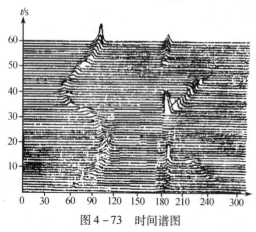

图4-73 时间谱图

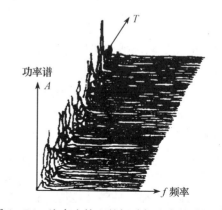

图4-74 汽车座椅上的振动加速度的时间谱图

利用转速谱图和时间谱图来进行机械故障诊断时,标准谱图的制定和实测谱图偏离标准谱图及与故障的对应关系需作大量调查,积累资料,并作专门的研究才能确定。

4.4 典型振动诊断仪器介绍

随着机械故障诊断技术的不断深入,各种各样的故障诊断仪器应运而生,它们大多是根据机械振动和噪声的特点设计的。

4.4.1 207 电子听诊器

207 电子听诊器是江苏宝应振动仪器厂生产的一种便携式电子仪器,它由机体、探针和耳机三部分组成。图 4 – 75 所示是 207 电子听诊器机体外形图。它主要用来探测轴承、齿轮、阀门、阀体、曲轴、变速箱等运转部位缺陷和故障所产生的冲击振动,适用于各种机械,包括一切旋转和往复式机械。

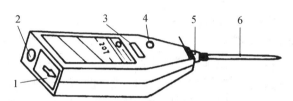

图 4 – 75 电子听诊器机体外形图

1—电池舱;2—输出插孔;3—放大器旋钮;

4—指示灯;5—传感器底座;6—探针。

1. 使用方法

将探针拧紧于机体的传感器座,耳机插入输出插孔,戴上耳机;打开放大器旋钮,指示灯亮;用手轻摸探针,耳机里听到呼呼声;将探针接触运转中机械的某一部位,即可从耳机中听到清晰的机械运转的各种振动。

另外,207 电子听诊器可与录放机、分析仪器配套使用,记录和分析测量数据(图 4 – 76)。

图 4 – 76 207 电子听诊器与其它仪器的配套

2. 判断故障的方法

振动和噪声是机械运转中出现的必然产物,即使是良好的机械也会出现振动和噪声,但正常运转的机械具有平稳、杂乱无章的振动和噪声,音量小而且柔和。

(1) 当机械的噪声增大时,说明机械产生了故障;而且噪声越大,机械故障越严重。

(2) 对于正常工作是杂乱无章的噪声(如轴承运转噪声、一般机械运转噪声),当出现有规则的响声,则说明机械出现了周期性故障。

（3）当正常运转是有规律的噪声（如钟表运转噪声）一旦变得杂乱无章时，则说明机械中某个零件松动，这种情况下很容易发生意外。

（4）当听到清晰而尖细的噪声时，则说明振动频率较高、相对较细的构件、较小的裂纹或者相对强度较高的金属部件产生了局部缺陷。

（5）当听到低沉混浊的噪声，则说明振动频率较低、相对较大较长的构件、较大的裂纹或缺陷，或者是强度相对较低材料的构件产生了缺陷。

（6）对于低转速机械，如球磨机，它的转速只有 60r/min（1Hz）的次声波，正常时耳机中无声响；当机械产生冲击等故障时，由于冲击频率相当丰富，一般在 20Hz ~ 20kHz 之间，这时耳机里就听到响声。

江苏宝应振动仪器厂还生产 236 振动脉冲测振仪、226、200A 多功能智能振动测量仪、216 振动测量分析仪、206 电脑振动测量仪、SGZ － 1 工业振动检测仪、ZCY － 216 振动测量分析仪及 DTQ － 217 机器故障检查仪等。

4.4.2　常用其它故障分析及监测仪器

1. SPM －43A 滚动轴承监测仪

SPM －43A 滚动轴承监测仪最早是瑞典设计生产的一种简易便携式诊断仪器。它是利用滚动轴承在工作过程中产生损伤或内有异物时会产生冲击，在冲击点上被测物体局部会产生很大的加速度，这个加速度与冲击速度成比例，它能反映轴承损坏的程度。通过加速度传感器接收冲击信号，然后转换成为音频信号，在仪器盘上指示出来，并根据音频变化范围，对照基准值鉴别出轴承的工作状态。

SPM －43A 滚动轴承监测仪上有绿、黄、红 3 个颜色的划分示值区域范围。

（1）如果测量值在绿色区域，则表示轴承工作良好，轴承无磨损或只有轻微磨损，这时的指示值范围为 0 ~ 20dB。

（2）如果测量值在黄色区域，则表示轴承状态有降低的趋势，轴承有一定的磨损，此时的指示范围为 20dB ~ 35dB。

（3）如果测量值在红色区域，则表示轴承工作状态不良，磨损加剧，有损坏的可能，此时的指示值在 35dB ~ 60dB。

SPM －43A 滚动轴承监测仪判断故障容易，但只适用于轴承故障的判断。

2. CMJ －1 型脉冲冲击计

上海长江科学仪器厂生产的 CMJ － 1 型脉冲冲击计是在仿制瑞典生产的 SPM －43A 滚动轴承监测仪的基础上加以改进而成，它可测量运转中球轴承、滚动轴承的工作状态，并判别其损伤程度。特别对于那些虽未损坏但已偏离良好状态的轴承，可针对性地进行监测，另外通过仪器的超声探头可探测气压、液压或真空系统的泄漏。

CMJ －1 型脉冲冲击计可测量轴承的范围为：轴颈 5mm ~ 1000mm ，转速在 50r/min ~ 50000r/min 范围内。它的工作性能与国外同类仪器基本相同，而价格只有国外产品的 1/3。

3. BZ －8701、BZ －9102 数字式测振仪

BZ －8701、BZ －9102 数字式测振仪由北京测振仪器厂生产。它与压电式加速度传感器配合，可测振动加速度、速度和位移。测加速度时显示峰值；测速度时显示有效值；测位移时显示峰－峰值。仪器具有输出插孔,可与示波器、频率计、信号分析仪等连接。

该仪器可用于汽轮机、风机、发电机、机床、化工机械、冶金机械、船舶、飞机等振动信号的动态测试及简易故障诊断。

北京振动仪器厂还生产进行一般通用机械简易诊断的 GZ 系统测振仪。

4. MD－3 振动烈度仪

MD－3 振动烈度仪由北戴河无线电厂生产,它是利用振动速度的均方根值(有效值)——振动烈度来表示机械振动量的大小,判断机械故障的。本仪器按照 ISO2954 标准研制,可用来实现由 ISO2372 和 ISO2373 所规定的方法对旋转机械和往复机械的振动进行定量评价。

北戴河无线电厂还生产 CM－2 便携式机械振动检测仪、CM－5 便携式智能振动分析仪,以及 CZ－6、ZCY、ZDF 等型号的测振仪。

5. TD4090 旋转机械状态监测仪

TD4090 旋转机械状态监测仪由天津市中环电子仪器公司生产,它可测量多通道数据,可测旋转机械的振动烈度(1 通道～6 通道)和温度(8 通道),显示并存储振动烈度值和温度值,当测量数据超限时发出声光报警。该仪器可用于现场状态监测,适用于各种旋转机械,可长期监测机械的运行工况,及时预报险情,以防止突发事件。

6. CCL－2222 汽车故障异响分析仪

CCL－2222 汽车故障异响分析仪由温州莲池仪器厂生产。它采用频率分离技术,从汽车噪声中有选择性地测量异响信号,指示频率范围和幅值,以诊断汽车故障。它的频率范围为 30HZ～4kHz,主要用于各种汽车发动机底盘异响测听与分析。

温州莲池仪器厂还生产 CCL－2221 型机械故障异响分析仪以及 CCL－2210 机械故障测听仪,用于各种机械的异响测听和分析。

7. 频谱分析仪

频谱分析仪主要用于进行信号频谱分析,用于得到各种信号的频率信息。图 4－77 所示是频谱分析仪的外形图,图 4－78 所示为轴承诊断仪外形图,图 4－79DZ－F5 为振动分析仪的外形图。

图 4－77 频谱分析仪　　　图 4－78 轴承诊断仪　　　图 4－79 DZ－F5 振动分析仪

第5章　声学诊断技术

声学诊断是机械故障诊断中非常有效的方法之一,主要包括噪声诊断、超声波诊断和声发射诊断等技术。本章重点介绍噪声诊断、超声波诊断和声发射诊断方法的基本概念、测量仪器和测量系统、诊断方法、实际应用及适用场合。

5.1　噪声诊断技术

人们早就知道利用声波能检测物品的质量。例如,拍打西瓜听声音可以判断西瓜的生熟;通过花盆、瓷器的相互撞击声能判断其质量的优劣;医生利用听诊器探测人体内部声音来诊断人的健康状况;熟练工人通过听机器运行的声音能判断机器工作状态的好坏;电风扇噪声可反映风扇的运行性能好坏等。因此,机械运行过程中的噪声以及敲击所发出的声音都可以反映机械的内部状态,可判断其是否存在故障。

噪声是机械运转过程中不可避免的产物,即使是良好的机械,运转过程中也会产生噪声,噪声的增大和频率成分的改变意味着机械性能的降低、故障的出现;对于某一机械敲击时会发出特定音频的信号,当其内部出现裂纹、缺陷时,其信号的音频会发生改变。因此,分析噪声大小及频率成分可进行机械的故障诊断。

5.1.1　噪声的来源

声音是一种机械波,称为声波,它是机械振动通过弹性介质传播的过程。噪声主要来源于机械的振动,包括气体振动、液体振动、固体振动及电磁振动。因此,噪声有气体噪声、液体噪声、固体噪声以及电磁噪声等。

气体噪声是气体振动的结果,如发动机混合气体爆燃声、发动机进气和排气声等;液体噪声是液体振动的结果,如液体流动中的冲击声、海浪的咆哮声;固体噪声又称结构噪声,它是结构之间相互撞击、摩擦等产生的噪声,如气门撞击声、轴承摩擦声等;电磁噪声是电磁与电流相互作用的结果,如电动机定子与转子之间的吸力引起的噪声等。在机械系统中,凡发出声音的振动系统都称为声源。

5.1.2　衡量噪声的基本参数

衡量噪声的基本物理参数有很多,包括声压(级)、声强(级)、声功率(级)、响度(级)等。

1. 声压 P 和声压级 L_p

有声音传播时空气中压强与无声音传播时静压强之差称为声压强,简称声压,用符号 P 表示,声压的单位是微巴(μP)。正常人刚刚能听觉出来的声音的声压是 $2 \times 10^{-4} \mu P$,这个值称为人耳的听阈值;人耳对声音感觉疼痛的声压是 $10^3 \mu P$,这是人耳的痛阈值。可见,人耳的听觉范围在 $10^{-4}\mu P \sim 10^{3}\mu P$ 数量级。用声压评定声音强弱相当不便,从而引出了声压级的概念。

声压级定义为声音的声压与基准声压之比的常用对数乘以 20:

$$L_P = 20\lg\frac{P}{P_0} \quad (\text{dB}) \tag{5-1}$$

式中 P_0——基准声压($2\times10^{-4}\mu P$),它是频率为 1000Hz 时的听阈值。

声压级是个相对量,用分贝(dB)表示其单位。折合成声压级后,人耳的听觉范围相当于声压级 $0 \sim 130$dB。其中,声压等于零表示人耳的听阈值,130dB 是人耳的痛阈值。在噪声测量中通常测量的是噪声的声压级,如室内 1m 处的高声谈话约 68dB $\sim$ 72dB;公共汽车内的噪声约为 85dB $\sim$ 95dB;收录机噪声约 50dB $\sim$ 90dB;洗衣机噪声约 50dB $\sim$ 80dB;电视机噪声约 60dB $\sim$ 83dB;空调器噪声约 50dB $\sim$ 67dB;吸尘器噪声约 50dB $\sim$ 90dB;一声音比另一声音大 1 倍时声压级增加 6dB;人耳对声音的强弱的分辨率大于 0.5dB。测量噪声声压级的仪器叫声级计。

2. 声强 I 和声强级 L_I

声音具有一定的能量,可用来表征它的强弱。声场中某点在指定方向的声强 I 表示单位时间内通过该点上一个指定方向垂直的单位面积上的声能。

声强定义为:

$$I = \frac{W}{S} \quad (\text{W/m}^2)$$

式中 W——声功率;

S——垂直指定方向的面积。

声强级定义为:

$$L_I = 10\lg\frac{I}{I_0} \quad (\text{dB}) \tag{5-2}$$

式中 I_0——参考声强,$I_0 = 10^{-12}$ W/m^2。

3. 声功率 W 及声功率级 L_W

声功率 W 是声波在单位时间内沿某一波阵面所传递的平均能量 E:

$$W = \frac{E}{t}$$

声功率的单位为瓦(W)。

声功率级定义为:

$$L_W = 10\lg\frac{W}{W_0} \quad (\text{dB}) \tag{5-3}$$

式中 W_0——参考声功率,$W_0 = 10^{-12}$(W)。

4. 响度 N 及响度级 L_N

声音大小通过听觉反映出来,人耳对声音的感觉除了与声压有关外,还与频率有关。例如,大型压缩机的噪声和小轿车内的噪声都是 90dB,但前者听起来比后者大得多,这是由于前者是高频,后者是低频的结果。由此可见,人耳对不同频率的声音有不同的灵敏度,因此,提出了响度的概念。响度是反映人耳听觉判断声音强弱的量,响度单位是宋(sone)。

对应于响度有响度级,响度级的单位是方(phon)。响度级的含义是:选取1000Hz纯音作为基准声,当某噪声听起来与该纯音一样响时,则这一噪声的响度级(phon)就等于该纯音的声压级(dB)。例如,某一柱塞泵噪声听起来与声压级为85dB、频率为1000Hz的基准声压同样响,则该噪声的响度级就是85phon。因此,响度和响度级是表示声音强弱的主观量。

5. 计权网络

人耳对声音的感受不仅与声压有关,而且与频率有关。声压级相同、频率不同的声音,听起来不一样;相反,不同声压级的声音,其频率也不一样,有时听起来却相同。图5-1所示是等响度曲线,每条曲线上的声音听起来都是相同的。一般来说,人耳对低频声音反应不够敏感,人耳听觉最敏感的范围是1kHz~6kHz,这说明人耳对不同频率的声音有不同的灵敏度。考虑这一影响,一般声级计中都设有计权网络。计权网络是一种特殊的滤波器,它的作用是考虑人耳对不同频率的声音有不同灵敏度这一影响加入的特殊滤波器,它相当于带通滤波器。一般声级计都有A、B、C三种标准计权网络,有些声级计还设有D计权网络(图5-2)。其中,A计权网络是最常用的一种,因为测量声音通过A计权网络后将与人耳听到的声音一致,经过A计权网络的噪声的声压级可用来衡量噪声对人耳的影响程度。

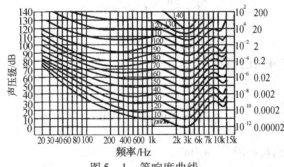

图5-1　等响度曲线

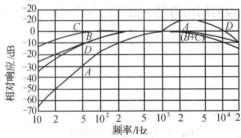

图5-2　A、B、C、D计权网络曲线

6. 噪声的频谱

噪声的频谱是用来反映噪声大小——声压级与频率关系的特征量。一般地,噪声的频率成分可能很复杂,有无限多个频率成分,通常噪声是在频率上的连续信号。实际中测量每一个频率下的声压级是不可能的,因此,在一般的噪声测量中,噪声的频谱分析是在一些宽度的频带上进行的,测量的声压级是各个频带对应的声压级。噪声测量中最常用的带宽是倍频程和 1/3 倍频程。

倍频程是将人耳能够听到的声音的频率范围(22Hz~20kHz)划分为若干个较小的频段,这就是频程或频带。每个频带有下限频率 f_L、上限频率 f_H 以及中心频率 f_0,上限频率与下限频率之差 $\Delta f = f_H - f_L$ 称为频带宽度,简称带宽。当上限频率与下限频率之比满足:

$$\frac{f_H}{f_L} \approx 2, \text{即} f_H \approx 2f_L$$

称倍频程。表 5-1 列出了可听阈中声音各个频带的中心频率及频率范围。一般将可听阈频率范围分为 10 个频带。测量时测量每个频带中心频率上的声压级作为该频带上的声压级。

表 5-1　倍频程的中心频率和频率范围

中心频率/Hz	31.5	63	125	250	500
频率范围/Hz	22~45	45~90	90~180	180~355	355~710
中心频率/Hz	1000	2000	4000	8000	16000
频率范围/Hz	710~1400	1400~2800	2800~5600	5600~11200	11200~22400

倍频程在如此宽的频率范围内只分 10 个频带,分级相对较粗。若要分得细些可以采用 1/3 倍频程。1/3 倍频程是在倍频程的每个带宽上再分 3 份,其中每一份的上下限频率之比是:$f_H/f_L \approx 2^{1/3} \approx 1.26$,即 $f_H \approx 1.26 f_L$。

表 5-2 列出了 1/3 倍频程的中心频率和频率范围。测量时仍以每个频带中心频率上的声压级作为该频带的声压级。

表 5-2　1/3 倍频程的中心频率和频率范围

中心频率/Hz	频率范围/Hz	中心频率/Hz	频率范围/Hz
25	22.4~28	800	710~900
31.5	28~35.5	1000	900~1121
40	35.5~45	1250	1121~1400
50	45~56	1600	1400~1800
63	56~71	2000	1800~2400
80	71~90	2500	2400~2800
100	90~112	3150	2800~3550
125	112~140	4000	3550~4500
160	140~180	5000	4500~5600
200	180~224	6300	5600~7100
250	224~280	8000	7100~9000
310	280~355	10000	9000~11200
400	355~450	12500	11200~14000
500	450~560	16000	14000~18000
630	560~710		

5.1.3 噪声测量用传声器

传声器是将声波信号转换成电信号的一种传感器。有压电式(图5-3)、电动式(图5-4)和驻极式等传声器(图5-5),目前常用传声器主要是电容式传声器。

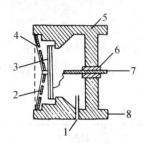

图5-3 压电式传声器简图

1—均压孔;2—背极;3—晶体切片;4—膜片;

5—壳体;6—绝缘体;7、8—输出电极。

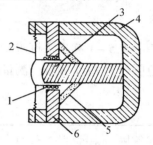

图5-4 电动式传声器简图

1—线圈;2—膜片;3—磁钢;

4—外壳;5—阻尼屏;6—外壳。

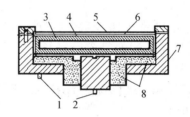

图5-5 驻极式传声器简图

1、2—输出电缆;3—驻极体膜;4—空气层;

5—外层金属镀膜;6—背极;7—壳;8—绝缘体。

1. 电容式传声器的结构

图5-6(a)所示是电容式传声器的结构简图,主要由振膜、后极板、膜环、壳体、绝缘环、阻尼孔、锁紧环、罩壳、毛细孔(均压孔)等组成。其中,均压孔用来平衡振膜两侧静压力,防止振膜破裂;阻尼孔用来抑制振膜的共振。振膜与后级板组成电容,构成图示的电路。图5-6(b)是电容式传声器的结构图。

2. 电容式传声器的工作原理

电容式传声器实际上是一个 CR 电路,当没有声音传播时,电容式传声器中电阻 R 上无电流通过,因此无电压输出;当有声音传播时,声压 P 作用到振膜,使振膜变位,从而引起电路中振膜与后极板之间形成电容变化,这时就有电流流过电阻 R,电阻上就有输出电压 U,测量电压 U,就可知道声压的大小。

3. 传声器的技术指标

传声器是将声信号转变为电信号的传感器,因此,输出的电信号能否真实地反映输入的声信号是衡量传声器性能优劣的标准。传声器的主要技术指标有灵敏度、噪声级、指向特性及频率特性等。

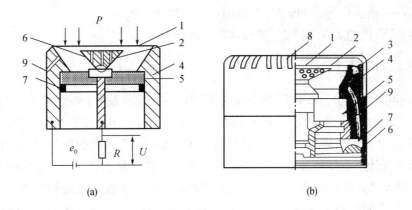

图 5 - 6   电容式传声器

(a) 结构简图；(b) 结构图。

1—膜片；2—后极板；3—膜环；4—壳体；5—绝缘环；

6—阻尼孔；7—锁紧环；8—罩壳；9—均压孔。

1）传声器的灵敏度

传声器的灵敏度是传声器最重要的技术指标。传声器的灵敏度 S 是指输出电量 U 与输入的机械量——噪声 P 的比值：

$$S = \frac{电量输出}{机械量输入} = \frac{U}{P}$$

但习惯上常把传声器的灵敏度级 L_S 称为灵敏度：

$$L_S = 10\lg\left[\frac{\dfrac{U}{P}}{\dfrac{U_0}{P_0}}\right] \quad （dB） \tag{5 - 4}$$

式中 U——传声器的输出电压（mV 或 V）；

P——传声器上作用的有效声压（Pa）；

U_0——参考电压；

P_0——参考声压。

2）传声器的噪声级

理想情况下，当无声音传播时，作用于传声器振膜上的声压等于零，这时传声器输出电压也应等于零。事实上并非如此，尽管外来声压等于零，传声器仍会有一定的输出电压，这一电压就称为"噪声电压"。在实际使用中，重要的不是噪声电压绝对值的大小，而是噪声电压与作用的声压电压之比，即相对噪声级 N_m：

$$N_m = 20\lg\frac{U_m}{U_1} \tag{5 - 5}$$

式中 N_m——传声器相对噪声级；

U_m——传声器的噪声声压，即当外界声压等于零时负载上产生的电压；

U_1——当声压等于1Pa时,负载阻抗上所产生的电压。

显然,传声器的灵敏度越高,其相对噪声级越小。

5.1.4 声级计

按国际电工委员会公布的 IEC651 规定,声级计的精度分为 4 个等级:0、1、2、3 级。0 级精度最高。机械噪声监测中常用相当于 1 级的精密型声级计。如我国的 ND_1 型精密声级计、丹麦 B&K 公司的 2203 型精密声级计和 2209 型脉冲精密声级计、美国的 1933 型声级计等。

精密声级计还可外接滤波器,如国产的 ND_2 型就是精密声级计与倍频程滤波器组合;丹麦 B&K 公司的精密声级计还可与倍频程或 1/3 倍频程滤波器结合在一起,成为一个便携式的声级计;目前还有不少数字显示式的声级计,如 B&K 公司的 22 新型精密声级计还可通过接口与数字打印机或数字式磁带机相连,提供数字式输出。表 5-3 列出了部分国内外声级计系统。

表 5-3 国内外部分声级计系统

名 称	型 号	频率范围/Hz	测量范围/dB	计权网络	生产厂商
普通声级计	SJ2 型	31.5 ~ 8000	46 ~ 130	A、B、C	北京长城无线电厂
普通声级计	JS5611 型		35 ~ 130(A)	A	
LA-200 系列 普通声级计	LA-210 LA-215 LA-220 LA-230	20 ~ 8000	30 ~ 130(A) 36 ~ 130(C) 42 ~ 130(F)	A、C、FLAT	日本 ONO SOKKICO. LTD
精密声级计	LA-500	20 ~ 12500	27 ~ 130(A) 33 ~ 130(C) 39 ~ 130(F)		
B&K 声级计	2232、2225 2226、2221 2222、4427			A.F.S	丹麦 B&K 公司
	2230、2233 2234、2231			A.C.F.S.1	
	4428			A	

声级计的传声器在使用过程中要经常校准。最常用的一种可靠而简单的校准设备是活塞发声器,它是一个标准声源,可用来对传声器和仪器进行校准。

1. 声级计的结构组成及各部分的作用

图 5-7 所示是 ND_2 型声级计的外形图和面板图。ND_2 型声级计主要由电容式传声器、输入输出开关、计权网络开关、快慢挡选择开关、表头及倍频程滤波器等组成。

1)电容式传声器

电容式传声器是将声波信号转换成电信号的一种传感器。

2）输入输出开关

输入输出开关的作用是根据所测信号进行调整,使信号在仪器测量范围内。输入输出开关又叫输入输出放大器旋钮,它们是两个套装在一起的开关。其中,输出开关是一个透明旋钮,它的量程在 30dB ~ 70dB 之间,工作范围在仪器上的红线区内。输入开关是一个黑色旋钮,它的量程在 70dB ~ 130dB,工作范围在仪器上的黑线区内。两个开关总输出量程在 30dB ~ 130dB。

3）计权网络开关

计权网络选择开关是一个菱形开关,它是考虑人耳对声音的主观感觉所加入的特殊的滤波器,有 A、B、C、线性及滤波器等挡位可供选择。当选择 A 时,可测量 A 声级噪声,B、C 类同;当选择线性时,可测量线性声压级噪声;当选择滤波器时,则在输入放大器和输出放大器之间插入倍频程滤波器,这时可用倍频程滤波器开关选择各挡中心频率,即可测量噪声的频谱,进行噪声的频谱分析。

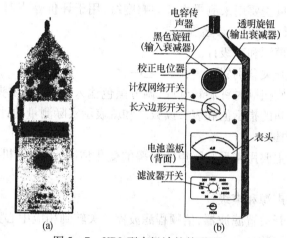

图 5 - 7　ND2 型声级计的外形图
（a）外形图;（b）面板图。

4）快慢挡选择开关

与计权网络开关套装在一起的是快慢挡选择开关。它是一个长六边形开关,有快、慢、检查、断接电源等挡位可供选择。快慢挡选择由所测信号性质决定,当噪声信号比较平稳时选慢挡,这时若表头指针摆动大于 4dB,则使用快挡。

5）表头

表头指针指示声压级的分贝值,它的量程在 - 10dB ~ + 10dB。实际测量中,测量噪声信号的声压级等于表头指针指示值和输出放大器两红线之间的值之和。

6）倍频程滤波器开关

倍频程滤波器开关用来选择倍频程的中心频率值。例如,当倍频程滤波器开关的指针指在 1000 时,则表示此时测量的中心频率为 1000Hz。声压级大小是输出放大器两红线间值加表头读出值。图 5 - 8 所示是用声级计测得的柴油机倍频程噪声频谱。

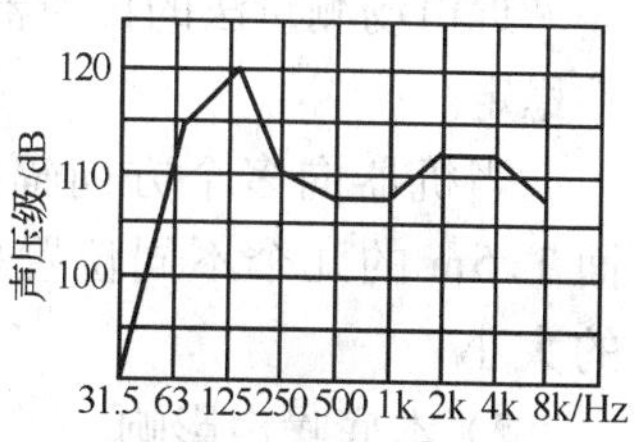

图 5 - 8　柴油机倍频程噪声频谱

2. 声级计的使用

声级计主要用于测量噪声的 A、B、C、线性声压级及噪声的频谱。对于不同的声压级,有不同的用途。

1)线性声压级的测量

线性声压级客观上反映机械实际噪声的大小,因此,测量线性声压级可用于机械的故障判断。对于相同的机械,如果它的线性声压级大则说明机械性能差,线性声压级小说明机械性能优良。测量线性声压级的步骤为:

(1)启动被测声源和声级计。

(2)声级计计权网络开关置"线性"。

(3)输出透明旋钮顺时针旋转到底,调节黑色输入旋钮,使表头指针有适当偏转,则透明旋钮两红线之间的指示值和表头读数之和就表示实际测量的线性声压级。

2)计权声压级测量

计权声压级测量主要用来测量声音的响度级,用于评价噪声对人耳的危害程度和评价减噪、降噪的效果。其测量步骤是:

(1)启动被测声源和声级计。

(2)计权网络开关分别置于 A、B、C 之一。

(3)输出透明旋钮顺时针旋转到底,调节黑色输入旋钮,使表头指针有适当偏转,则透明旋钮两红线之间的指示值和表头读数之和就表示实际测量的计权声压级。

3)噪声频谱测量

噪声频谱测量主要用来反映噪声随频率的变化情况,可用于机械故障的判断。其操作步骤是:

(1)启动被测声源和声级计。

(2)计权网络开关置滤波器,倍频程滤波器开关转到相应中心频率位置,即可得该中心频率下的声压级读数。

(3)输出透明旋钮顺时针旋转到底,调节黑色输入旋钮,使表头指针有适当偏转,则透明旋钮两红线之间的指示值和表头读数之和就表示实际测量的声压级。

3. 现场 A 声级测量时的注意事项

测量环境对噪声影响很大,同一声源在不同的环境中形成的声场可能完全不一样。测量现场声源特别受到房间大小的限制。因此,一般采用的测量方法是近声场测量法。

1)近声场测量法

近声场测量法的传声器放置在距机器 1m、离地面 1.5m 的地方测量噪声,过近声场不稳定。

当机器向多个方向辐射噪声不均匀时,在围绕机器表面且与表面距离 1m、距地面 1.5m 的几个不同位置(至少 5 个点)进行测量,找出 A 声级最大点用来评价噪声的大小。

2)本底噪声影响

噪声测量中要避免本底噪声的影响。本底噪声是指被测噪声源停止发声时,其周围环境的噪声。

（1）若被测噪声的 A 声级（或各频带的声压级）与本底噪声 A 声级（或各频带的声压级）之差大于 10dB，则可忽略本底噪声的影响。

（2）若被测噪声的 A 声级（或各频带的声压级）与本底噪声 A 声级（或各频带的声压级）之差等于 6dB～9dB，则实测噪声的声压级等于测得的声压级减去 1dB。

（3）若被测噪声的 A 声级（或各频带的声压级）与本底噪声 A 声级（或各频带的声压级）之差等于 4dB～5dB，则实测噪声的声压级等于测得的声压级减去 2dB。

（4）若被测噪声的 A 声级（或各频带的声压级）与本底噪声 A 声级（或各频带的声压级）之差等于 3dB，则实测噪声的声压级等于测得的声压级减去 3dB。

（5）若被测噪声的 A 声级（或各频带的声压级）与本底噪声 A 声级（或各频带的声压级）之差小于 3dB，则测量无效。

3）避免声反射影响

噪声测量中为了避免声反射的影响，最好用三角架安装声级计进行测量或伸直手臂测量。

4）避免气流对测量噪声的影响

噪声测量中为了避免气流对测量噪声的影响，可在传声器前安装风罩等挡住气流的影响。

5.1.5　噪声诊断实例

噪声诊断可用声级计测量声压级进行简易诊断，但实际中常用噪声的频谱分析方法，而且噪声的频谱分析方法是识别噪声声源的一种重要手段。

实例 1：电动机噪声监测

某大型感应式电动机的噪声比出厂初期增大，用一般声级计可以测出声压级，但无法查明原因。而对噪声信号功率谱分析可明确噪声增加的原因和部位。图 5-9 所示是电动机噪声功率谱图。可以明显地看到，噪声功率谱图上有 3 个明显的峰值：120Hz，它是 60Hz 的 2 倍，显然是电磁噪声；490Hz 是电机轴承的特征频率，它反映轴承的冲击噪声；1370Hz 是另一种电磁噪声，它是由电动机内部间隙引起的噪声。

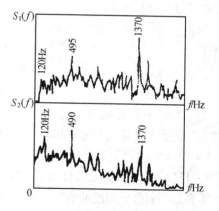

图 5-9　电动机噪声功率谱

要降低电动机的噪声必须从减少 120Hz、490Hz 和 1370Hz 频率分量着手。实际中通过调换轴承来改善 490Hz 频率信号的影响；在电动机上安装用隔声材料制成的轻型隔声罩来降低 120Hz 和 1370Hz 的频率分量。

实例 2：柴油机声强及振动模态分析

声强向量可以表示出声能的流向，通过声强图可全面了解表面声能流入流出情况，若结合模态分析则可判断辐射噪声所作的贡献。

图 5-10 所示是柴油机机架上一点的声强和振动模态曲线。可以看出，该点的能流

输出主要是柴油机 82Hz 振动模态辐射的结果,其余是来自于其它声源的影响。控制的方法可改变机架结构或采取局部隔振,如用隔振罩等。

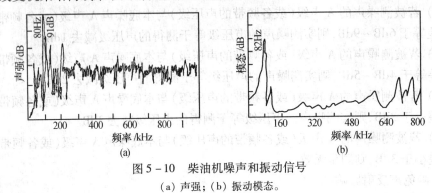

图 5 - 10　柴油机噪声和振动信号
（a）声强；（b）振动模态。

实例 3：船体表面声强测量

某船机舱内测量的声功率主机为 110dB(A),增压器 113.18dB(A),副机 116.11dB(A)。主机 12 缸 620r/min(124Hz),副机 6 缸 1500 r/min(150Hz)。

图 5 - 11 所示是在机架和船壳上测得的表面声强。主机 128Hz 激励使船壳产生相当强的辐射噪声,同时船壳还有副机产生的 150Hz 辐射噪声。要降低机舱噪声,必须改善设备隔振和增加船体结构阻尼。

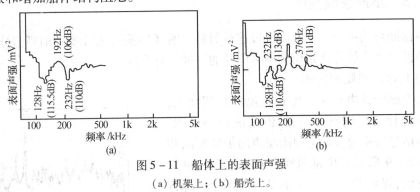

图 5 - 11　船体上的表面声强
（a）机架上；（b）船壳上。

实例 4：齿轮噪声分析

图 5 - 12 是正常齿轮和磨损故障齿轮噪声频谱图。正常齿轮噪声幅值谱和功率谱(图 5 - 12(a)、(b))上啮合频率的峰很突出,其谐波峰值则以很大的速度减小。齿轮磨损后(图 5 - 12(c)、(d)),齿轮啮合频率及其谐波的幅值随谐波次数增大,特别是谐波幅值相对增加很多。随着磨损程度的增加,高次谐波越来越突出,整个谱图上出现"梳状"图形。

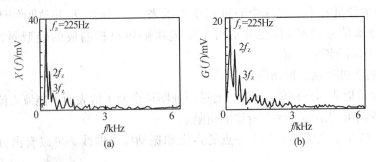

114

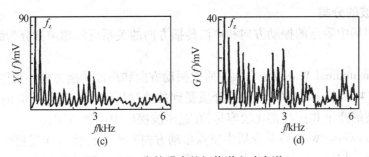

(c)

(d)

图 5 - 12　齿轮噪声的幅值谱和功率谱

（a）幅值谱；（b）功率谱；（c）幅值谱；（d）功率谱。

5.2　超声波诊断方法

5.2.1　概述

声音是一种弹性波，通常分为次声波、声波和超声波。人耳能听到的声音叫声波，它的频率很窄，大约 20Hz ~ 20kHz；频率低于 20Hz 的声音叫次声波；频率高于 20kHz 的声音叫超声波。用于医药上的超声频率为 2.5MHz ~ 10MHz，常用的为 2.5MHz ~ 5MHz。

1. 超声探头

超声波是以超声频率在弹性介质中传播的一种机械振动，超声波也是一种机械波。以超声波作为检测手段，必须产生超声波和接收超声波。完成这种功能的装置就是超声波传感器（图 5 - 13），习惯上称为超声换能器，或者超声探头。

图 5 - 13　超声传感器

超声探头是利用超声波的特性研制而成，它由换能晶片在电压的激励下发生振动而产生，具有频率高、波长短、绕射现象小，特别是方向性好、能够成为射线而定向传播等特点。超声波对液体、固体的穿透本领很大，尤其是在阳光不透明的固体中，它可穿透几十米的深度。超声波碰到杂质或分界面会产生显著反射形成反射回波，碰到活动物体能产生多普勒效应。因此超声波检测广泛应用在工业、国防、生物医学等方面。

超声探头主要由压电晶片组成，既可发射超声波，也可接收超声波。小功率超声探头多作探测用。它有许多不同的结构，可分直探头（纵波）、斜探头（横波）、表面波探头（表面波）、双探头（一个探头反射、一个探头接收）等。

超声探头的主要性能指标包括：

（1）工作频率：就是压电晶片的共振频率。当加到它两端的交流电压的频率和晶片的共振频率相等时，输出的能量最大，灵敏度也最高。

（2）工作温度：诊断用超声波探头使用功率较小，所以工作温度比较低，可以长时间地工作而不失效。医疗用的超声探头的温度比较高，需要单独的制冷设备。

（3）灵敏度：主要取决于制造晶片本身。机电耦合系数大，灵敏度高。

115

2. 超声波的分类

根据超声场中质点的振动方向和声波传播方向的关系可将超声波分为纵波、横波、表面波等。

纵波（Longitudinal Wave）是介质中质点振动方向和声波传播方向一致的波形，用"L"表示（图5-14(a)）。纵波在传播时，介质受到拉伸和压缩应力而作相应的形变，故又称压缩波。纵波的产生和接收都比较容易，在超声波探伤中广泛应用。

横波（Transverse Waves）是介质中质点振动方向和声波传播方向互相垂直的波形，用"T"表示（图5-14(b)）。横波传播时介质受到交变的剪切力而作相应的变形，故又称剪切波（Shear Waves），也可用"S"表示。

液体和气体没有剪切弹性，只能传播纵波，而不能传播横波。但对焊接件进行超声波探伤时多用横波。

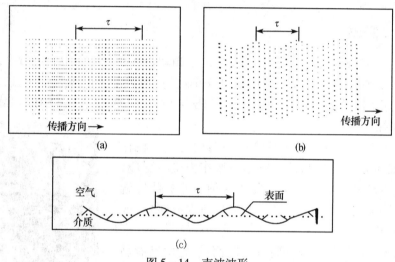

图5-14 声波波形
（a）纵波波形；（b）横波波形；（c）表面波波形。

表面波（Surface Waves）是一种沿着固体表面传播的具有纵波和横波双重性质的波。表面波又称瑞利波（Rayleigh Waves），常用"R"表示（图5-14(c)）。表面波对表面缺陷非常敏感，分辨力也优于横波和纵波。

5.2.2 超声波的物理性质

1. 超声波的波速

超声波的波速与波的类型、介质的弹性性质、介质的密度及温度等有关。超声需在介质中传播，其速度因介质不同而异，在固体中最快，在液体中次之，在气体中最慢。表5-4列出了常见材料的各种波速。超声波的波长、频率和速度之间有如下关系：

$$\lambda = \frac{C}{f} \qquad\qquad (5-6)$$

式中 λ——波长（m）；

C——声波的传播速度（m/s）；

f——声波频率（Hz）。

表 5 - 4　常见材料的波速

材料	纵波波速 C_L /m·s^{-1}	横波波速 C_T /m·s^{-1}	表面波波速 C_R /m·s^{-1}
空气	340	——	——
水(20℃)	1480	——	——
油	1400	——	——
甘油	1920	——	——
铝	6320	3080	2950
钢	5900	3230	3120
黄铜	4280	2030	1830
有机玻璃	2730	1430	1300

一般来说,纵波、横波及表面波波速之间的关系为:$C_L > C_T > C_R$。

对钢而言,$C_T \approx 0.55 C_L$,$C_R \approx 0.9 C_T$。

2. 声阻抗

介质有一定的声阻抗,声阻抗 Z_S 等于该介质的密度 ρ 与超声速度 C 的乘积:

$$Z_S = \rho \cdot C$$

声阻抗是表示介质声学特性的一个重要物理量。两种介质的声阻抗之比决定着超声波从一种介质透入另一种介质的程度。

3. 超声波的传播

1)超声波垂直通过界面时的反射和透射

超声波在传播过程中,当垂直通过由不同介质形成的界面时,由于两种介质声阻抗的差异,界面会反射一部分能量,其反射系数为反射声压 P_r 和入射声压 P_i 之比(图 5 - 15):

$$R_P = \frac{P_r}{P_i} = \frac{Z_2 - Z_1}{Z_2 + Z_1} \tag{5-7}$$

而透过声压 P_d 和入射声压 P_i 之比称为声压的透过系数:

$$T_P = \frac{P_d}{P_i} = \frac{2Z_2}{Z_2 + Z_1} \tag{5-8}$$

式中　Z_1、Z_2——第一和第二介质的声阻抗。

很显然,当两种介质的声阻抗 $Z_2 \ll Z_1$ 时,垂直入射超声波的透过系数近似等于零;而当 $Z_2 \gg Z_1$ 时,超声波的透过系数趋于2。表 5 - 5 列出了超声波在各种界面的反射系数和透过系数。

表 5 - 5　超声波在各种界面的反射系数和透过系数

入 射 界 面	反射系数 R_P	透过系数 T_P
水向钢垂直入射	0.935	1.935
钢向水垂直入射	-0.935	0.065
空气向钢垂直入射	0.99998	1.99998
钢向空气垂直入射	-0.99998	0.00019

在超声波传播中,气体、液体和金属三者之间的声阻抗比大约为 1:10000:100000。即气体与金属二者之间的声阻抗相差太大。对于垂直入射的超声波,几乎无法直接从金属探头透入气体。因此,超声探头与被测物体之间存在空气间隙将使超声波几乎全部反射回来,从而影响超声波从超声探头透入到被测物体。在超声波测量中,一般要在零件表面安置探头的地方涂敷接触润滑脂,这样可使透入被测物体的超声能量达到 10% ~ 12% 左右。

2) 超声波倾斜入射界面时的反射和折射

在两个介质组成的界面上(图 5 - 16),对于同一类波型,其反射定理为:入射角与反射角相等,都为 α;折射定理为:

$$\frac{C_1}{\sin\alpha} = \frac{C_2}{\sin\beta}$$

式中　C_1、C_2——介质 1、介质 2 的声速;

α——入射角;

β——折射角。

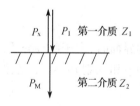

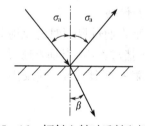

图 5 - 15　垂直入射时的反射与透射　　　图 5 - 16　倾斜入射时反射和折射

根据斯涅尔定律,入射的纵波 L 可以分解为两束反射波(纵波 L_1 和横波 T_1)和两束折射波(纵波 L_2 和横波 T_2)(图 5 - 17(a)),在一定条件下还会产生表面波。它们都满足折射定理:

$$\frac{C_L}{\sin\alpha} = \frac{C_{L2}}{\sin\beta_{L2}} = \frac{C_{T1}}{\sin\beta_{T1}} = \frac{C_{L2}}{\sin\beta_{L2}} = \frac{C_R}{\sin90°} \tag{5 - 9}$$

式中　C_{L1}、C_{T1}——介质 1 的纵波和横波声速;

C_{L2}、C_{T2}、C_R——介质 2 的纵波、横波和表面波声速。

118

入射角 α 增大,折射角 β 也相应增大,当入射角 α 增大到折射的纵波沿界面滑过去时(图 5 - 17(b)),即 $\beta_{L2} = 90°$,这时介质中只有横波传播,并称这时的入射角为第一临界角:

$$\alpha_{cr1} = \arcsin\left(\frac{C_{L1}}{C_{L2}}\right) \qquad (5 - 10)$$

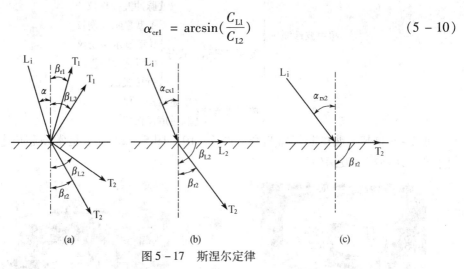

图 5 - 17　斯涅尔定律

当入射角 α 进一步增大,使入射的横波也沿界面滑过去(图 5 - 17(c)),即 $\beta_{T2} = 90°$,这时超声波不能透入被测物体,这一入射角称为第二临界角:

$$\alpha_{cr2} = \arcsin\left(\frac{C_{L1}}{C_{T2}}\right) \qquad (5 - 11)$$

当入射的纵波产生表面波的入射角:

$$\alpha_{LR} = \arcsin\left(\frac{C_{L1}}{C_R}\right) \qquad (5 - 12)$$

因此,当纵波入射角 α 满足 $\alpha_{cr1} < \alpha < \alpha_{cr2}$ 时,介质 2 中只有横波折射;当纵波入射角 α 满足 $\alpha > \alpha_{cr2}$,并且 $\beta_{T1} = \alpha_{LR}$ 时,则声波全部沿着介质 2 的表面传播,形成表面波。

5.2.3　超声波诊断仪

超声波诊断仪亦称超声波探伤仪,它是一种用于探测固体材料内部各种缺陷的仪器。它主要由同步器、时基器、发射器、接收器、显示器和电源、探头等基本部分组成(图 5 - 18)。

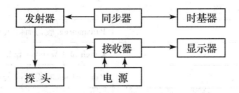

图 5 - 18　超声波诊断仪的组成

超声波诊断技术在工业中的应用日益广泛,由于诊断对象、目的要求、工况、诊断方法等方面的不同,目前市场上供应的超声波诊断仪器品种繁多,按照发射波的连续性、缺陷显示方式、通道数分类如下:

$$\text{超声波诊断仪}\begin{cases}\text{按发射波连续性分}\begin{cases}\text{一般连续被探伤仪}\\\text{共振式探伤仪}\\\text{调频式探伤仪}\\\text{脉冲波探伤仪}\end{cases}\\\text{按缺陷显示方式分}\begin{cases}\text{A 型显示探伤仪}\\\text{B 型显示探伤仪}\\\text{C 型显示探伤仪}\\\text{直接成像}\end{cases}\\\text{按声通道分}\begin{cases}\text{单通道探伤仪}\\\text{双通道探伤仪}\end{cases}\end{cases}$$

表 5 - 6 是超声波诊断仪器简介。图 5 - 19 ~ 图 5 - 22 所示是常州超声电子有限公司生产的几种超声波探伤仪。

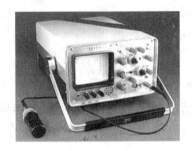

图 5 - 19　CST - 7 型超声波探伤仪

图 5 - 20　CST - 2300 型数字式超声波探伤仪

图 5 - 21　CST - 2300 型超声探伤仪

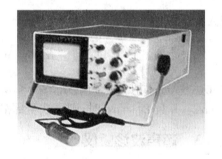

图 5 - 22　CST - 7B 型超声探伤仪

表 5 - 6　超声波诊断仪器简介

仪器型号及名称	生 产 厂 家
EPOCH2002 超声波检测仪	Panametrics 股份有限公司
AUDIT200M 超声波测厚仪	Baugh and Weedan Ltd.
5222 型超声波测厚仪	Panametrics 股份有限公司
安迪 200 型超声波测厚仪	瑞典荣生公司
安迪 200M 型超声波测厚仪	瑞典荣生公司
UTM100 超声波测厚仪	瑞典荣生公司
M2001 超声波测厚仪	瑞典荣生公司

仪器型号及名称	生 产 厂 家
小型超声波探伤仪	瑞典荣生公司
CST – 4 型超声波探伤仪	常州超声电子有限公司
CST – 7 型超声波探伤仪	常州超声电子有限公司
CST – 9 型双通道超声波探伤仪	常州超声电子有限公司
CST – 2100 型数字式超声波探伤仪	常州超声电子有限公司
CST – 2300 型数字式超声波探伤仪	常州超声电子有限公司

5.2.4 超声波诊断方法

超声波诊断是利用超声波对机械的构件进行探伤或测厚达到诊断机械故障的目的。通过电振荡在超声探头中激发高频超声波,入射到构件后若遇到缺陷,超声波会反射、散射或衰减,再经探头接收变成电信号,进一步放大显示,然后根据波形来确定缺陷的部位、大小和性质。

1. 敲击声测法

敲击声测法用标准试棒敲击所测部位,根据发出的敲击声用人耳来判断结构的完整性。试棒用尼龙或者 2024 – T3 铝制成。这种方法一般用于检测蜂窝结构与覆盖材料间的脱胶和其它缺陷。

2. 共振测量法

一定波长的声波,在物体的相对表面上反射时所发生的同相位叠加的物理现象叫做共振。应用共振现象诊断工件缺陷的方法称为共振法(图 5 – 23)。超声探头将超声波辐射到工件后,通过连续调整发射频率,改变波长,当工件厚度为超声波半波长的整数倍时,在工件中产生驻波,其波腹在工件的表面上。用共振法测厚时,在测得共振频率 f(MHz) 和共振次数 N 后,可用式(5 – 13)计算工件的厚度:

$$\delta = N\frac{\lambda}{2} = \frac{NC}{2f} \quad (\text{mm}) \tag{5 – 13}$$

式中 λ——超声波波长;

 C——试件的超声波声速。

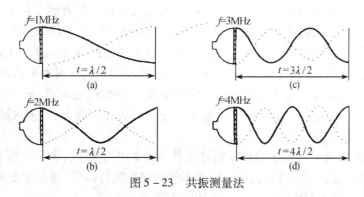

图 5 – 23 共振测量法

此法常用于壁厚的测量。另外,在工件中若存在较大的缺陷或厚度改变时,将使共振现象消失或共振点偏移,用此现象就可诊断复合材料的胶合质量、板材点焊质量、均匀腐蚀和板材内部夹层等缺陷。共振测量法的特点是:

(1) 可精确测厚,特别适宜测量薄板及薄壁管的厚度。

(2) 对工件表面粗糙度要求高。

3. 穿透测量法

穿透测量法是最先采用的超声波探伤方法。穿透法测量时,将两个超声探头分别置于工件的两个相对面,一个探头发射超声波,透过工件被另一面的探头所接收(图5-24)。若工件内有缺陷,缺陷将部分或全部阻止超声波能达到接收探头,根据能量减小的程度可判断缺陷的大小。

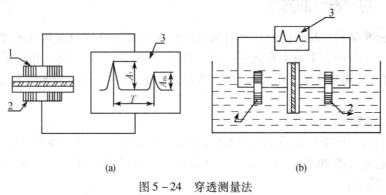

(a)   (b)

图 5-24　穿透测量法

1—发送器；2—接收器；3—显示器。

穿透法测量中常用连续波和脉冲波两种。其中脉冲穿透法的特点是:

(1) 不存在盲区,适用于探测较薄的工件。

(2) 不能确定缺陷的深度位置。

(3) 不能发现小的缺陷。

(4) 对两探头的相对距离和位置要求较高。

4. 脉冲反射法

脉冲反射法又称回波脉冲法,它是目前应用最为广泛的一种超声波探伤法。脉冲反射法是用有一持续时间按一定频率发射的超声脉冲进行缺陷诊断的方法。脉冲反射法可分为垂直探伤法和斜角探伤法两种。

垂直探伤法是探头垂直或以小于第一临界角的入射角度耦合到工件上,传播到工件底面,如果底面光滑,则脉冲反射回探头,声脉冲变换成电脉冲后由仪器显示(图5-25)。根据起始发射脉冲到工件底面回波脉冲的时间可算出工件的厚度。如果工件中有缺陷,探头接收到缺陷反射回来的缺陷波,根据起始发射脉冲到缺陷反射回来的缺陷波脉冲的时间可算出缺陷的深度。垂直探伤法在工件内部只产生纵波,在板材、锻件、铸件、复合材料等探伤中得到广泛应用。垂直探伤法通常又分为一次脉冲反射法、多次脉冲反射法及组合脉冲反射法。

斜角探伤法是用不同角度的斜探头在工件中分别产生横波、表面波等的探伤方法。斜角探伤法的突出优点是:可对直探头探测不到的缺陷实行探伤,通过改变入射角来发现不同方位的缺陷;用表面波可探测复杂形状的表面缺陷等。

122

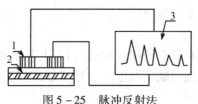

图 5 – 25　脉冲反射法

1—超声波探头；2—粘结层；3—显示屏。

回波脉冲法的特点是：

（1）探测灵敏度高。

（2）能准确确定缺陷的位置和深度。

（3）可用不同的波形（纵波、横波、表面波等）进行探测，应用范围广。

5.2.5　超声波探伤的波形特征

利用超声波诊断不仅可以确定缺陷的位置、大小，而且可通过超声波波形来确定缺陷的类型。

1. 锻件缺陷及波形特征

锻件缺陷一般有白点、夹杂、疏松和裂纹等，其中白点和裂纹是最危险的缺陷。

1）白点

由于小截面锻件冷却快，白点在中心处分布密集，探伤时在中心部位会出现林状缺陷波（图 5 – 26（a））；较大零件的截面锻件冷却慢，白点在锻件圆周的一定范围内呈辐射状扩散分布。探伤时缺陷波（F）为对称于中心的林状波形，波峰清晰、尖锐。当降低灵敏度探测时，各方向都可显示出高而清晰的缺陷波。密集的白点对声波反射强烈，从而使底波（B）显著降低。

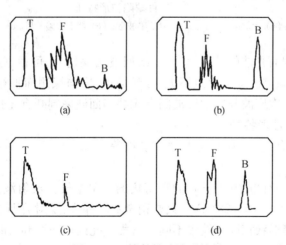

图 5 – 26　锻件缺陷波形特征

（a）白点波形；（b）夹杂波形；（c）疏松波形；（d）裂纹波形。

2）夹杂

夹杂缺陷成连串状，波形呈丛状，一般波辐较低，仅有个别较高的波。当移动探头时，波峰此起彼落，显得杂乱。如降低灵敏度探伤时，只有个别的较高缺陷波出现，而且波幅下降,但底波无明显变化(图5-26(b))。

3)疏松

锻件中疏松缺陷对声波有显著的吸收和散射作用,从而使底波明显降低,甚至消失,移动探头时可能出现波幅很低的蠕动波形。提高灵敏度探测时,会出现微弱而杂乱的波形,但无底波(图5-26(c))。

4)裂纹

当波束与裂纹面垂直时,缺陷波形明显而清晰,波峰尖锐陡峭。当平行移动探头时,波形随裂纹方向和曲折程度而变,探头移到一定距离后,波形逐渐减弱直到消失(图5-26(d))。

2. 铸件的缺陷及波形特征

铸件形状复杂,尤其对于小厚度铸件采用多次回波法探伤时往往在荧光屏上产生外轮廓直射或迟到的回波,可能造成杂波和缺陷波真假难辨。通常根据底面回波显现的次数来判断有无缺陷。当铸件内无缺陷时出现底波次数多,各底波相距间隔大致相等,而且波幅呈现指数曲线衰减(图5-27(a));如铸件内有疏松等缺陷时,由于疏松对超声波散射,声能衰减而使底波反射次数减少(图5-27(b));若铸件内有疏松、夹杂、气孔等严重的大面积缺陷,则底波消失,只出现杂波(图5-27(c))。

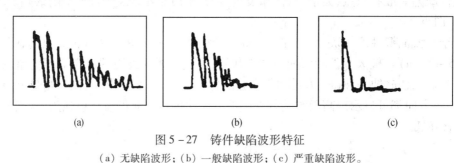

(a) (b) (c)

图5-27 铸件缺陷波形特征

(a)无缺陷波形;(b)一般缺陷波形;(c)严重缺陷波形。

对于厚度大、探测面光洁的铸件,采用一次回波法探伤时,可根据荧光屏上有无缺陷回波来判断铸件有无缺陷。对于厚度不大、形状简单、底与探测面平行的铸件,采用二次回波探伤法时,根据一次底波与二次底波间有无缺陷回波来判断有无缺陷。

3. 焊件的缺陷及波形特征

焊缝的缺陷主要有气孔、夹渣、未焊透和裂纹等。

1)气孔

焊缝中的气孔缺陷有单个的、链状的和密集的。单个气孔反射波为单峰,波幅较低,且多位于引弧或熄弧处(图5-28(a)),只要稍微移动探头,反射波即消失,而且从各个方向对气孔探测,其波峰形状相同而波幅不同。密集气孔的回波波幅有时较大,有时显示出多个回波,此起彼落(图5-28(b))。

2)夹渣

焊缝中的夹渣呈条状或块状,界面不规则,但均占一定的体积。其反射波呈锯齿状,根部宽而波幅不高(图5-28(c))。如果稍转动探头,其波幅会迅速降低。

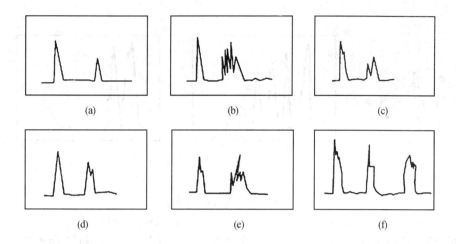

图 5-28 焊件缺陷波形特征

(a) 单个气孔波形;(b) 密集气孔波形;(c) 夹渣波形;

(d) 未焊透波形;(e) 平行探测裂纹波形;(f) 垂直探测裂纹波形。

3) 未焊透

在未焊透的焊缝处一般有气孔和夹渣存在,并有一定长度且粗细不一。其回波波幅较高,锯齿形较少,水平移动探头时,波形较稳定(图 5-28(d))。如果从焊缝两侧探伤时,可得到大致相同的波形和波幅。

4) 裂纹

裂纹有纵裂纹和横裂纹之分,其形状复杂且有一定长度和深度,一般都产生在应力集中且受力大的部位。探伤时可用多角度、多方向交叉扫查或斜向平行扫查等方法进行。当声速方向与裂纹面平行时,反射波峰很低而波形较宽,且出现锯齿多峰波(图 5-28(e))。当声速方向与裂纹方向垂直时,声波反射强烈,且波峰高。平行或垂直移动探头时,反射波连续出现;摆动探头时,多峰波交替出现最大值;如探头绕裂纹转动时,反射波消失(图 5-28(f))。

5.2.6 超声波探伤的应用

1. 管壁腐蚀监测

管道的管壁腐蚀是化工、炼油和动力厂设备运行状态监测的重要项目。常用回波脉冲法来测量。

当管壁受到严重的腐蚀时,由于内壁形状不规则,回波信号将变宽,数目减少(图 5-29)。一般情况下,往往只有第一个回波能够清楚地分辨出来,从它可以确定管壁的壁厚。当管壁进一步受到腐蚀时,第一个回波与发射波脉冲也难以区分。由于散射和干涉作用,回波的幅值也将大为减小。

测量时,为了得到满意的效果,要求测量管道外壁光滑规则,没有漆层或其它包裹物。

2. 活塞裂纹诊断

国外曾用超声法成功地检查了一批 1200kW 柴油机活塞内部的裂纹情况,在只揭盖不拆卸的运行过程中查出了带裂纹的活塞。

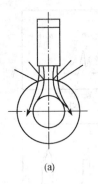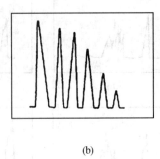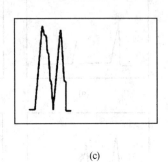

(a) (b) (c)

图 5 – 29　管道腐蚀的超声监测

(a) 原理；(b) 正常管壁回波信号；(c) 腐蚀管壁回波信号。

这批活塞由球墨铸铁铸造,产生裂纹的原因是结构设计不良、材料选择不当、铸造工艺和热处理有问题。裂纹可能发生的区域如图 5 – 30 所示。测量过程中超声探头沿活塞半径方向在活塞顶部自 A 到 M 点移动,当活塞上裂纹区内有裂纹存在时,则可从各位置的探头所发射的超声波回波反映出异常情况。

另外,超声检测方法还可对一些关键零件在工作期限内进行在线监测。图 5 – 31 所示是对一飞机零件进行裂纹监测的实例。超声波监测可以避免定期拆卸检查关键零件而影响零件精度。

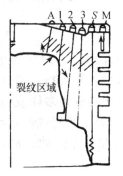

图 5 – 30　活塞裂纹检查

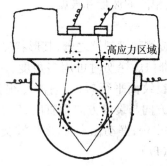

图 5 – 31　飞机零件裂纹监测

5.2.7　超声波探伤的特点

1. 优点

(1) 可检测各种各样的材料和很大的厚度范围。

(2) 可仅在构件的一个侧面实行检测。

(3) 非常适用于自动化和计算机数据处理和显示。

(4) 可提供缺陷的深度、位置和尺寸等方面的信息。

(5) 仪器便于携带。

(6) 对很厚的构件也能有较大的灵敏度。

(7) 检测成本低。

2. 缺点

（1）对探测人员的知识水平和熟练程度要求很高。

（2）若无外围设备，则显示结果不可重现。

（3）显示结果有时难以解释。

（4）先进仪器很昂贵。

（5）因适用范围广，对具体对象的检验措施需单独设计。

5.3 声发射诊断技术

声发射（Acoustic Emission，AE）是自然界普遍存在的一种现象。如树枝断裂前发出的响声；反复弯曲锡片产生的"锡鸣"；地震发生时的隆隆声；工程材料内部裂纹形成与扩展时发出的声响等都是声发射现象。具体地说，声发射现象是指固体受力时，由于微观结构的不均匀或内部缺陷的存在，导致局部应力集中，塑性变形加大或裂纹的形成与扩展过程中释放出弹性波的现象。

声发射的频率范围很宽，发出的频率从次声波、声波直至50MHz左右的超声波；它的幅度差异也很大，从几微伏直至几百伏。

按振荡形式分，声发射可分为连续型和突发型两种。突发型声发射由高幅度不连续的、持续时间较短的信号构成（图5－32（a）），它主要与微裂纹的形成、扩展直到断裂有关。连续型声发射由一列低幅度的连续信号构成（图5－32（b）），它主要与塑性变形有关。

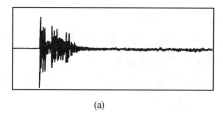 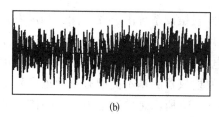

(a)　　　　　　　　　　　　　　(b)

图5－32　声发射波形

（a）突发型；（b）连续型。

很多机构都能发射声发射，如机件的位错运动，由相变、晶界、显微夹杂等在基体中的断裂，裂纹的形成、扩展直到断裂，以及摩擦、磨损和泄漏等。声发射技术就是利用仪器检测、分析材料中的声发射信号，测量材料的声发射，找出声发射源，对声发射源作出评价并判断其危害性的检测技术。

声发射技术可用于连续监控材料或工件、构件中裂纹的产生与发展，了解物体的摩擦与磨损，研究固体的塑性形变、金属的显微组织变化等。因此，在高压容器、桥梁、矿井顶板等结构完整性评价，焊接过程监控，涡轮发动机运行状态等的连续动态监控上起到了极其重要的作用。此外，声发射技术还可用于断裂力学研究、声特征分析、海洋科学中的海洋噪声分析（如对波浪、海啸、潮流以及海洋生物研究）、探测水下的火山爆发以及地震科学研究、对船舶噪声的探测和确定船只方位等。

5.3.1　声发射技术的发展

把声发射作为一门技术进行研究和开发,是从 20 世纪 50 年代开始的。声发射技术的发展大致可分为 3 个阶段。

1. 探索研究阶段

在 20 世纪 50 年代初,德国的凯塞尔(Kaiser)用普通的听域听诊器测量了五六种材料在抗拉试验时的声发射,提出了畴界滑移产生声发射的机理。他的重大发现之一是声发射现象的不可逆效应,即凯塞尔效应的滞后现象。

2. 早期应用研究阶段

到了 20 世纪 50 年代末,美国在声发射测量中采用了超声范围内很高的频率,这有利于在环境机械噪声信号中鉴别出声发射信号,从而使声发射在实际应用中得到了迅速的发展。例如,美国"北极星"导弹的 FRP 火箭发动机试验;埃森炼油厂的压力容器试验;反应堆容器的在线监测等都采用声发射技术,并取得了预期的效果。

3. 现场实用化阶段

在声发射技术的发展史上有两次关键性的技术突破。第一次是采用高频超声来检测声发射,大大降低了周围环境的机械噪声干扰;第二次是将计算机技术应用于声发射检测,使声发射技术发展到现场实用化阶段。这使声发射技术广泛用于宇航、原子能、石油化工、冶金等多种工业中的机械设备诊断。

5.3.2　声发射检测系统

声发射检测系统由声发射探头和声发射仪器两部分组成。

常用的声发射探头有:高灵敏度探头、差动探头、高温探头、宽带探头等,它一般由壳体、压电晶体、高频插座构成。图 5-33 所示是高灵敏度探头结构。

声发射仪器的基本类型有单通道声发射检测仪、多通道声发射定位和分析仪两个类型。图 5-34 所示是单通道声发射检测仪的基本结构框图。

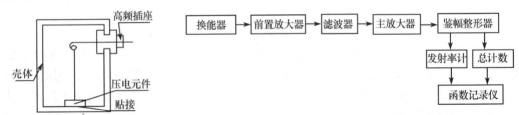

图 5-33　声发射高灵敏度探头　　　图 5-34　单通道声发射检测仪的结构框图

目前的仪器有美国 Dungeon 公司的 1032D/DART 型 32 通道声发射系统、AET 公司的 AET4900 系列、24 通道声发射系统和 PAC 公司的 SPARTAN 型 128 通道声发射系统,以及美国研制的 SWAT(应力波分析技术)系统、IFDS(早期故障检测)系统。

5.3.3　声发射技术的基本特征

声发射技术是一种快速、动态、整体性的无损检测手段,可在设备运行过程中实行状态监测。它的基本特征如下。

（1）实时动态检测缺陷的增长。

声发射检测与其它无损检测的最大区别是：当缺陷处于无变化和无扩展的静止状态时，不发射声发射。只有当裂纹等缺陷处于变化和扩展过程时，才能测得材料的声发射，因此，声发射诊断是缺陷的动态实时检测。

（2）检测灵敏度高。

声发射技术能检测到微米数量级的微裂纹变化。与其它方法相比，测量灵敏度高得多。

（3）可对大型构件实行整体性检测。

声发射技术采用多通道探头，在整个大型构件上按一定列阵方式固定，使它覆盖整个构件表面，在一次试验中就可检测到整个大型构件上的缺陷，进行缺陷分析，了解其危害性，这是其它方法所不及的。

5.3.4 缺陷有害度评价

任何构件或设备都可能有各种各样的宏观和微观缺陷，但并不是每一种缺陷都对机械构成相等的危害，有的设备即使带"伤"仍能安全运行多年。因此，判断其是否产生故障的关键是判断这些缺陷是否会发展。表5-7是缺陷有害度分类。

表5-7　缺陷有害度分类

强度等级 / 缺陷类型	1	2	3	4
Ⅰ	D	D	C	B
Ⅱ	D	C	C	B
Ⅲ	D	C	B	A
Ⅳ	C	B	A	A

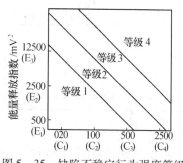

图5-35　缺陷不稳定行为强度等级

表5-7中将声发射源的不稳定行为的强度分为4级：1、2、3、4级（图5-35）。将缺陷在加压过程中的声发射特征分为4类：Ⅰ类——安全；Ⅱ——较安全；Ⅲ——不安全；Ⅳ——特别不安全（图5-36）。并根据强度等级和缺陷类型得到缺陷的有害度分类：

A级——需特别注意，是最有害的缺陷；

B级——需注意，较有害的缺陷；

C级——不需要注意，基本无害的缺陷；

D级——不需注意，无害的缺陷。

5.3.5 应用实例

声发射技术越来越成为现代无损检测和结构、材料研究的新技术。从大型压力容器监测、钢结构和混凝土结构桥及钢索斜拉桥的检测和监测、航空飞行器检测到刀具破损的监测，都取得了很好的效果。

实例5：压力容器定期检修中的应用

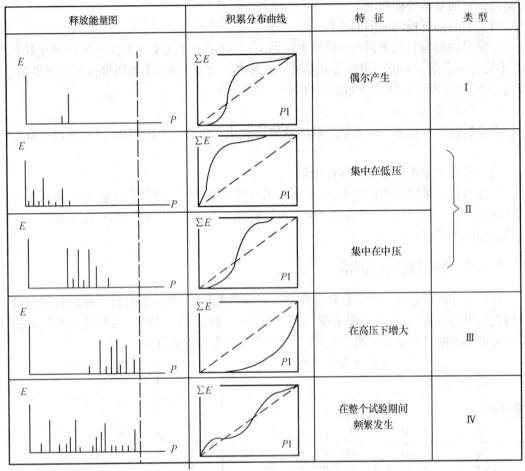

释放能量图	积累分布曲线	特征	类型
		偶尔产生	I
		集中在低压	II
		集中在中压	
		在高压下增大	III
		在整个试验期间频繁发生	IV

图 5-36 声发射类型

根据凯塞尔效应——声发射不可逆效应,对已使用过的压力容器,因已承受过一定的压力,故在检修中再次进行水压试验时,若压力不超过使用中的最高压力,则不出现声发射。若容器在长期使用中产生了疲劳和应力腐蚀裂纹,则在较低的压力下就会出现声发射。例如,有一台 50m 高的由碳钢制造的吸收塔,因在进行定期耐压试验时发现几处氢腐蚀裂纹区,故停止运行进行检修。检修后,在气压鉴定试验时进行了声发射检测。检测中,几处修补过的地方无声发射信号,说明修补完好。但在容器顶部和中部连续出现声发射信号(图 5-37)。为查明原因,再次进行内部目视检查,发现塔盘液槽大面积腐蚀,塔顶处塔盘人工孔固定松脱。进行修理后发现这两处声发射信号全部消失,吸收塔正常运行。

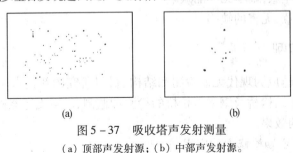

(a)   (b)

图 5-37 吸收塔声发射测量

(a) 顶部声发射源;(b) 中部声发射源。

第6章 故障树分析方法

本章主要介绍故障树分析法的基本概念、建立故障树的方法步骤、故障树的结构函数、简化方法,以及故障树的定性和定量分析方法等。重点讲解故障树的建立、结构函数、简化方法及定性分析。

6.1 故障树分析的基本概念

6.1.1 基本概念

1. 故障树分析

故障树分析(Fault Tree Analysis,FTA)是可靠性分析和故障诊断技术中一种相当有效的分析方法。它是基于故障的层次特性及故障成因和后果的关系,将系统故障形成的原因由总体至部件按树枝状逐级细化的分析方法。因此,故障树分析法是一种由果到因的演绎分析方法。

故障树分析法在航天、核能、电力、电子、化工等领域得到了广泛的应用。1961~1962年,美国贝尔(Bell)电话实验室的Watson和Mearns首先利用故障树分析对"民兵"式导弹的发射控制系统进行了安全性预测。其后,波音飞机公司的Hassle、Shredder和Jackson等人研制出故障树分析计算程序,使飞机设计有了重要的改进。1974年美国核研究委员会(NRC)发表了麻省理工学院(MIT)以Rasmussen教授为首的安全小组采用事件树分析(Event Tree Analysis,ETA)和故障树分析写的"商用轻水堆核电站事件危险性评价"报告,该报告分析了现有大型核电站可能发生的各种事故的概率,并由此肯定了核电站的安全性。这一报告的发表引起了很大的反响,并使故障树分析从宇航、核能推广到电子、化工和机械等工业部门以及社会问题、经济管理和军事决策等领域。

故障树分析在工程上可应用于设计、管理和维修等环节。在设计中,应用故障树分析可以帮助设计者弄清机械系统的故障模式和成功模式;预测系统的安全性和可靠性,评价系统的风险;衡量零、部件对系统的危害度和重要度,找出系统的薄弱环节,以便在设计中采取相应的改进措施;通过故障树模拟分析,可实现系统优化。在管理和维修中,可进行事故分析和系统故障分析;制定故障诊断和检修流程,寻找故障检测最佳部位和分析故障原因;完善使用方法,制定维修决策,以便采取有效的维修措施,切实预防故障的发生。

故障树分析中,一般是把所研究系统最不希望发生的故障状态作为故障分析的目标,这个最不希望发生的系统故障事件称为顶事件(Top Event)。然后找出直接导致这一故障发生的全部因素,它可能是部件中硬件失效、人为差错、环境因素以及其它有关事件,把它们作为第二级。再找出造成第二级事件发生的全部直接因素作为第三级,如此逐级展开,一直追溯到那些不能再展开或毋需再深究的最基本的故障事件为止。这些不能再展开或毋需再深究的最基本的故障事件称为底事件(Bottom Event);而介于顶事件和底事件之间的其它故障事件称为中间事件(Intermediate Event)。把顶事件、中间事件和底事件用适当的逻辑门自上而下逐级连接起来所构成的逻辑结构图就是故障树,图6-1所示为机械系统故障树分析的一个例子。图中说明机械系统的故障是由部件A或部件B故障所引起;而部件A的故障又由零件1和零件2同时失效引起;部件B的故障由零件3或零件4失效引起。

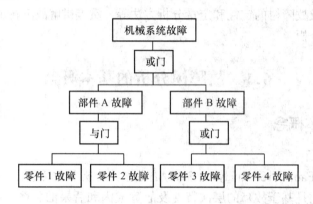

图6-1 机械故障树分析的例子

2. 故障树分析的特点

故障树相当直观、形象地表述了系统的内在联系和逻辑关系。如果从故障树的顶事件向下分析,就可找出机械系统故障与哪些部件、零件的状态有关,从而全面弄清引起系统故障的原因和部位;如果由故障树的下端——每个底事件往上追溯,则可分辨零件、部件故障对系统故障的影响及其传播途径,当各底事件的概率分布已知时,就可评价各零件、部件的故障对保证系统可靠性、安全性的重要程度。

故障树分析既可用来分析系统硬件(部件、零件)本身固有原因在规定的工作条件所造成的初级故障事件,又可考虑一个部件或零件在它不能工作的环境条件下所发生的任何次级故障事件,还可考虑由于错误指令而引起的指令性人为故障事件。而且当故障树建成后,对没有参与系统设计与试制的管理和维修人员来说,也不难掌握,可作为使用、管理、维修和培训的指导性技术指南,使用灵活、方便。

目前,故障树分析可借助于电子计算机进行辅助建树,有效地提高了复杂系统故障树分析的效率,它既可定性分析,又可定量分析,在工程实际中广泛应用。

故障树分析的缺点主要是对复杂系统建立故障树时工作量大,数据收集困难,并且要求分析人员对所研究的对象必须有透彻的了解,具有比较丰富的设计和运行经验以及较高的知识水平和严密清晰的逻辑思维能力。否则,在建立故障树的过程中易导致错漏和脱节。大型复杂系统的故障树分析占用计算机的内存和机时很多,对于时变系统及非稳态过程需与其它方法密切配合使用。

6.1.2 故障树分析使用的符号

故障树分析中所用的符号主要包括故障事件符号、逻辑门符号以及转移符号。

1. 事件符号

代表故障树事件的符号列于表 6-1(参见 GJB/Z768-98)。

表 6-1　事件符号

序号	名 称		符号	说 明
1	底事件 (Bottom Event)	基本事件 (Basic Event)		不能再分解或无需再深究的底事件叫基本事件,它总是某个逻辑门的输入事件而不是输出事件
2		未探明事件 (Undeveloped Event)		原则上应进一步探明其原因,但暂不必探明其原因的底事件(又称省略事件或不完整事件)
3	结果事件 (Resultant Event)	顶事件 (Top Event)		由其它事件或事件组合所导致的事件叫结果事件。若该事件是 FTA 最关心的最后结果事件,且位于故障树顶端的最终事件,叫顶事件;位于底事件和顶事件之间的叫中间事件
4		中间事件 (Intermediate Event)		
5	特殊事件 (Special Event)	开关事件 (Switch Event)		已经发生或者必将要发生的特殊事件
6		条件事件 (Conditional Event)		在故障树分析中需用特殊符号说明其特殊性或需要引起注意的事件

2. 逻辑门符号

联系事件之间的逻辑门符号列于表 6-2(参见 GJB/Z768-98)。

表 6-2　逻辑门符号

序号	名 称		符 号	说 明
1	基本门	与门 (AND Gate)		仅当所有输入事件都发生时,输出事件才发生。与门表示了输入与输出之间的一种因果关系。
2		或门 (OR Gate)		至少一个输入事件发生时,输出事件才发生。或门并不传递输入与输出的因果关系。输入故障不是输出故障的确切原因,只表示输入故障来源的信息
3		非门 (NOT Gate)		输出事件是输入事件的逆事件

序号		名　称	符　号	说　明
4	修正门	顺序与门 (Sequential AND Gate)	（顺序条件）	仅当输入事件按规定的顺序依次发生时,输出事件才发生
5		持续时间与门	（时间条件）	仅当输入事件发生并持续一定时间时,才导致输出事件发生
6		表决门 (Voting Rate)	r/n	仅当 n 个输入事件中有 r 个或 r 个以上的事件发生时,输出事件才发生($1 \leqslant r \leqslant n$)
7		异或门 (Exclusive–OR Gate)	不同时发生	在或门诸输入事件中,仅当单个事件发生时,输出事件才发生
8	特殊门	禁门 (Inhibit Gate)	（禁门打开条件）	仅当条件事件发生时,单个输入事件的发生才导致输出事件的发生

3. 转移符号

转移符号(表6-3)(参见 GJB/Z768-98)是为了减轻建立故障树的工作量,避免在故障树中出现重复,使图形简明而设置的,它主要用以指明子树的位置。

表6-3　转移符号

序号		名　称	符　号	说　明
1	相同转移符 (Identical Transfer Symbol)	转向符号	（子树代号字母数字）	表示"下面转到以字母数字为代号所指的子树去"
2		转此符号	（子树代号字母数字）	表示"由具有相同字母数字的符号处转到这里来"
3	相似转移符号 (Similar Transfer Symbol)	相似转向	（相似的子树代号）	表示"下面转到以字母数字为代号所指的相似子树去"
4		相似转此	（相似的子树代号）	表示"由具有相同字母数字的符号为相似子树处转到这里来"

6.2 建立故障树

6.2.1 建立故障树步骤

1. 确定故障树的顶事件

顶事件应是针对所研究对象的系统级故障事件,是在各种可能的系统故障中筛选出来的最危险的事件。对于复杂的系统,顶事件不是唯一的,分析的目标、任务不同,应选择不同的顶事件,但顶事件要求满足:

(1) 顶事件必须是机械的关键问题,它的发生与否必须有明确的定义;

(2) 顶事件必须是能进一步分解的,即可以找出使顶事件发生的次级事件;

(3) 顶事件必须能够度量。

2. 确定故障树的边界条件

根据选定的顶事件,合理地确定建立故障树的边界条件,以确定故障树的建立范围。故障树的边界条件应包括:

(1) 初始状态。当系统中的部件有数种工作状态时,应指明与顶事件发生有关的部件的工作状态。

(2) 不容许事件。指在建立故障树的过程中认为不容许发生的事件。

(3) 必然事件。指系统工作时在一定条件下必然发生的事件和必然不发生的事件。

现以图6-2所示的简单电气系统为例,说明顶事件和边界条件的关系。

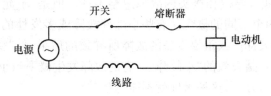

图6-2 简单电气系统

该电气系统的故障状态有两种可能:① 电动机不转动;② 电动机虽转动,但温升过高,不能按要求长时间工作。对应于这两种故障状态的顶事件和边界条件列于表6-4。

表6-4 简单电气系统的顶事件和边界条件

顶 事 件	电动机不转	电动机过热
初始状态 不容许事件	开关闭合 由于外来因素系统失效 (不包括人为因素)	开关闭合 由于外来因素使系统失效
必然事件	无	开关闭合

3. 分析顶事件发生的原因

故障树用演绎分析的方法,围绕着一个顶事件,根据因果关系一层一层深入,直到底事件。顶事件发生的原因需从3个方面来考虑。

（1）系统在设计、制造和运行中的问题。如设计或制造中的质量问题，运行时间的长短等。

（2）外部环境对系统故障的影响。如发动机起动性能与季节的关系等。

（3）人为失误造成顶事件发生的可能性。如操作者的技术水平和熟练程度等。

因此，故障树分析必须由技术人员、设计人员和操作人员等密切合作，透彻地了解系统，才能分析和推出所有造成顶事件发生的各种次级事件。对每一个次级事件再进行类似的分解，直到不能再分解的基本事件（底事件）为止。

4．逐层展开建立故障树

从顶事件开始，逐级向下演绎分解展开，直至底事件，建立所研究的系统故障和导致该系统故障诸因素之间的逻辑关系，并将这种关系用故障树的图形符号（表6-1、表6-2、表6-3）表示，构成以顶事件为根，以若干中间事件和底事件为干枝和分枝的倒树图形。顶事件、底事件与次级事件之间的逻辑关系主要有：

（1）如果当所有次级事件都发生时，顶事件才发生，用"与门"连接；

（2）如果有一个次级事件发生，顶事件就发生，用"或门"连接；

（3）如果次级事件发生而顶事件不发生，则用"非门"连接。

建立故障树时不允许门-门直接相连，门的输出必须用一个结果事件清楚定义，不允许门的输出不经结果事件符号便直接和另一个门连接。

在建立故障树时要明确系统和部件的工作状态是正常状态还是故障状态。如果是故障状态，就应弄清是什么故障状态、发生某个特定故障事件的条件是什么。在确定边界条件时，一般允许把小概率事件当作不容许事件，在建立故障树时可不予考虑。例如，在图6-2所示的例子中，就对导线和接头的故障忽略不计。但是，不允许忽略小部件的故障或小故障事件，这是两个不同的概念。有些小部件故障或多发性的小故障事件所造成的危害可能远大于一些大部件或重要设备的故障所导致的后果，如"挑战者"号航天飞机的爆炸就只源于一个密封圈失效的"小故障"。有的故障发生概率虽小，可是一旦发生，则后果严重，因此，为了以防万一，这种事件就不能忽略。

5．故障树的化简

为了进行故障树的定性和定量分析，需对初始绘出的故障树进行化简，去掉多余的逻辑事件，使顶事件与底事件之间呈简单的逻辑关系；对于不是"与门"、"或门"的逻辑门，按逻辑门等效变换规则变成等效的"与门"、"或门"。常用化简的方法有"修剪"法、模块法、卡诺作图法和计算机辅助化简法等。对于一般的故障树，可利用逻辑函数构造故障树的结构函数，然后再应用逻辑代数运算规则来简化故障树，获得其等效的故障树。

6．对故障树结构作定性分析

故障树的定性分析就是寻找系统故障的割集和最小割集。系统故障是系统中全部最小割集的完整集合。系统的最小割集不仅对防止系统潜在事故发生起着决定作用，而且为彻底修复故障机械提供了科学线索。

7．对故障树结构作定量分析

当有了各零、部件的故障概率数据后，就可以根据故障树的逻辑图，对系统故障作定量分析。定量分析可以得到系统故障发生的概率、最不可靠割集和结构的重要度等，根据它们就可判别系统的可靠性、安全性及系统的最薄弱环节。

6.2.2 建立故障树实例

建立故障树是在仔细地分析系统顶事件发生原因的基础上进行的。下面分别以轴承故障、内燃机不能发动和电动机过热等为顶事件,建立它们的故障树。

实例1:内燃机不能发动的故障树

图6-3所示是内燃机不能发动的故障树。内燃机不能发动的故障首先取决于3个次级事件——"一级"次级事件:燃烧室缺油、活塞不能压缩和火花塞不点火。这3个次级事件只要有一个发生,顶事件都成立,用"或门"连接。这3个一级次级事件又可进一步分解为3个"二级"次级事件,其中,缺油和不点火的二级次级事件不能进一步分解而作为底事件;活塞不能压缩可以进一步分解,直至分到不能再分解的底事件为止。

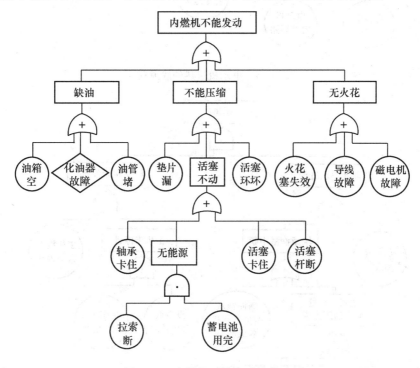

图6-3 内燃机不能发动的故障树

实例2:电动机过热故障

电动机过热故障(图6-4)由3个"一级"次级事件组成:电动机电流过大、电机润滑不良或散热不好、负荷过大或工作时间过长。这3个次级事件只要有一个发生,顶事件就发生,用"或门"连接。其中,只有次级事件——电动机电流过大可以进一步分解,其它两个次级事件既是一级次级事件,又是底事件。

实例3:轴承故障的故障树

轴承故障的故障树(图6-5)可分解为两个"一级"次级事件:轴承材料温升和主机未停机。这两个次级事件要同时发生,顶事件才发生,用"与门"连接。每个一级次级事件又可进一步分解为"二级"次级事件,……,直至分到底事件为止。

实例4:电动机不转故障的故障树

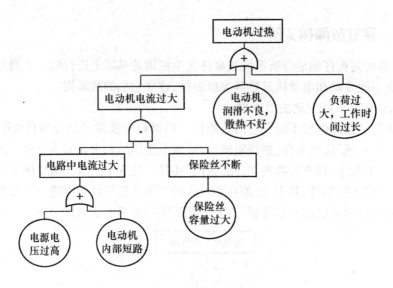

图 6-4 电动机过热的故障树

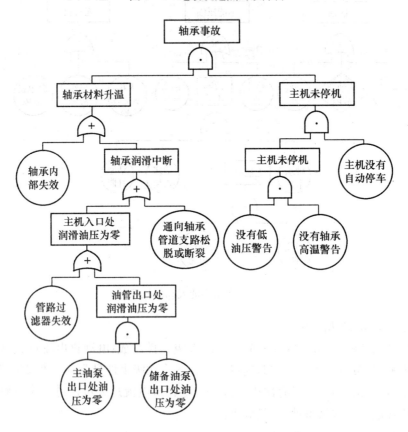

图 6-5 轴承故障的故障树

电动机不转故障(图 6-6)可以由两个"一级"事件——线路上无电流和电动机故障引起。两个事件只要有一个发生,顶事件就发生,用"或门"连接。其中,电动机故障没有进一步细分,是未探明事件,作为底事件;而线路上无电流进行了进一步的细分。

138

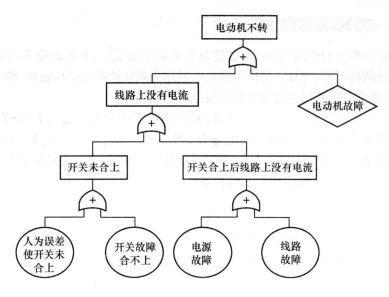

图 6-6 电动机不转为顶事件的故障树

实例 5:遥控发动机不点火故障的故障树

遥控发动机是装在卫星本体内的大型发动机,遥控发动机不点火事件(图 6-7)的发生或者是由于发动机故障以及卫星本体上发生了与之有关的故障,或者是未接到点火指令两大原因,这两者是"一级"事件,用"或门"与顶事件连接。对"一级"事件进行进一步划分可找出"二级"事件,直至底事件。

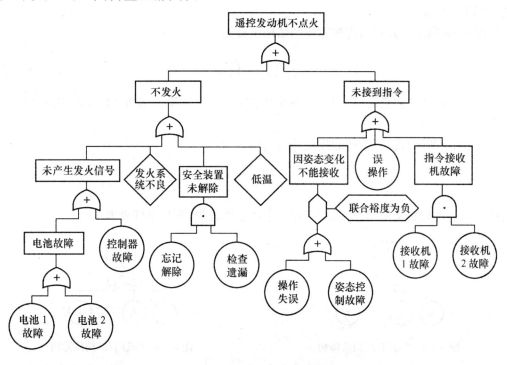

图 6-7 遥控发动机故障树

139

6.2.3 故障树的结构函数

故障树是由系统的全部底事件通过逻辑关系联系而成,且系统的全部底事件又只有失效和不失效两种可能。因此,可以用逻辑函数作为系统故障的结构函数,给出故障树的数学表达式,作为对故障树进行定性和定量分析的基础。

考虑由 n 个不同的独立底事件构成的故障树,系统故障为故障树的顶事件,记作"T";系统各零部件的失效为故障树的底事件,用 x_1、x_2、$\cdots$、x_n 表示底事件的状态;用英文字母表示联系系统顶事件和底事件之间的各中间事件的状态。故障树顶事件的状态完全由底事件的状态 $x_i(i=1,2,\cdots,n)$ 所决定:

$$\varphi(x) = \varphi(x_1,x_2,\cdots,x_n) \qquad (6-1)$$

称逻辑函数 $\varphi(x)$ 为故障树的结构函数。

对于顶事件和底事件,都仅考虑两种状态:失效和不失效。
则底事件的状态:

$$x_i = \begin{cases} 1, & \text{当第 } i \text{ 个事件发生时} \\ 0, & \text{当第 } i \text{ 个事件不发生时} \end{cases} \qquad (i=1,2,\cdots,n)$$

顶事件的状态:

$$\varphi(x) = \begin{cases} 1, & \text{当第 } i \text{ 个事件发生时} \\ 0, & \text{当第 } i \text{ 个事件不发生时} \end{cases}$$

它们都是布尔函数。

图 6-8 所示"与门"结构故障树的结构函数为:

$$\varphi(x) = \prod_{i=1}^{n} x_i \qquad (6-2)$$

式(6-2)的工程意义是:当全部底事件都发生(即全部 x_i 都取值 1 时),则顶事件才发生(即 $\varphi(x)=1$)。

图 6-9 所示"或门"结构故障树的结构函数为:

$$\varphi(x) = \sum_{i=1}^{n} x_i \qquad (6-3)$$

式(6-3)的工程意义是:只要系统中任一个底事件发生,则顶事件就发生。

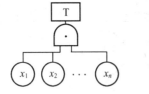

图 6-8 "与门"结构故障树

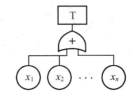

图 6-9 "或门"结构故障树

对于一般的故障树,可先写出其结构函数,然后利用逻辑代数运算规则和逻辑门等效变换规则获得对应的简化故障树,下面举几个例子说明之。

1．内燃机不能启动故障的故障树结构函数

内燃机不能启动故障的故障树(图 6－3)用符号表示为图 6－10,它的结构函数为:

$$\varphi(x) = G_1 + G_2 + G_3 =$$
$$(x_1 + x_2 + x_3) + (x_4 + G_4 + x_5) + (x_6 + x_7 + x_8) =$$
$$(x_1 + x_2 + x_3) + [x_4 + (x_9 + G_5 + x_{10} + x_{11}) + x_5] + (x_6 + x_7 + x_8) =$$
$$(x_1 + x_2 + x_3) + \{x_4 + [x_9 + (x_{12} + x_{13}) + x_{10} + x_{11}] + x_5\} + (x_6 + x_7 + x_8) =$$
$$x_1 + x_2 + \cdots + x_{11} + x_{12} \cdot x_{13}$$

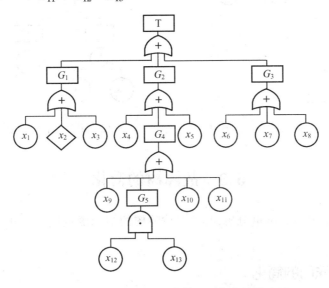

图 6－10　用符号表示的内燃机不能启动故障树

2．轴承故障的故障树结构函数

图 6－4 所示的轴承故障的故障树可用符号表示为图 6－11,它的结构函数为:

$$\varphi(x) = G_1 \cdot G_1 =$$
$$(x_1 + G_3) \cdot (G_4 . x_2) =$$
$$[x_1 + [G_5 + x_3]] \cdot [(x_4 \cdot x_5) \cdot x_2] =$$
$$\{x_1 + [(x_6 + G_6) + x_3)]\} \cdot (x_4 \cdot x_5 . x_2) =$$
$$[x_1 + x_6 + (x_7 \cdot x_8) + x_3] \cdot (x_4 \cdot x_5 \cdot x_2) =$$
$$(x_1 + x_3 + x_6 + x_7 \cdot x_8) x_2 x_4 x_5$$

3．电动机过热的故障树表达式

图 6－5 所示电动机过热的故障树用符号表示如图 6－12,它的结构函数为:

$$\varphi(x) = G_1 + x_1 + x_2 =$$
$$(G_2 . G_3) + x_1 + x_2 =$$
$$[(x_3 + x_4) x_5] + x_1 + x_2$$

141

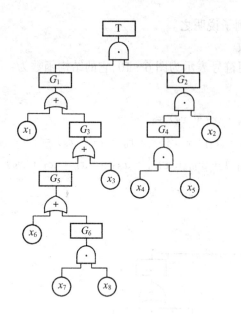

图 6-11　用符号表示的轴承故障树

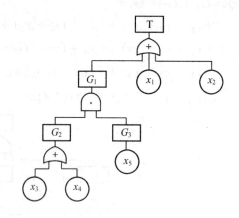

图 6-12　用符号表示的电动机过热故障树

6.3　故障树的简化

为了进行定性分析和定量分析,必须对故障树的结构函数进行简化以减少分析的工作量。

6.3.1　特殊门的简化

1. 顺序与门变换为与门

顺序与门(图 6-13(a))变换为与门(图 6-13(b)),输出和其余输入不变,顺序条件事件作为一个新的输入事件。

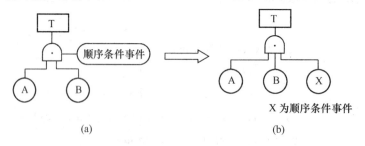

图 6-13　顺序与门变换为与门

2. 禁门转换为与门

禁门(图 6-14(a))变换为与门(图 6-14(b)),原输出事件 T 不变,与门之下有两个输入,一个为原输入事件 A,另一个 X 为禁门打开条件事件。

3. 表决门变换为或门和与门的组合

一个 r/n 表决门有以下两种或门和与门的组合等效变换:

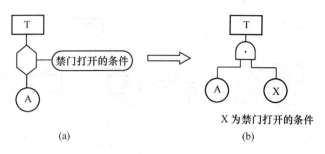

X 为禁门打开的条件

(a)　　　　　　　　　(b)

图 6-14　禁门变换为与门

（1）表决门（图 6-15(a)）转换时,原输出事件下接一个或门,或门之下有 $n+r$ 个输入事件（中间事件）,每个输入事件之下再接一个与门,每个与门之下是 C_n^r 个原输入事件（底事件）（图 6-15(b)）。

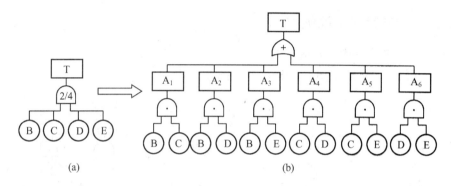

(a)　　　　　　　　　(b)

图 6-15　2/4 表决门变换为或门和与门的组合

（2）原输出事件下接一个与门,与门之下有 n 个输入事件（中间事件）,每个输入事件之下再接一个或门,每个或门之下有 C_n^{n-r+1} 个原输入事件（底事件）（图 6-16(b)）。

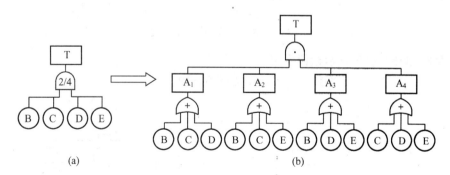

(a)　　　　　　　　　(b)

图 6-16　2/4 表决门变换为或门和与门的组合

4. 异或门转换为或门、与门和非门组合

异或门（图 6-17(a)）转换时,原输出事件不变,异或门变为或门,或门下接两个与门,每个与门之下分别接一个原输入事件和一个非门,非门之下接一个原输入事件（图 6-17(b)）。

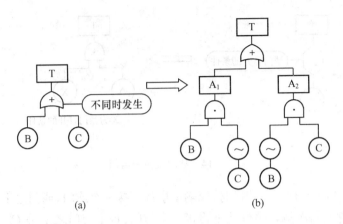

(a)　　　　　　　　　　　(b)

图 6-17　异或门变换为或门、与门和非门的组合

6.3.2　用转移符号简化

1．用相同转移符号表示相同子树

使用相同转移符号可将图 6-18(a)变为图 6-18(b)。

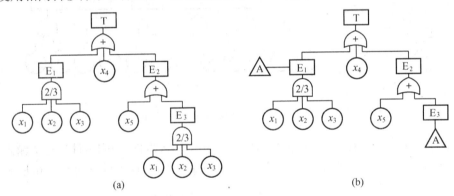

(a)　　　　　　　　　　　(b)

图 6-18　使用相同转移符号简化事例

2．用相似转移符号表示相似子树

使用相似转移符号可将图 6-19(a)变为图 6-19(b)。

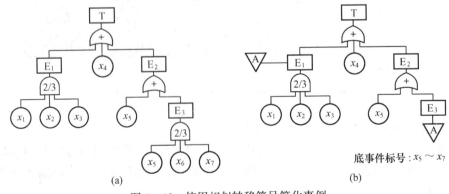

(a)　　　　　　　　　　　(b)

图 6-19　使用相似转移符号简化事例

144

6.3.3　按布尔代数的运算法则简化

结构函数的简化也可利用布尔代数的运算法则进行,下面通过举例来说明简化的方法。

1. 按结合律简化

(1) $(A+B)+C=A+B+C$。图 6-20(a)可简化为图 6-20(b)。

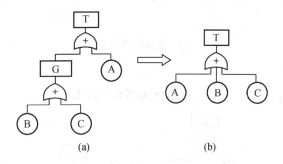

图 6-20　按结合律简化之一

(2) $(AB)C=ABC$。图 6-21(a)可简化为图 6-21(b)。

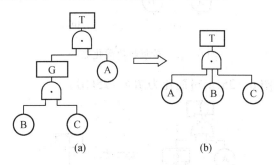

图 6-21　按结合律简化之二

2. 按分配律简化

(1) $AB+AC=A(B+C)$。图 6-22(a)可简化为图 6-22(b)。

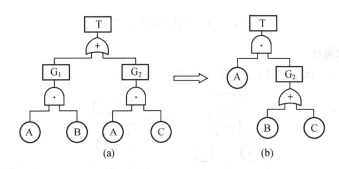

图 6-22　按分配律简化之一

(2) $(A+B)(A+C)=A+BC$。图 6-23(a)可简化为图 6-23(b)。

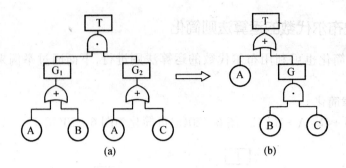

图 6-23 按分配律简化之二

3. 按吸收律简化

(1) $A(A+B)=A$。图 6-24(a)可简化为图 6-24(b)。

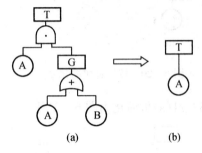

图 6-24 按吸收律简化之一

(2) $A+AB=A$。图 6-25(a)可简化为图 6-25(b)。

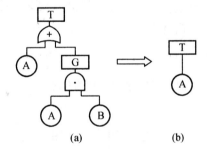

图 6-25 按吸收律简化之二

4. 按等幂律简化

(1) $A+A=A$。图 6-26(a)可简化为图 6-26(b)。

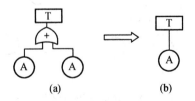

图 6-26 按等幂律简化之一

(2) AA＝A。图6－27(a)可简化为图6－27(b)。

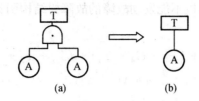

图6－27　按等幂律简化之二

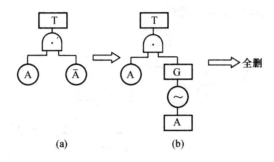

图6－28　按互补律简化

5. 按互补律简化

$$A\overline{A} = \varphi$$

式中　φ——空集。

图6－28中事件T是不可能发生的事件,因此可以全部删去。

6.3.4　应用举例

例1:简化图6－29(a)所示的故障树

图6－29(a)的结构函数可表示为:

$$\begin{aligned}\varphi(x) &= x_1 \cdot G \cdot x_2 = \\ & x_1(x_1 + x_3)x_2 = \\ & x_1 x_2 + x_1 x_2 x_3 = \\ & x_1 x_2(1 + x_3) = x_1 x_2\end{aligned}$$

因此,图6－29(a)所示的故障树可简化为图6－29(b)。

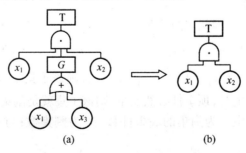

图6－29　故障树简化的例子之一

例 2：内燃机故障的简化故障树

由图 6-10 得到的内燃机不能发动故障的故障树结构函数为：

$$\varphi(x) = G_1 + G_2 + G_3 =$$
$$(x_1 + x_2 + x_3) + (x_4 + G_4 + x_5) + (x_6 + x_7 + x_8) =$$
$$x_1 + x_2 + x_3 + x_4 + (x_9 + G_5 + x_{10} + x_{11}) + x_5 + x_6 + x_7 + x_8 =$$
$$x_1 + x_2 + x_3 + x_4 + x_9 + (x_{12}.x_{13}) + x_{10} + x_{11} + x_5 + x_6 + x_7 + x_8 =$$
$$x_1 + x_2 + x_3 + x_4 + x_5 + x_6 + x_7 + x_8 + x_9 + x_{10} + x_{11} + x_{12} \cdot x_{13}$$

它可简化为图 6-30 所示的故障树。

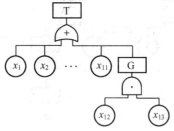

图 6-30　内燃机故障的简化故障树

6.4　故障树的定性分析

对故障树进行定性分析的主要目的是为了找出导致顶事件发生的所有可能的故障模式，即弄清机械系统（或设备）出现某种最不希望的故障事件有多少种可能性。

6.4.1　基本概念

设故障树全部底事件的集合为：

$$E = \{e_1, e_2, \cdots, e_n\}$$

所对应的状态向量 X 为：

$$X = \{x_1, x_2, \cdots, x_n\}$$

对于 n 个独立底事件的故障树，其状态向量数为 2^n。

1. 割集和最小割集

如有一子集 S_j 所对应的状态向量为：

$$X_j = \{x_{j1}, x_{j2}, \cdots, x_{j_l}\} \qquad j = 1, 2, \cdots, K$$

当满足条件 $x_{j1} = x_{j2} = \cdots = x_{j_l} = 1$ 时，使 $\varphi(x) = 1$，则该子集 S_j 就是割集。即当某子集所含的全部底事件均发生时，顶事件必然发生，则该子集就是割集。割集代表了系统发生故障的一种可能性。式中 l 为割集的底事件数，K 为割集数；与该割集所对应的状态向量 X_j 称为割向量。

如果将割集所含的底事件任意去掉一个即不能成为割集的割集称为最小割集。最小割集是导致故障树顶事件发生的数目最少而又最必要的底事件的割集。对于机械系统来

148

说,每个最小割集就是可能导致机械系统故障发生的最直接的原因之一,而对于给定的机械系统的全部故障可由全部最小割集的完整集合来表示。与最小割集包含的底事件相对应的状态向量称为最小割集向量。因此,一棵故障树的全部最小割集的完整集合代表了顶事件发生的所有可能性,给出了系统故障模式的完整描述,据此可找出系统中最薄弱的环节或必须要修理的部件。

例如,对于图6-29(a)所示的故障树,其割集为$\{x_1,x_2\}$和$\{x_1,x_2,x_3\}$,而最小割集为$\{x_1,x_2\}$,因为对于割集$\{x_1,x_2,x_3\}$,去掉x_3仍可组成割集$\{x_1,x_2\}$,所以$\{x_1,x_2,x_3\}$不是最小割集,其结构函数:

$$
\begin{aligned}
\varphi(x) &= x_1x_2 + x_1x_2x_3 = \\
&\quad x_1x_2(1 + x_3) = \\
&\quad x_1x_2
\end{aligned}
\tag{6-4}
$$

是全部最小割集的(这里只有一个最小割集$\{x_1,x_2\}$)的完整集合。它的实际意义是:机械系统故障与否仅与零件x_1、x_2是否发生故障有关,而零件x_3的故障对系统故障不影响。

对于一个复杂的系统,怎样防止顶事件发生是很复杂的事,甚至使我们感到头绪很多,无从下手,但最小割集却为人们提高系统的可靠性和安全性提供了科学的线索。

从直观上看,最小割集是导致顶事件发生的"最少"的底事件的组合。因此,理论上如果能做到使每个最小割集中至少有一个底事件"恒"不发生,则顶事件就不发生。所以,找出复杂系统的最小割集对于消除潜在事故颇有意义。

在复杂机械系统中,导致系统故障的原因常常不是以"单个零件"故障,而是以零件"故障群"形式出现,而最小割集代表导致系统故障的"最少故障零件群"。记住这一点,我们就会在处理复杂系统的工程实践中处于主动地位。以维修为例,在发现和修复了某个故障零件后,应当继续追查同一最小割集中的其它零件,直至全部修复,系统的可靠性才能恢复。

故障树分析中,如果数据不足,可只进行定性比较:根据每个最小割集数目(割集阶数)排序,在各个底事件发生概率比较小、其差别相对不大的条件下,阶数越小的最小割集越重要;在低阶最小割集中出现的底事件比高阶最小割集中的底事件重要;在考虑最小割集阶数的条件下,在不同最小割集中重复出现次数越多的底事件越重要。定性比较结果可用于指导机械故障诊断、确定机械维修次序,或者指示改进系统的方向。

2. 路集与最小路集

如有一子集P_i所对应的状态向量为:

$$
X_i = \{x_{i1},x_{i2},\cdots,x_{il}\} \subset X \quad (i = 1,2,\cdots,M) \tag{6-5}
$$

当满足条件$x_{i1} = x_{i2} = \cdots = x_{il} = 0$时,使$\varphi(x) = 0$,则该子集就是路集$P_i$。式中$l$为路集的底事件数,$M$为路集数;与该路集所对应的状态向量$X_i$称为路向量。

最小路集是导致故障树顶事件不发生且数目最少、而又最必要的底事件的路集。与最小路集包含的底事件相对应的状态向量称为最小路向量。因此,一棵故障树的全部最小路集的完整集合代表了顶事件不发生的可能性,给出了系统成功模式的完整描述。据此,可进行系统可靠性及其特征量的分析。

6.4.2 算法

1. 最小割集算法

求最小割集的方法,对于简单的故障树,只需将故障树的结构函数展开,使之成为具有最少项数的积之和表达式,每一项乘积就是一个最小割集(式(6-4))。但是,对于复杂系统的故障树,与顶事件发生有关的底事件数可能有几十个以上。要从这样为数众多的底事件中,先找到割集,再从中剔除一般割集求出最小割集,往往工作量很大,又容易出错。下面介绍几种常用的计算机算法。

1) 上行法

1972年Semanders首先提出求解故障树最小割集的ELRAFT(故障树有效的逻辑简化分析)计算机程序,其原理是:对给定的故障树,从最下级底事件开始,若底事件用与门同中间事件相连,则用公式(6-2)来计算;若底事件用或门同中间事件相连,则用公式(6-3)来计算。然后,顺次向上,直至顶事件,运算才终止。按上行原理列出故障树结构函数,并应用逻辑代数运算规则加以化简,便得到最小割集。ELRAFT程序的缺点是计算机中利用素数的乘积可能会很快地超出计算机所能表示的数字范围而造成"溢出",故底事件一般不宜过多。

例1: 求图6-31(a)所示的故障树的最小割集

其结构函数:

$$G_1 = x_1 \cdot x_2$$
$$G_2 = x_1 + x_3$$
$$\varphi(x) = G_1 \cdot G_2 =$$
$$(x_1 \cdot x_2) \cdot (x_1 + x_3) =$$
$$x_1 \cdot x_2 \cdot (x_1 + x_1 \cdot x_2 \cdot x_3) =$$
$$x_1 \cdot x_2$$

因此,得系统的最小割集为$\{x_1, x_2\}$,图6-31(a)可简化为图6-31(b)。

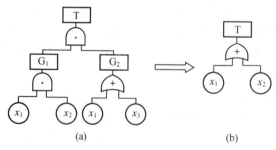

(a)　　　　　　　　　　　　(b)

图6-31　故障树简化的例子之二

例2: 求图6-32所示的故障树的最小割集

其结构函数:

$$G_1 = x_1 + x_2 + x_3$$
$$G_2 = x_1 + x_4$$

150

$$G_3 = x_3 + x_5$$

$$\varphi(x) = G_1 \cdot G_2 \cdot G_3 =$$
$$(x_1 + x_2 + x_3) \cdot (x_1 + x_4) \cdot (x_3 + x_5) =$$
$$(x_1 \cdot x_1 + x_2 \cdot x_1 + x_3 \cdot x_1 + x_1 \cdot x_4 + x_2 \cdot x_4 + x_3 \cdot x_4) \cdot (x_3 + x_5) =$$
$$(x_1 + x_2 \cdot x_4 + x_3 \cdot x_4) \cdot (x_3 + x_5) =$$
$$x_1 \cdot x_3 + x_2 \cdot x_4 \cdot x_3 + x_3 \cdot x_4 \cdot x_3 + x_1 \cdot x_5 + x_2 \cdot x_4 \cdot x_5 + x_3 \cdot x_4 \cdot x_5 =$$
$$x_1 \cdot x_3 + x_1 \cdot x_5 + x_3 \cdot x_4 + x_2 \cdot x_4 \cdot x_5$$

因此,得系统的最小割集为:$\{x_1,x_3\}$、$\{x_1,x_5\}$、$\{x_3,x_4\}$和$\{x_2,x_4,x_5\}$。

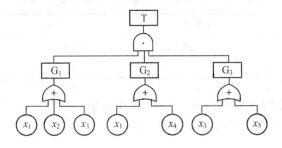

图 6-32　故障树简化的例子之三

例 3:求轴承故障的故障树的最小割集

由轴承故障的故障树(图 6-11)得其结构函数:

$$G_6 = x_7 \cdot x_8$$
$$G_5 = x_6 + G_6$$
$$G_3 = G_5 + x_3$$
$$G_4 = x_4 \cdot x_5$$
$$G_2 = G_4 \cdot x_2$$
$$G_1 = x_1 + G_3$$
$$\varphi(x) = G_1 \cdot G_2 =$$
$$(x_1 + G_3) \cdot (G_4 \cdot x_2) =$$
$$[x_1 + (G_5 + x_3)] \cdot [(x_4 \cdot x_5) \cdot x_2] =$$
$$\{x_1 + [(x_6 + G_6) + x_3)]\} \cdot (x_4 \cdot x_5 \cdot x_2) =$$
$$[x_1 + x_6 + (x_7 \cdot x_8) + x_3] \cdot (x_4 \cdot x_5 \cdot x_2) =$$
$$(x_1 + x_3 + x_6 + x_7 \cdot x_8)x_2 \cdot x_4 \cdot x_5 =$$
$$x_1 \cdot x_2 \cdot x_4 \cdot x_5 + x_3 \cdot x_2 \cdot x_4 \cdot x_5 + x_6 \cdot x_2 \cdot x_4 \cdot x_5 + x_7 \cdot x_8 \cdot x_2 \cdot x_4 \cdot x_5$$

得系统的最小割集为:$\{x_1,x_2,x_4,x_5\}$、$\{x_2,x_3,x_4,x_5\}$、$\{x_2,x_4,x_5,x_6\}$和$\{x_2,x_4,x_5,x_7,x_8\}$。

2) 下行法

1972 年 Fussel 根据 Vesely 编制的计算机程序 MOCUS (获得割集的方法) 提出了一种手工算法。它是根据故障树中的逻辑或门会增加割集的数目,逻辑与门会增大割集容量的道理，从故障树的顶事件开始，由上到下，顺次把上一级事件置换为下一级事件；遇到与门将输入事件横向并列写出，遇到或门将输入事件竖向串列写出，直到完全变成由底事件（含省略事件）的集合所组成的一列，它的每一集合代表一个割集，整个列代表了故障树的全部割集。若得到的割集不是最小的，需再利用逻辑代数运算规则求得最小割集。

例 4:求图 6-31(a)所示的故障树的最小割集

下行法求解最小割集的过程如表 6-5,在步骤 3 中,$\{x_1,x_2,x_1\}$ 和 $\{x_1,x_2,x_3\}$ 的最小割集是 $\{x_1,x_2\}$。

表 6-5　求解图 6-26(a)最小割集的步骤

步骤 1	步骤 2	步骤 3	步骤 4
G_1,G_2	x_1,x_2,G_2	x_1,x_2,x_1 x_1,x_2,x_3	x_1,x_2

例 5:求轴承故障的故障树(图 6-11)的最小割集

用富塞尔求解最小割集的步骤如表 6-6。

表 6-6　求图 6-11 最小割集的步骤

步骤 1	步骤 2	步骤 3	步骤 4	步骤 5	步骤 6	步骤 7
G_1,G_2	x_1,G_2 G_3,G_2	x_1,G_4,x_2 G_3,G_4,x_2	$x_1,(x_4,x_5),x_2$ $G_3,(x_4,x_5),x_2$	x_1,x_4,x_5,x_2 G_5,x_4,x_5,x_2 x_3,x_4,x_5,x_2	x_1,x_4,x_5,x_2 x_6,x_4,x_5,x_2 G_6,x_4,x_5,x_2 x_3,x_4,x_5,x_2	x_1,x_4,x_5,x_2 x_6,x_4,x_5,x_2 x_7,x_8,x_4,x_5,x_2 x_3,x_4,x_5,x_2

从而得最小割集为:$\{x_1,x_2,x_4,x_5\}$、$\{x_2,x_3,x_4,x_5\}$、$\{x_2,x_4,x_5,x_6\}$ 和 $\{x_2,x_4,x_5,x_7,x_8\}$。

从上面例子分析可见,用两种方法最后得到的最小割集是相同的。

2. 最小路集算法

故障树 T 的对偶树 T_D(Dual Fault Tree)表达了故障树 T 中的全部事件(包括顶事件)都不发生时这些事件的逻辑关系。因此,它实际上是系统的成功树(功能树)。对偶树的画法是把故障树中的每一事件都变成其对立事件,并且将全部或门换成与门,全部与门换成或门,这样便构成 T 的对偶树 T_D。

对偶树与故障树的关系为:

(1) T_D 的全部最小割集就是 T 的全部最小路集,而且是一一对应的;反之亦然。

(2) T_D 的结构函数 $\varphi_D(X)$ 与 T 的结构函数 $\varphi(X)$ 满足下列关系:

$$\varphi_D(\overline{X}) = 1 - \varphi(1 - \overline{X})$$
$$\varphi(X) = 1 - \varphi_D(1 - X) \tag{6-6}$$

式中,$\overline{X} = 1 - X = \{1-x_1, 1-x_2, \cdots, 1-x_n\} = \{\overline{x}_1, \overline{x}_2, \cdots, \overline{x}_n\}$。

利用上述的对偶性,只要首先构造故障树的对偶树,然后利用前面所介绍的最小割集算法求出对偶树的最小割集,这就是原故障树的最小路集。

6.5 故障树的定量分析

对故障树进行定量分析的主要目的是求顶事件发生的特征量(如可靠度、重要度、故障率、累积故障概率等)和底事件的重要度。

在计算顶事件发生概率时,必须已知各底事件发生的概率,并且需先将故障树进行化简,使其结构函数用最小割集(或最小路集)来表达,然后才能进行计算。

故障树顶事件发生的概率是各底事件发生概率的函数:

$$P(T) = Q = Q(q_1, q_2, \cdots, q_n)$$

6.5.1 顶事件发生概率的求取

1. 概率的基本运算公式

设事件 A_1、A_2、$\cdots$、A_n 发生的概率为 $P(A_1)$、$P(A_2)$、$\cdots$、$P(A_n)$,则这些事件的和与积的概率可按下式计算。

1) n 个相容事件

积的概率:

$$P(A_1 A_2 \cdots A_n) = P(A_1)P(A_2/A_1)P(A_3/A_1 A_2)\cdots \tag{6-7}$$

和的概率:

$$P(A_1 + A_2 + \cdots + A_n) = \sum_{i=1}^{n} P(A_i) - \sum_{1 \leqslant i \leqslant j \leqslant n} P(A_i A_j) +$$

$$\sum_{1 \leqslant i \leqslant j \leqslant k \leqslant n} P(A_i A_j A_k) \cdots + (-1)^{n-1} P(A_1 A_2 \cdots A_n) =$$

$$\sum_{i=1}^{n} (-1)^{i-1} \sum_{1 \leqslant j_1 \leqslant \cdots \leqslant j_i \leqslant n} P(A_{j1} A_{j2} + \cdots A_{jn}) \tag{6-8}$$

2) 独立事件

(1) 独立事件的定义:如果事件 A_2 发生不影响事件 A_1 的概率,即:

$$P(A_1/A_2) = P(A_1)$$

则称事件 A_1 对 A_2 是独立的。

(2) 独立事件的和、积公式:n 个独立事件的

积的概率:

$$P(A_1 A_2 \cdots A_n) = P(A_1)P(A_2)P(A_3)\cdots P(A_n) \tag{6-9}$$

和的概率:

$$P(A_1 + A_2 + \cdots + A_n) = \sum_{i=1}^{n} (-1)^{i-1} \sum_{1 \leqslant j_1 \leqslant \cdots \leqslant j_i \leqslant n} P(A_{j1})P(A_{j2})\cdots P(A_{jn}) =$$

$$1 - [1 - P(A_1)][1 - P(A_2)]\cdots[1 - P(A_n)] \tag{6-10}$$

3) 相斥事件

(1) 相斥事件的定义:若事件 A_1 和 A_2 不能同时发生,即:

$$P(A_1 A_2) = 0$$

则称事件 A_1 对 A_2 是相斥事件,也叫互不相容事件。

(2)相斥事件的和、积公式:n 个相斥事件的

积的概率:

$$P(A_1 A_2 \cdots A_n) = 0 \tag{6-11}$$

和的概率:

$$P(A_1 + A_2 + \cdots + A_n) = P(A_1) + P(A_2) + P(A_3) + \cdots + P(A_n) \tag{6-12}$$

2.顶事件发生概率的求取

如果已求得某机械系统故障树的所有最小割集:S_1、S_2、$\cdots$、S_n,并且已知组成系统的各机械零件的基本故障事件 x_1、x_2、$\cdots$、x_n 发生的概率 q_1、q_2、$\cdots$、q_n,则表征机械系统发生故障的顶事件 T 发生的概率:

$$P(T) = P(S_1 + S_2 + \cdots + S_n) =$$

$$\sum_{i=1}^{n} (-1)^{i-1} \Big[\sum_{1 \leqslant j_1 < \cdots < j_i \leqslant n} P(S_{j1} S_{j2} \cdots S_{jn}) \Big] \tag{6-13}$$

当各底事件发生的概率 $q_i(i=1、2、\cdots、n)$ 在 0.1 数量级时,顶事件发生概率可用近似式:

$$P(T) = \sum_{i=1}^{n} P(S_i) - \sum_{1 \leqslant i \leqslant j \leqslant n} P(S_i S_j) \tag{6-14}$$

当各底事件发生的概率 $q_i(i=1,2,\cdots,n)$ 在 0.01 数量级时,顶事件发生概率可用公式(6-14)中第一项来求取:

$$P(T) = \sum_{i=1}^{n} P(S_i) = P(S_1) + P(S_2) + \cdots + P(S_n)$$

例1:对于图 6-32 所示的故障树,前面已求得的最小割集为:$S_1 = \{x_1, x_3\}$,$S_2 = \{x_1, x_5\}$,$S_3 = \{x_3, x_4\}$,$S_4 = \{x_1, x_4, x_5\}$,若已知各底事件发生的概率为:

$$q_1 = q_2 = q_3 = 1 \times 10^{-3}, q_4 = q_5 = 1 \times 10^{-4}$$

求顶事件发生的概率。

解:各最小割集的概率:

$$P(S_1) = P(x_1 x_3) = q_1 q_3 = 1 \times 10^{-6}$$

$$P(S_2) = P(x_1 x_5) = q_1 q_5 = 1 \times 10^{-7}$$

$$P(S_3) = P(x_3 x_4) = q_3 q_4 = 1 \times 10^{-7}$$

$$P(S_4) = P(x_1 x_4 x_5) = q_1 q_4 q_5 = 1 \times 10^{-11}$$

(1)精确计算:

$$P(T) = P(S_1 + S_2 + S_3 + S_4) =$$

$$[P(S_1) + P(S_2) + P(S_3) + P(S_4)] -$$

$$[P(S_1 S_2) + P(S_1 S_3) + P(S_1 S_4) + P(S_2 S_3) + P(S_2 S_4) + P(S_3 S_4)] +$$

$$[P(S_1 S_2 S_3) + P(S_1 S_2 S_4) + P(S_1 S_3 S_4) + P(S_2 S_3 S_4)] -$$

$$P(S_1 S_2 S_3 S_4) = 1.2001 \times 10^{-6}$$

（2）近似计算：

由于 $P(x_i)(i=1,2,\cdots,5)$ 在 0.01 数量级，因此可用近似公式：

$$P(T) = \sum_{i=1}^{4} P(S_i) = P(S_1) + P(S_2) + \cdots + P(S_4) = 1.2001 \times 10^{-6}$$

近似值与精确值相比，误差极小。

例 2：内燃机不能发动的故障树

对于内燃机不能发动的故障树（图 $6-10$）可得最小割集为：

$$S_1 = \{x_1\}, S_2 = \{x_2\}, \cdots, S_{11} = \{x_{11}\}, S_{12} = \{x_{12}, x_{13}\}$$

并已知各底事件发生的概率为：

$$q_1 = 0.0016, q_2 = q_{12} = 0.03, q_6 = 0.02$$
$$q_3 = q_7 = q_8 = q_9 = q_{10} = q_{11} = 0.01$$
$$q_4 = q_5 = 0.001, q_{13} = 0.04$$

求顶事件的概率。

解：最小割集的概率为：

$$P(S_1) = q_1 = 0.0016, P(S_2) = q_2 = 0.03$$
$$P(S_4) = P(S_5) = 0.001, P(S_6) = 0.02$$
$$P(S_{12}) = P(x_{12}) \times P(x_{13}) = q_{12} \times q_{13} = 0.0012$$
$$P(S_3) = P(S_7) = P(S_8) = P(S_9) = P(S_{10}) = P(S_{11}) = 0.01$$

$q_i(i=1,2,\cdots,13)$ 在 0.01 数量级，用近似式：

$$P(T) = \sum_{i=1}^{12} P(S_i) = 0.1148$$

6.5.2　最不可靠割集及其意义

最小割集的发生概率是各不相同的，其中发生概率最大的最小割集称为最不可靠割集。最不可靠割集反映了系统可靠性、安全性的最薄弱环节。所以从最不可靠割集的底事件入手，力求减小最不可靠割集发生的概率就可有效地改善系统的可靠性和安全性。

例如，对于图 $6-32$ 所举的例子，系统故障树的最不可靠割集为 $S_1 = \{x_1, x_3\}$，其概率 $P(S_1) = 1 \times 10^{-6}$，因此，底事件 x_1 和 x_3 组成的最小割集是系统可靠性、安全性的最薄弱环节，故 x_1 和 x_3 是维修中首先要考虑修理的零件。

再如，内燃机不能发动的故障树的最不可靠割集为 S_2，其概率 $P(S_2) = 0.03$，对照故障树图（图 $6-3$ 和图 $6-10$）可见，化油器发生故障的概率最大，是维修中首先需要修理的零件；火花塞失效次之，其故障发生概率为 $P(S_6) = 0.02$。

故障树的定量分析需要基本事件有较准确的故障概率，为此就需要进行必要的试验和数据积累。

6.5.3 事件重要度

从可靠性、安全性角度看，系统中各部件并不是同等重要的，因此，引入重要度的概念来标明某个部件对顶事件发生的影响大小很必要。重要度是故障树分析中的一个重要概念，对改进系统设计、制定维修策略十分重要。对于不同的对象和要求，可采用不同的重要度。常用的有4种重要度：概率重要度、结构重要度、相对概率重要度、相关割集重要度。这些重要度从不同角度反映了部件对顶事件发生的影响大小。

在工程中，重要度分析一般用于以下几个方面：

(1) 改进系统设计；

(2) 确定系统运行中需监测的部位；

(3) 制定系统故障诊断时核对清单的顺序。

在故障树所有底事件互相独立的条件下，顶事件发生的概率 Q 是底事件发生概率 $q_1, q_2, \cdots, q_n$ 的函数，它就是故障树的故障概率函数（failure probabilistic function）：

$$Q = Q(q_1, q_2, \cdots, q_n) \qquad (6-15)$$

1. 底事件结构重要度

底事件结构重要度从故障树结构的角度反映了各底事件在故障树中的重要程度。第 i 个底事件的结构重要度（structure importance of bottom event）为：

$$I_\varphi(i) = \frac{1}{2^{n-1}} \sum_{x_1, \cdots, x_{i-1}, x_{i+1}, \cdots, x_n} \left[\Phi(x_1, x_2, \cdots, x_{i-1}, 1, x_{i+1}, \cdots, x_n) - \right.$$
$$\left. \Phi(x_1, x_2, \cdots, x_{i-1}, 0, x_{i+1}, \cdots, x_n) \right] \quad (i = 1, 2, \cdots, n) \quad (6-16)$$

式中 $\Phi(\cdot)$——故障树的结构函数；

$\displaystyle\sum_{x_1, \cdots x_{i-1}, x_{i+1}, \cdots, x_n}$——对 $x_1, x_2, \cdots, x_{i-1}, x_{i+1}, \cdots, x_n$ 分别取0或1的所有可能求和。

2. 底事件概率重要度

第 i 个底事件的概率重要度表示第 i 个底事件发生概率的微小变化而导致顶事件发生概率的变化率。在故障树所有底事件互相独立的条件下，第 i 个底事件的概率重要度（probabilistic importance of bottom event）为：

$$I_p(i) = \frac{\partial}{\partial q_i} Q(q_1, q_2, \cdots, q_n) \qquad (i = 1, 2, \cdots, n) \qquad (6-17)$$

3. 底事件的相对概率重要度

第 i 个底事件的相对概率重要度表示第 i 个底事件发生概率微小的相对变化而导致顶事件发生概率的相对变化率。在故障树所有底事件互相独立的条件下，第 i 个底事件的相对概率重要度（relative probabilistic importance of bottom event）为：

$$I_c(i) = \frac{q_i}{Q(q_1, q_2, \cdots, q_n)} \frac{\partial}{\partial q_i} Q(q_1, q_2, \cdots, q_n) \qquad i = 1, 2, \cdots, n \quad (6-18)$$

4. 底事件的相关割集重要度

若 x_1、x_2、$\cdots$、x_n 是故障树的所有底事件，S_1、S_2、$\cdots$、S_r 是由底事件组成的故障树的

所有最小割集,其中包含第 i 个底事件的最小割集为 $S_1^{(i)}$、$S_2^{(i)}$、$\cdots$、$S_{ri}^{(i)}$,记:

$$Q_i = P(\sum_{k=1}^{ri} \prod_{x_i \in S_k^{(i)}} x_j) \qquad (6-19)$$

当故障树所有底事件相互独立的条件下,Q_i 是底事件发生概率 q_1、q_2、$\cdots$、q_n 的函数:

$$Q_i = Q_i(q_1, q_2, \cdots, q_n) \qquad (6-20)$$

第 i 个底事件的相关割集重要度表示:包含第 i 个底事件的所有故障模式中至少有一个发生的概率与顶事件发生的概率之比。第 i 个底事件的相关割集重要度(correlated cutset importance of bottom event)定义为:

$$I_{Rc}(i) = \frac{Q_i(q_1, q_2, \cdots, q_n)}{Q(q_1, q_2, \cdots, q_n)} \qquad (6-21)$$

6.6　故障树分析举例

6.6.1　建立故障树

故障树的建立首先要理解系统和故障树分析方法,思考并分析顶事件如何发生,顶事件发生的直接原因事件有哪些,它们又是如何发生。一直分析到底事件为止,并用有关的故障树符号将分析结果记录而形成故障树。下面通过一输变电系统说明建立故障树的全过程。

图 6－33 所示是一输变电系统,A、B、C 为两级变电站,B、C 均由 A 供电。输电线 1、2 是 A 向 B 的输电线,输电线 3 是 A 向 C 的输电线,输电线 4、5 为站 B、站 C 之间的联络线(也是输电线)。输变电系统断电故障的判据为:

(1) 站 B 停电;

(2) 站 C 停电;

(3) 站 B 和站 C 仅由同一条输电线供电,输电线将过载。

本系统最不希望事件——顶事件为系统停电故障。

本次故障分析的目的是研究输电线路故障的影响。故建树边界条件为:不考虑变电站本身的故障。

建树的第一步是严格定义顶事件(图 6－34)。

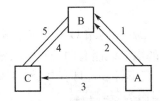

图 6－33　输变电系统图

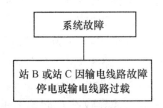

图 6－34　建树第一步

站 B 或站 C 停电或线路过载的直接原因事件是上述的 3 个故障判据事件,这是建树的第二步(图 6－35)。

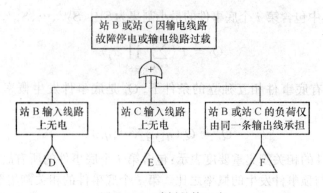

图 6－35　建树的第二步

建树的第三步(图 6－36)是发展图 6－35 左边的子树 D。"站 B 的输入线路上无电"的直接原因事件为来自站 A 及站 C 的输电线路上均无电,逻辑门应为"与门",而该"与门"的输入事件为"由站 A 向站 B 的输电线路上无电"及"来自站 C 的输电线路上无电"。

建树第四步(图 6－37)是将中间结果事件"由站 A 向站 B 的输电线路无电"发展为底事件。由站 A 向站 B 的输电线路有两条:线路 1 和线路 2,逻辑门应为"与门","与门"下的输入事件有 x_1(线路 1 故障断电)及 x_2(线路 2 故障断电)。此外,建树第四步还给中间结果事件"来自站 C 的输电线路无电"下的子树命名为 G。

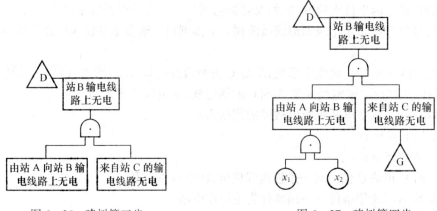

图 6－36　建树第三步　　　　　图 6－37　建树第四步

建树第五步(图 6－38)是发展图 6－37 的右边子树 G。"来自站 C 的输电线路无电"的直接原因事件为:或者"由站 C 向站 B 的输电线路故障",或者"由站 A 向站 C 的输电线路无电",逻辑门为"或门"。

建树第六步(图 6－39)是将子树 G 发展到底事件。站 A 向站 C 的输电线路只有一条(线路 3),"线路 3 无电"为底事件 x_3;由站 C 向站 B 的输电线路有两条——线路 4 和线路 5,线路 4 故障断电为底事件 x_4,线路 5 故障断电为底事件 x_5,只有"线路 4 和线路 5 均故障断电",才导致站 C 向站 B 的输电线路无电,逻辑门为"与门"。

子树 D 均由底事件表示,发展完结。再发展子树 E。子树 E 的结果事件"站 C 的输入线路上无电",该事件的直接原因事件为"线路 3 故障断电"(底事件 x_3)且"来自站 B 的输电线路无电",这是建树的第七步(图 6－40)。

158

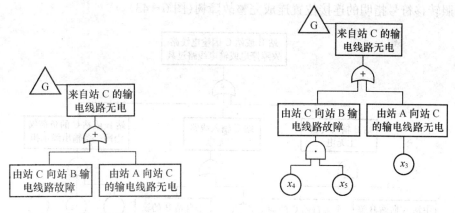

图 6-38　建树第五步

图 6-39　建树第六步

建树第八步(图 6-41)是将子树 H 发展到底事件。"来自站 B 的输电线路无电",或者"线路 4 和线路 5 均故障断电",或者"线路 1 和线路 2 均故障断电"。两者用"或门"连接。而事件"线路 4 和线路 5 均故障断电"为"与门"结构,事件"线路 1 和线路 2 均故障断电"也是"与门"结构。

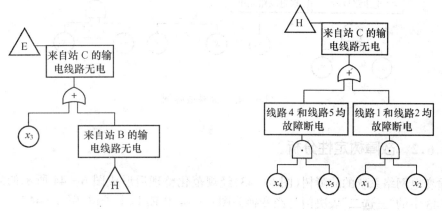

图 6-40　建树第七步

图 6-41　建树第八步

子树 F 的顶事件为:"站 B 或站 C 的负荷仅由同一条输电线承担"。三条供电线——线路 1、2、3 中的任意两条同时故障则该顶事件发生而不必考虑 B、C 间连接线路 4、5 的状况如何,逻辑门为表决门。建树第九步(图 6-42)是将子树 F 发展到底事件,其输入事件为 x_1(线路 1 故障断电)、x_2(线路 2 故障断电)和 x_3(线路 3 故障断电)。

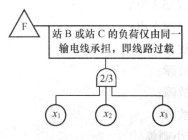

图 6-42　建树第九步

159

按照转移符号指明的连接位置连成完整故障树(图 6-43)。

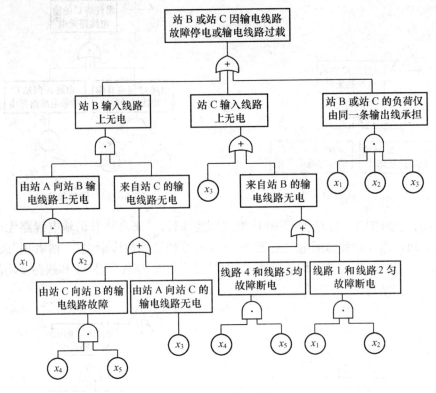

图 6-43 完整故障树

6.6.2 故障树定性分析

输变电网络系统的故障树(图 6-43)经规范化整理后形成图 6-44 所示的故障树。图 6-43 中的"三选二"表决门已经变换为图 6-44 中 E_4 以下子树,图 6-44 中各事件符号代表意义如下:

T——电网失效;

E_1——站 B 无输入;

E_2——站 C 无输入;

E_3——站 B 和站 C 仅由同一单线供电;

E_4——来自站 C 的输电线路无电;

E_5——来自站 B 的输电线路无电;

E_6——输电线 2、3 同时故障;

E_7——输电线 1、3 同时故障;

E_8——输电线 1、2 同时故障;

E_9——输电线 4、5 同时故障。

1. 用下行法找出所有最小割集

用下行法找所有最小割集步骤如表 6-7。

160

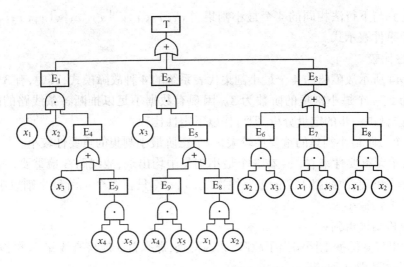

图 6-44　输变电网络系统经规范化整理后的故障树

表 6-7　用下行法找所有最小割集步骤

步骤 1	步骤 2	步骤 3	步骤 4	步骤 5
E_1	x_1、x_2、E_4	x_1、x_2、x_3	x_1、x_2、x_3	x_3、x_4、x_5
E_2	x_3、E_5	x_1、x_2、E_9	x_1、x_2、x_4、x_5	x_2、x_3
E_3	E_6	x_3、E_9	x_3、x_4、x_5	x_1、x_3
	E_7	x_3、E_8	x_3、x_1、x_3	x_1、x_2
	E_8	x_2、x_3	x_2、x_3	
		x_1、x_3	x_1、x_3	
		x_1、x_2	x_1、x_2	

故障树顶事件可表示为：

$$T = E_1 + E_2 + E_3 = x_3x_4x_5 + x_2x_3 + x_1x_3 + x_1x_2$$

得到的 4 个最小割集：$\{x_3, x_4, x_5\}$、$\{x_2, x_3\}$、$\{x_1, x_3\}$、$\{x_1, x_2\}$。

2. 用上行法求出所有最小割集

$$E_9 = x_4x_5$$

$$E_8 = x_1x_2$$

$$E_7 = x_1x_3$$

$$E_6 = x_2x_3$$

$$E_5 = E_8 + E_9 = x_1x_2 + x_4x_5$$

$$E_4 = x_3 + E_9 = x_3 + x_4x_5$$

$$E_3 = E_6 + E_7 + E_8 = x_2x_3 + x_1x_3 + x_1x_2$$

$$E_2 = x_3E_5 = x_3x_1x_2 + x_3x_4x_5$$

$$E_1 = x_1x_2E_4 = x_1x_2x_3 + x_1x_2x_4x_5$$

$$T = E_1 + E_2 + E_3 =$$
$$x_1x_2x_3 + x_1x_2x_4x_5 + x_3x_1x_2 + x_3x_4x_5 + x_2x_3 + x_1x_3 + x_1x_2 =$$
$$x_3x_4x_5 + x_2x_3 + x_1x_3 + x_1x_2$$

161

最后得到与下行法相同的 4 个最小割集：$\{x_3, x_4, x_5\}$、$\{x_2, x_3\}$、$\{x_1, x_3\}$、$\{x_1, x_2\}$ 和故障树顶事件表示式。

3. 定性比较

图 6-44 所示故障树的 4 个最小割集代表系统的 4 种故障模式，其中，有 3 个最小割集的阶数为 2，一个最小割集的阶数为 3。因现有数据不足以推断各条线路的故障概率值，所以不能做进一步的定量分析，但可作以下定性比较：

（1）3 个二阶最小割集的重要性较大，一个三阶最小割集的重要性较小。

（2）从单元重要性来看，x_3 在 3 个最小割集中均出现，故线路 3 最重要；x_1、x_2 在 2 个最小割集中出现，故线路 1、2 的重要性次之；x_4、x_5 只在 1 个三阶最小割集中出现，线路 4、5 的重要性最小。

定性分析结果得到：

（1）如果仅知输变电网络出了故障，原因待查，那么首先应检查线路 3，再检查线路 1 和 2，最后检查线路 4 和 5。

（2）如果已知网络状态是站 B 不能向负荷供电，而站 C 仍能供电，那么根据图 6-44 故障树结构，不经检查就可以判定线路 1、2、4、5 都出了故障，修理次序应先修线路 1 或 2，后修其它；如果站 C 不能供电而站 B 仍能供电，则从故障树可以判定线路 3、4、5 出了故障，此时修理的顺序，应当先修线路 3，后修线路 4、5。

这样，故障树定性分析结果可以指导故障诊断，并有助于制定维修方案和确定维修次序。

提高系统可靠性的关键在于提高 3 个二阶最小割集的阶数和加强对于线路 3 的备份。因此 A、C 站之间应增设备用线路 6，如图 6-45 所示。它可以同时达到提高最小割集阶数的目的。

对图 6-45 所示系统建造故障树并进行定性分析可得全部最小割集为：

$\{x_1, x_2, x_3\}$、$\{x_1, x_2, x_6\}$、$\{x_1, x_3, x_6\}$、$\{x_2, x_3, x_6\}$、$\{x_3, x_6, x_4, x_5\}$、$\{x_1, x_2, x_4, x_5\}$ 和改进前相比系统可靠性显著提高。

如果 A、B、C 各站之间都用备份线路的方案（图 6-45），投资过大，那么根据此方案的定性分析，2 个四阶最小割集的重要性较小，可以取消线路 4 或线路 5 以节省投资，此时系统结构如图 6-46 所示。

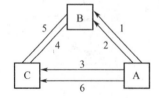

图 6-45　输变电网络改进方案之一

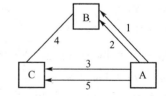

图 6-46　输变电网络改进方案之二

图 6-46 系统的故障树有 6 个三阶最小割集，和图 6-45 原系统的 3 个二阶最小割集加 1 个三阶最小割集相比较，显然图 6-46 所示系统的故障概率更低，可靠性更高。这就说明，故障树定性分析结果可以帮助系统方案的比较和论证，指导投资的合理分配。根据故障树定性比较可得出的提示性意见。

第7章 最新智能诊断技术

本章主要介绍目前最新智能诊断方法——神经网络、小波变换、模糊诊断和专家系统等。并重点讲解它们的基本原理、诊断方法、实际应用和应用领域，以及它们的发展概况等。

7.1 人工神经网络

人工神经网络(Artificial Neural Networks)是 20 世纪末发展起来的一门交叉学科，它涉及生物、电子、计算机、数学和物理等学科。人工神经网络是从模仿人脑智能的角度出发来探寻新的信息表示、存储和处理方式，设计全新的计算机处理结构模型，构造一种更接近人类智能的信息处理系统，来解决实际工程和科学研究领域中传统的计算机难以解决的问题。它在人类的各个领域引起巨大变化，大大促进了科学的进步。

人工神经网络是模仿人脑工作方式而设计的一种机器，它可用电子或光电元件实现，也可用软件在常规计算机上仿真。实际上，人工神经网络是一种具有大量连接的并行分布式处理器，具有通过学习获取知识并解决实际问题的能力。人工神经网络是模仿生物体中神经元结构特性，即模仿人大脑中神经网络的结构和功能而建立起来的一种非线性网络系统，具有超越人的计算能力，又有类似于人的识别、智能、联想能力。

基于生物神经系统的分布式存储、并行处理、自适应学习的特点，目前已经构造出了有一定初级智能的人工神经网络。当然这些人工神经网络仅仅是对大脑粗略而简单的模拟，无论是在规模上还是功能上与大脑相比都还相差甚远，但它在一些科学研究和实际工程领域中已显示出了巨大的威力。

人工神经网络的主要应用领域有以下一些方面：

(1) 模式识别与图像处理。如印刷体和手写体字符识别、语言识别、签字识别、指纹和人脸识别、RNA 与 DNA 序列识别、癌细胞识别、心电图和脑电图分类、目标检测与识别、油气贮藏检测、加速器及一般机械故障检测、图像压缩或复原等。

(2) 控制与优化。如化工过程控制、机械手运动控制、运载体轨迹控制、电弧炉控制等。

(3) 金融预测与管理。如股票市场的预测、有价证券管理、借贷风险分析、信用卡欺骗检测等。

(4) 通信。如自适应均衡、回声抵消、路由选择、ATM 网络中呼叫接纳识别及控制、导航、多媒体处理系统等。

人工神经网络在机械故障诊断领域的应用主要集中于 3 个方面：从模式识别角度应用神经网络作为分类器进行故障诊断；从预测角度应用神经网络作为动态预测模型进行故障预测；从知识处理角度建立基于神经网络的诊断专家系统。

7.1.1　人工神经网络的发展史

人工神经网络的发展可追溯到一个世纪前,大体可分为 4 个时期:1890 年～1969 年为第一时期——初始发展期;1969 年～1982 年为第二时期——低潮期;1982 年～1986 年为第三时期——复兴期;1986 年～现在为第四时期——发展高潮期。

1. 初始发展期

1890 年,美国生理学家 W.James 出版了《生理学》一书,该书首次阐明了有关人脑结构及其功能,以及一些相关学习、联想、记忆的基本规则,并指出:人脑中,当两个基本处理单元同时活动,或两个单元靠得比较近时,一个单元的兴奋会传递到另一个单元,而且,一个单元的活动程度与它周围单元的活动数目和活动的密度成正比。

经过大约半个世纪后,McCullch 和 Pitts 发表了一篇十分有名的论文。文中他们以已知的神经细胞生物为基础,描述了一个简单的神经元活动服从二值变化——兴奋和抑制的人工神经网络,该神经网络的任何兴奋性突触有输入激励后,使神经元兴奋,与过去神经元活动情况和神经元的位置无关,任何抑制突触被输入激励后,这个神经元被抑制。突触的值是不变的,突触存在延迟时间为 0.5ms。这就是 M－P 模型。

1949 年,Donala O.Hebb 发表论著《行为自组织》,首先定义了一种称为 Hebbian 的调整权的方法。他指出当一个细胞 A 的轴突,充分靠近细胞 B,并持续不断地激励它,这两个细胞效应都增长了,即细胞 B 活动增加了,细胞 A 的活动也增加了。Hebb 提出了很多有价值的观点,对以后人工神经网络的结构和算法都有很大的影响。

1958 年,Frank Rosenblat 定义了一个神经网络结构,称为感知器(perception),这是第一个真正的人工神经网络。他在 IBM704 计算机上进行模拟,从模拟结果看,感知器有能力通过调整权的学习达到正确分类的结果。因此,它是一个学习机。Rosenblat 用感知器来模拟一个生物视觉模型,输入是由随机的一组细胞组成,代表视网膜的一个小的范围,每个细胞又与下一层的神经细胞(称 AU 单元)相联,而 AU 单元又与第 3 层的 RU(输出层)相联,感知器的目的是通过学习使对应的输入模板有正确的 RU 输出。初始感知器的学习机制是自组织的,因此响应的发生与初始的随机值有关。后来,他加入了一些教师进行训练,这些与后来在反向传输算法和 Kohonen 的自组织算法类似。因此,Rosenblat 的思想有相当的活力。

1960 年,Bernard Widow 和 Marcian Hoff 发表了“自适应开关电路”的论文。他们从工程的观点出发,不仅在计算机上模拟了这种神经网络,而且还做成了硬件。他们介绍的器件是一个累加输出单元,称为“Adaline”,输出的值是 ±1 的二值变量,权在 Widow 和 Hoff 的文章中称为增益。他们主要提出了 Widow－Hoff 算法,使增益的学习速度较快,而且还有较高的精度。后来这个算法被称为 LMS 算法,在数学上就是人们所知的速降法。Widow－Hoff 算法不需要微分,其权值的变化是正比于实际输出值与要求输出值之间的差和输入信号的符号,这种算法在以后的反馈网络(Back－Propagation)算法和其它信号处理系统中应用十分广泛。

2. 低潮期

1969 年,Marrin Minsky 和 Seymour Papert 发表了名为“Perceptions”的论著,该书分析了一些简单的单层感知器,说明这些单层感知器只能作线性划分,对于非线性或其它的分类会遇到很大的困难。Minsky 和 Paper 举了一个 XOR 逻辑分类的例子,说明用简单的单层感知器是不能正确分类的。Minsky 断言这种感知器无科学价值可言,包括多层的也没什么意义。这个结论对当时的人工神经网络的研究无疑是一个沉重的打击。由于当时计算机的工具还不太发达,VLSI 尚未出现,人工神经网络的应用更没有展开,而人工智能和专家系统正处于发展高潮,它们的问题和局限性尚未暴露,因此,这个观点很快被不少人接受,很多领域的专家纷纷放弃了人工神经网络研究。但仍有不少科学家继续进行探索。

1972 年,两个研究生在不同的地方发表了他们的文章,他们是芬兰 Heisinki 科技大学的 Teuro Kohonen 和美国 Brown 大学的 James Anderson。Kohonen 称神经网络的结构为"联想记忆",Anderson 称他的网络为活动记忆,他们两人的网络结构、学习算法和变换函数几乎相同。只是 Anderson 比较偏重于生理上的模型和学习方法,Kohonen 使用的网络的输入和输出都是连续值,它的权也是连续值;Kohonen 网络中输出神经元的数目大,代表分类的区域比较大,这个网络对噪声不太敏感,网络更有一般性;Kohonen 的学习方法是自组织的,不需要教师。

Boston 大学的 Stephen Carpenter 在此期间继续做了很多工作,他的工作主要集中在网络结构的生理背景。他和 Gail Carpenter 发展了一种自适应响应理论(ART),他提出的一些概念,包括一个兴奋神经元周围的其它神经元被强烈抑制等,都有一定的价值。他还提出了短记忆和长记忆的机制,形成了活动值和连接权之间的关系,对短期记忆,它们会随着时间的推移而被遗忘,而长记忆被遗忘所需的时间更长些。ART 网络的算法也是自组织的。

这时,另一个研究者是东京 NHK 广播科学研究室大阪大学教授 Kunihiko Fukushima 博士,他于 1980 年提出了一个称为"Neocognitron"视觉识别机制的神经网络结构,这个神经网络与生物视觉理论相符合。Fukushima 的目的是为了设计一个模型,它能像人一样进行模式识别,它是自组织结构,不需要教师的学习。该模型主要针对图像处理,因而每一层都是二维的。它的特点是能够显示感兴趣的特征。这个网络对输入图像的位置和微小的变化都不太敏感,甚至对于几个字母组合的复杂图形也有能力在一个时间只选择一个字母进行识别,这样,就可按次序对不同字母组合进行识别。

3. 复兴期

在整个低潮时期,研究工作是一些生物学家、生理学家和其它研究者进行的,但在 1982 年,加州技术学院的优秀物理学家 John Hopfield 博士发表了一篇十分重要的文章,他所提出的全联网络后被称为 Hopfield 网络,在网络的理论分析和综合上达到了相当的深度,最有意义的是他的网络很容易用集成电路来实现,在 1984 年、1986 年 Hopfield 连续发表了有关他的网络应用的文章,他的文章得到了一些工程技术人员和计算机科学家的重视和理解。一个十分重要的思想是,对于一个给定的神经网络,他提出一个能量函数,这个能量函数正比于每个神经元的活动值和神经元之间的连接权,而活动值的改变算法是向能量函数减少的方向进行,一直达到一个极小值为止。他证明了在一定条件下网络可到达稳定状态。他不仅讨论了离散的输出情况,而且还讨论了连续变化时的情况,从而可以解出一些联想记忆问题和计算优化问题。Hopfield 网络有比较完整的理论基础,他利用了物理中自旋玻璃子里哈密顿算子,把这种思想推广到神经网络中来,虽然思想上并不新颖,但他的神经网络在设计和应用上起着不可估量的作用。继 Hopfield 的文章之后,不少搞非线性电路的科学家、物理学家、生物学家在理论和应用上对 Hopfield 的网络进行了比较深刻的讨论和改进。Hopfield 网络也引起了半导体工业界的重视,因这时的 VLSI 已经达到相当高的水平,从而有可能设计出一种神经网络芯片来。在 Hopfield 文章发表 3 年后的 1984 年,AT&Bell 实验室宣布利用 Hopfield 理论实现了第一个硬件神经网络芯片。后来加州技术学院的 Carver Meal 继续从事芯片研究工作,在耳蜗和视网膜的芯片上都得到较好的成果。虽然 Hopfield 网络有一些问题,但 Hopfield 博士点亮了人工神经网络复兴的火把,掀起了各学科关心神经网络的一个热潮。

4. 发展高潮期

1987 年,美国召开了第一届国际神经网络会议,参加的人数达一千多人,涉及生物、电子、计算机、物理、控制、信号处理、人工智能等各个领域。这一年美国国防部对人工神经网络的研究作了调查,发表了一个 Darpa 报告,在报告中列出了很多应用的方向与实例。此后,国际神经网络协会成立。在这个时期,人工神经网络的研究已经从美国推广到西欧、日本和我国等,同时各类的模型和算法纷纷出台,其中比较有名的 CNN 网络是 L.O.Chua 等人在 Hopfield 网络的基础上发展的局部连接网络,这种网络在视觉初级加工上得到广泛的应用。更为突出的是,这个时期在应用方面已达到一定的深度和广度,牵涉二三十个方面。芯片也逐步出现,有的已形成产品。

当然,随着神经网络应用的深入,人们也发现原有的模型和算法所存在的问题,在理论的深入中也碰到很多原来非线性理论、逼近论中的难点。可是人们相信,在深入、广泛应用的基础上,这个领域将会继续发展,并会对科学技术产生更大的促进作用。

7.1.2 人工神经元模型

图 7-1 表示作为神经元的基本单元的神经元模型,它有 3 个基本要素:

(1)一组连接(对应于生物神经元的突触),连接强度由各连接上的权值表示,权值为正表示激活,为负表示抑制。

(2)一个求和的单元,用于求取各输入信号的加权和(线性组合)。

(3)一个非线性激活函数,起非线性映射作用,并将神经元输出幅度限制在一定范围内(一般限制在 $(0,1)$ 或 $(-1,+1)$ 之间)。

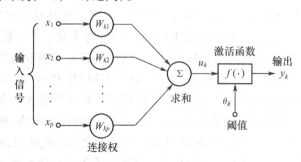

图 7-1 基本神经元模型

此外,还有一个阈值 θ_k(或偏置 $b_k = -\theta_k$)。

以上作用分别用数学式表达如下:

166

$$u_k = \sum_{j=1}^{p} w_{kj} x_j, \quad v_k = u_k - \theta_k, \quad y_k = f(v_k) \tag{7-1}$$

式中　$x_1, x_2, \cdots, x_k$——输入信号；

　　　　k——输入数目；

　　　　$w_{k1}, w_{k2}, \cdots, w_{kp}$——神经元的权值，可为正和负，分别表示兴奋和抑制；

　　　　u_k——线性组合结果；

　　　　θ_k——阈值；

　　　　$f(\cdot)$——激活函数；

　　　　y_k——神经元 k 的输出。

若将输入的维数增加一维，则可将阈值 θ_k 包括进去：

$$u_k = \sum_{j=0}^{p} w_{kj} x_j, \quad y_k = \varphi(v_k) \tag{7-2}$$

这里增加了一个新的连接，其输入为 $x_0 = -1$(或 $+1$)，权值为 $w_{kp} = \theta_k$(或 b_k)，如图 7-2 和图 7-3 所示。表 7-1 是几种神经元激活函数。

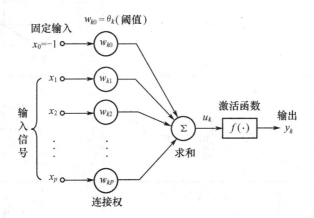

图 7-2　输入扩维后的神经元模型(包括阈值)

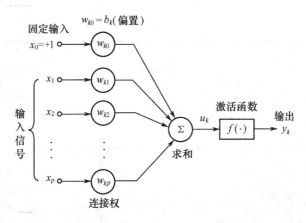

图 7-3　输入扩维后的神经元模型(包括偏置)

7.1.3 人工神经网络的结构

1. 前馈网络

前馈网络中神经元分层排列,每个神经元只与前一层的神经元相连(图 7 - 4(a)),最上一层为输出层,最下一层为输入层,还有中间层(中间层也称为隐层)。隐层的层数可以是一层或多层。

2. 输入输出有反馈的前馈网络

输入输出有反馈的前馈网络(图 7 - 4(b))是在输出层上增加一个反馈回路到输入层,而网络本身仍是前馈型的,如 Fukushima 网络就用这种反馈的方式达到对复杂图形的顺序选择和字符识别。

表 7－1　几种神经元激活函数

类型	表达式	图像
线性型	$f(x)=x$	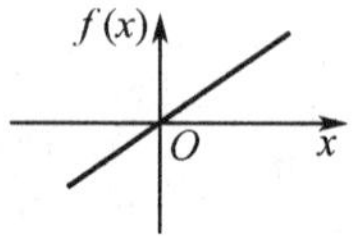
阶跃型	$f(x)=\begin{cases}1, & x>0 \\ 0, & x\leqslant 0\end{cases}$	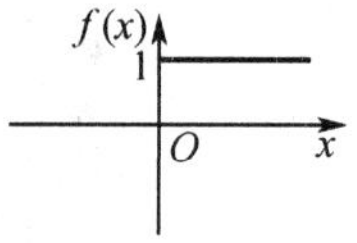
符号型	$f(x)=\begin{cases}1, & x>0 \\ -1, & x\leqslant 0\end{cases}$	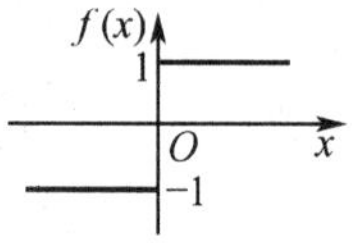
斜坡型	$f(x)=\begin{cases}r, & x>a \\ x, & \|x\|\leqslant a \\ -r, & x<-a\end{cases}$ $r,a>0$	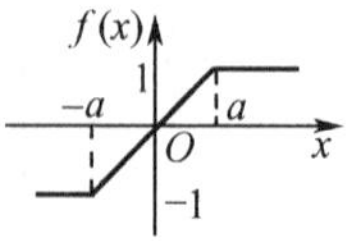
Sigmoid 型	$f(x)=\dfrac{1}{1+\mathrm{e}^{-x}}$	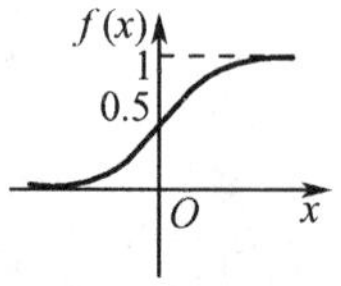

类　型	表　达　式	图　像
双曲正切型	$f(x)=\tanh(x)$	
高斯函数型	$f(x)=\exp\left[-\dfrac{(x-c)^2}{2s^2}\right]$	

3. 前馈内层互联网络

前馈内层互联网络(图7-4(c))是在同一层内存在互相连接,形成互相制约,但从外部看仍是一个前向网络。很多自组织网络,大都存在着内层互联的结构。

4. 反馈型全互联网络

单层全互联网络(图7-4(d))是每个神经元的输出都与其它神经元相连,Hopfield和Boltzmann网络都是属于这一类网络。

5. 反馈型局部连接网络

反馈型局部连接网络(图7-4(e))是一种单层网络,它的每一个神经元的输出只与其周围的神经元相连,形成反馈的网络,这类网络也可发展为多层的金字塔形结构。反馈型网络存在着一个稳定性问题。

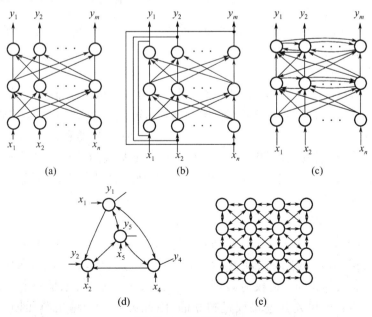

图7-4　网络的结构

7.1.4 人工神经网络常见模型

1. M-P 模型

最初由 McCullch 和 Pitts 提出的 M-P 模型是由固定的结构和权组成,它的权分为兴奋突触权和抑制突触权两类。如抑制性突触被激活,则神经元被抑制,输出为零。而兴奋性突触的数目较多,兴奋性突触能否激活,要看它的累加值是否大于一个阈值,大于该阈值时神经元兴奋。M-P 模型的激活函数为阈值函数,模型结构如图 7-5(a)或(b)所示。若输入为 n 维向量,输出为 1 维向量,则它的数学关系可表示为:

$$\begin{cases} x_j \in R(R^n), x = (x_1, x_2, \cdots, x_n)^T \\ W_j \in R, W = (w_1, w_2, \cdots, w_{nj})^T \\ v = \sum_{j=1}^{n} w_j x_j - \theta = W^T x - \theta, \theta \in R \quad (\text{阈值}) \end{cases} \tag{7-3}$$

$$y_k = \text{sign}(v)$$

其中,$\text{sing}(v) = \begin{cases} +1, v \geqslant 0 \\ -1, v < 0 \end{cases}$

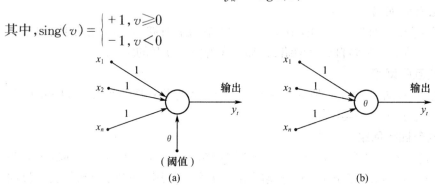

图 7-5 M-P 模型单个神经元示意图

M-P 网络的输入、输出都是二值变量,可用来完成一些逻辑关系。由于 M-P 模型的权 $w_i = 1$,无法调节,因而现在很少有人单独使用。

2. 感知器神经网络

感知器(perception)较 M-P 模型进了一步,它的输入可以是非离散量,它的权不仅是非离散量,而且可以通过调整学习而得到。感知器可以对输入的样本向量进行分类,而且多层感知器在某些样本点上对函数进行逼近。虽然它的分类和逼近不及 B-P 网络,但感知器是一个线性阈值单元的网络,在结构和算法上都成为其它前馈网络的基础,尤其是它对隐单元的选取比其它非线性阈值单元组成的网络容易分析,而且感知器研究可对其它网络的分析提供依据。

1) 单层感知器网络

图 7-6(a)所示是一个单层感知器网络,输入 $x_i \in \mathbf{R}, x = (x_1, x_2, \cdots, x_n)^T$,每个输入节点 i 与输出层单元 y_j 的连接权为 $w_{ij}(i = 1, 2, \cdots, n, j = 1, 2, \cdots, m)$,对于一个输出单元 j,它与 n 维输入单元的连接权为 $W_j = (w_{1j}, w_{2j}, \cdots, w_{nj})^T$,也是一个 n 维的空间向量,由于对不同的输出单元其连接权是独立的,因此可将单个输出单元抽出来讨论(图7-6(b))。对于第 j 个输出,其转换函数为:

$$y_j = f(\sum_{j=1}^{n} w_{ij}x_i - \theta_j)$$

$$f(u_i) = \begin{cases} +1, & u_i \geqslant 0 \\ -1, & u_i < 0 \end{cases} \tag{7-4}$$

如果输入 x 有 k 个样本,$x^p(P=1,2,\cdots,k)$,$x \in \mathbf{R}$,当将这些样本分别输入到单输出的感知器中,在一定的权 w_{ij} 和阈值 θ_j 下,输出 y_j 有两种可能:$+1$ 和 -1。若将样本 x^p 看作为 n 维输入空间中的一个向量,那么 k 个样本为输入空间中的 k 维向量,而式(7-4)就是把这 n 维输入空间分为 s_A 和 s_B 两个子空间,其分界线为 $n-1$ 维的超平面,即用一个单输出的感知器,通过调节参数 $w_{ij}(i=1,2,\cdots,n)$ 和 θ_j 可达到对 k 个样本的正确划分。如 $x^A \in s_A$,$x^B \in s_B(A=1,\cdots,L,B=L+1,\cdots,k)$,那么通过网络图 7-6(b),使 $x^A \to y_j = 1$,$x^B \to y_j = -1$。换言之,如果存在一组权参数 $w_{ij}(i=1,2,\cdots,n)$ 和 θ_j 使公式(7-4)满足 $x \in s_A$,$y_j = 1$,$x \in s_B$,$y_j = -1$,则称样本集为线性可分,否则称为线性不可分。

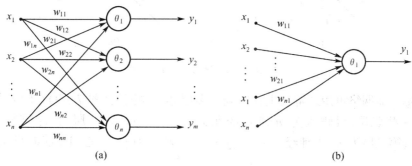

图 7-6 单层感知器网络模型

(a) 单层感知器网络;(b) 单个神经元。

以一个二维输入空间(图 7-7)为例,输入向量 $x = (x_1, x_2)^T$,权向量 $W = (w_1, w_2)^T$,则输出 $y_j = f(w_1x_1 + w_2x_2 - \theta)$,在二维的输入空间中用"$o$"代表 A 类样本,集中在平面的左上角上,用"$*$"表示 B 类样本,集中在平面的右下角,我们希望找到一根直线,将 A、B 两类分开,其分界线为:

$$x_2 = -\frac{w_1}{w_2}x_1 + \frac{\theta}{w_2} \tag{7-5}$$

从图 7-7 可看出,如果 A、B 两类样本线性可分,而且如图 7-7 那样有一段距离,那

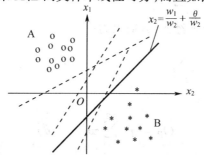

图 7-7 二维输入感知器及在状态空间中的划分

么,式(7-5)的解有无数个,如图7-7虚线所示。

2) 多层感知器网络

单层感知器只能满足线性分类。如图7-8(a)、(b)所示的二维平面中,A类和B类分布在平面中的一些点或区域。图7-8(a)中A类分布在原点附近,B类分布在A的外部。在图7.8(b)中,A类是分布在第一和第三象限,而B类是分布在第二和第四象限,用一根直线就不能把A、B分开。

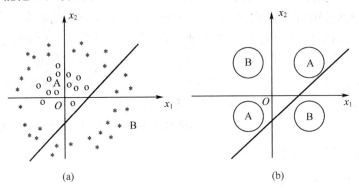

图7-8 不能线性划分的样本集

多层感知器网络可用来解决上述问题。多层感知器网络(图7-9)在输入与输出层之间存在一些隐层,设输入为 n 维神经元 x_1、x_2、$\cdots$、x_n,第一层为 n_1 维神经元 h_1、h_2、$\cdots$、h_{n1},第二层为 n_2 维神经元 h_{s1}、h_{s2}、$\cdots$、h_{sn},输出为 O_P。它们以前馈的方式连接。

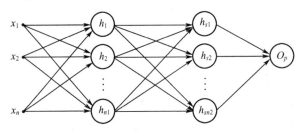

图7-9 多层感知器

对第一隐层的第 j 个神经元,其输出为:

$$h_j = f(\sum_{i=1}^{n} w_{ij}x_i - \theta_j) \qquad (j = 1,2,\cdots,n_1)$$

对第二个隐层的第 k 个神经元,其输出为:

$$h_{sk} = f(\sum_{j=1}^{n1} w_{jk}h_j - \theta_k) \qquad (k = 1,2,\cdots,n_2)$$

对最高层神经元输出为:

$$O_P = f(\sum_{k=1}^{n2} w_k h_{sk} - \theta) \qquad (7-6)$$

式中 $f(\alpha) = \begin{cases} +1, \alpha \geqslant 0 \\ -1, \alpha < 0 \end{cases}$

172

如果只讨论一层隐单元的情况，式(7-6)可改写为：

$$O_P = f(\sum_{j=1}^{n1} w_j h_j - \theta)$$

此时，隐层与 n 维输入单元的关系如同单层感知器网络，形成一些 $n-1$ 维的超平面，把 n 维的输入空间划为一些小的子区域，例如在 $n=2, n_1=3$ 的情况下，神经元第 j 个隐层($j=1,2,3$)的输出为：

$$\begin{cases} h_1 = f(\sum_{i=1}^{2} w_{i1} x_i - \theta_1) \\ h_2 = f(\sum_{i=1}^{2} w_{i2} x_i - \theta_2) \\ h_3 = f(\sum_{i=1}^{2} w_{i3} x_i - \theta_3) \end{cases} \tag{7-7}$$

式中　w_{i1}——第 i 个输入到第一个隐单元的权；

w_{i2}、w_{i3}——第 i 个输入到第二、三个隐单元的权；

h_1、h_2、h_3——隐单元输出。

可在二维输入空间中划出 3 根线，因为权 w_{i1} 和阈值 θ_1 的不同，三线的斜率与截距各不相同，对于图 7-8(a)的问题，可寻找一个区域，使区域内为 A 类，区域外为 B 类，用这 3 个隐单元所得到的一个封闭区域就可满足条件(图 7-10(a))。

对于图 7-10(b)和图 7-10(c)，可分别采用 4 层或 3 层感知器网络来完成，第一层为输入层，第二层起线性划分作用，第三层起"与"组合，第四层起"或"组合。因此，多层感知器可通过单层感知器进行适当的组合达到任何形状的划分。

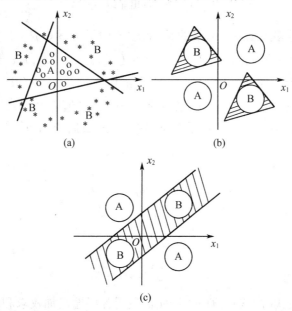

(a) (b)

(c)

图 7-10　多层感知器网络在输入空间中的划分

3. B-P 网络

B-P 网络是由非线性变换单元组成的前馈网络。对于非线性变换单元的神经元，其

输入与输出关系满足非线性单调上升的函数:

$$
\begin{cases}
y_j = f(u_j) = \dfrac{1}{1 + e^{-u_j}} = \dfrac{1}{1 + e^{-(\sum w_i x_i - \theta_j)}} \\[2mm]
u_j = \sum w_i x_i - \theta_j
\end{cases}
\tag{7-8}
$$

图 7-11 所示是函数 $f(u)$ 的图形。$f(u)$ 是一个连续可微的函数,它的一阶导数存在,用这个函数来区分类别时,结果可能是一种模糊的概念,当 $u>0$ 时,输出不为 1,而是一个大于 0.5 的数。而当 $u<0$ 时,输出是一个小于 0.5 的数。对一个单元组成的分类器来说,这种 $f(u)$ 函数得到的概率为 80% ($>50\%$),它是属于 A 类的概率,或属于 B 类的概率($=20\%$),这种分割具有一定的科学性。对于多层的网络,这种 $f(u)$ 函数所划分的区域不是线性划分,是由一个非线性的超平面组成的区域,它是比较柔和、光滑的任意界面,因为它的分类比线性划分精确、合理,这种网络的容错性较好。另一个重要的特点是由于 $f(u)$ 是连续可微的,可以严格利用梯度法进行推算,它的权的学习解析式十分明确,它的学习算法称为反向传输算法(Back-Propagation),简称 B-P 算法,这种网络就称 B-P 网络。

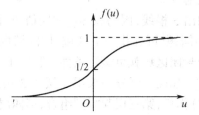

图 7-11　输入输出非线性函数

图 7-12 所示是多层 B-P 网络的结构,输入向量为 $x \in R(R^n)$,$x = (x_1, x_2, \cdots, x_n)^T$;第二层有 n_1 个神经元,$x' \in R(R^{n1})$,$x' = (x'_1, x'_2, \cdots, x'_{n1})^T$;第三层有 n_2 个神经元,$x'' \in R(R^{n2})$,$x'' = (x''_1, x''_2, \cdots, x''_{n2})^T$;最后输出神经元 $y \in R(R^m)$,有 m 个神经元,$y = (y_1, y_2, \cdots, y_m)^T$;如输入与第二层之间的权为 w_{ij},阈值为 θ_j,第二层与第三层之间的权为 w'_{ij},阈值为 θ'_j,第三层与最后层之间的权为 w''_{ij},阈值为 θ''_j,那么,各层神经元的输出满足:

$$
\begin{cases}
y_l = f\left(\displaystyle\sum_{k=1}^{n_2} w''_{kl} x''_k - \theta''_l\right) \\[3mm]
x''_k = f\left(\displaystyle\sum_{j=1}^{n1} w'_{jk} x'_j - \theta'_k\right) \\[3mm]
x'_j = f\left(\displaystyle\sum_{i=1}^{n} w_{ij} x_i - \theta_j\right)
\end{cases}
\tag{7-9}
$$

其中,函数 $f(u)$ 满足式(7-8)。$f(u)$ 中的 u 是用各层输出加权求和的值,B-P 网络是完成 n 维空间向量对 m 维空间的近似映射。

B-P 网络是目前神经网络中应用最广的一类网络之一,它的应用主要有 3 个方面:

(1) 模式识别、分类:用于语言、文字、图像的识别,用于医学特征、机械故障的分类、

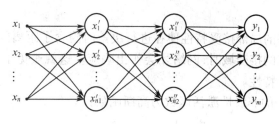

图 7－12　多层 B－P 网络

诊断等。

（2）函数逼近：用于非线性控制的函数建模，拟合非线性控制曲线、机器人的轨迹控制及其它工程控制等。

（3）数据压缩：在通信中的编码压缩和恢复，图像数据的压缩和存储，图像特征的提取等。

B－P 网络克服了单层感知器只能实现线性决策边界和简单的逻辑函数的缺陷，具有一个隐层的 B－P 网络能够实现任意复杂的决策边界和任意复杂的逻辑功能。

B－P 网络的功能主要由隐层单元的非线性带来。无隐层网络仅能形成半平面决策区域，单隐层网络可以形成开或闭的凸决策区域，而两个隐层的网络能够形成任意复杂形状的决策区域。因此，一般应用中，B－P 网络不需要超过两个隐层。

4. 径向基函数网络

径向基函数（Radial Basis Function，RBP）网络起源于数值分析中多变量插值的径向基函数方法，径向基函数网络不仅同 B－P 网络一样具有任意精度的泛函逼近能力，而且径向基函数网络具有最佳逼近特性。

径向基函数网络通常是一种两层前向网络。由图 7－13 可见，径向基函数网络的结构与 B－P 网络十分类似，但两者却有着本质的不同。

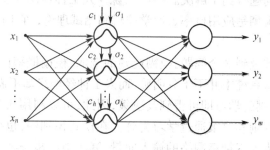

图 7－13　RBP 网络

径向基函数网络隐单元的激活函数为具有局部接受域性质的非线性函数，仅当隐单元的输入落在输入空间中一个很小的指令区域时，才会作出有意义的非零响应，而不像 B－P 网络的激活函数在输入空间的无限大区域内非零。

在径向基函数网络中，输入层至输出层之间的所有权重固定为 1，隐层 RBP 单元的中心及半径通常也是预先确定的，仅隐层至输出层之间的权重可调。RBP 网络的隐层执行一种固定不变的非线性变换，将输入空间 R^n 映射到一个新的隐层空间 R^h，输出层在该新的空间中实现线性组合。由于输出单元的线性特性，其参数调节极为简单，且不存在局部极小问题。

径向基函数网络的局部接受特性使在进行决策时隐含了距离的概念,即只有当输入接近径向基函数网络的接受域时,网络才会作出响应。这就避免了 B－P 网络超平面分割所带来的任意划分特性。

RBP 网络最常用的非线性激活函数为高斯函数:

$$f_j(x) = \exp\left[-\frac{\|x - c_j\|}{2\sigma_j^2}\right] \quad (j = 1, 2, \cdots, h) \qquad (7-10)$$

式中　f_j——第 j 个隐层单元的输出;

x——输入,$x = (x_1, x_2, \cdots, x_n)^{\mathrm{T}}$;

$\|\cdot\|$——范数(距离),通常取为欧氏范数,即 $\|x - c_j\| = (x - c_j)^{\mathrm{T}}(x - c_j)$;

c_j——第 j 个隐层的高斯激活函数,它与数理统计中的高斯(正态)分布函数形式类似,它具有以 $x = c_j$ 为中心的径向对称性质,这也是径向基函数这一名称的由来。

5. 模糊神经网络

模糊(Fuzzy)理论与人工神经网络相比,共同之处是不需要建立任何数学模型,只需要根据输入的采样数据去估计其要求的决策。人工神经网络是根据学习的算法进行推理决策,而模糊理论则是根据专家的一些语言规则进行推理决策,因此,人工神经网络和模糊理论都是无模型的估计。另一个共同特点是人工神经网络和模糊系统都可以用硬件来实现。模糊芯片和人工神经网络芯片发展很快,两者不仅在通信控制器、长途电话、飞机和导弹中有所应用,而且在一般家用电器如洗衣机、空调、电视机等产品中也有应用。正由于如此广泛的应用而引起了各行各业的重视。可以说,人工神经网络和模糊理论的实现增加了计算机在人工智能和控制中的"智商",使那些采用严格建模的方法不能解决的非线性问题得到了解决。一般来说,人工神经网络主要应用自适应控制、优化、识别和统计,模糊是应用概率、数学逻辑和测试理论,它们两者涉及的系统多为动态系统。

模糊系统设计中涉及到 3 个问题:模糊规则的选取、模糊概率函数(隶属函数)、模糊决策算法。这些在有些系统中并不十分明确,而人工神经网络却不需要人为干预,而只需通过实际输入、输出数据的学习即可得到其决策,因此,可以利用人工神经网络对那些模糊理论中难以确定的规则和决策通过学习得到。在模式识别中,也可以利用模糊理论把输入向量模糊化来作为人工神经网络的输入向量,算法中的步长及其它参数可用模糊的方法来定义。这种结合和相互互补,使原来各自的领域都得到了推广。

模糊神经网络(Fuzzy Neural Networks,FNN)是模糊系统和神经网络相结合的产物,由于它不仅具有神经网络数值计算的优势,而且具有模糊系统处理专家知识的能力,因此,受到了广大研究者的重视。模糊系统和神经网络相结合,根据其侧重点不同,大致可以分为以下几种方法:

(1)利用神经网络的自学习和函数逼近功能,提高模糊系统的自适应能力,改善模糊模型的精度。如可以通过一个附加单调性限制的 B－P 网络获得模糊系统的隶属函数、利用前向网络实现模糊推理、应用 B－P 算法进行模糊系统的参数学习、应用神经网络逼近模糊系统等。

(2) 利用模糊系统来增强神经网络的信息处理能力。如将传统的神经网络模糊化使之具有处理语言知识的能力。

(3) 神经网络和模糊系统协调工作。如模糊－神经协作系统,先通过模糊模型构造一粗略的神经网络,然后,根据目标系统实际的输入输出对神经网络进行学习,提高原模糊模型的精度。而神经网络的学习结果则可通过原来的模糊模型进行解释,将其连接权与阈值的变化理解为模糊规则和隶属函数的变化,消除了传统神经网络权重存储的知识不易为人理解的缺陷。

(4) 将模糊控制技术引入传统神经网络的学习过程,动态调整网络学习参数以提高学习速度。

模糊系统和神经网络的结合所包含的内容十分丰富,构造模糊神经网络的方法大致可分为以下两类:

(1) 传统神经网络的模糊化。是指保留原来神经网络的结构而将神经网络的处理单元进行模糊化处理使它具备处理模糊信息的能力。这种构造模糊神经网络的方法又可分为两种:①将原神经网络的所有神经元都进行模糊化处理,使它成为模糊神经元,再由模糊神经元根据原神经网络的结构构成网络;②仅对原神经网络的输入输出进行模糊化处理,将原始的输入通过模糊化接口变换为模糊隶属数值进入原神经网络,而原神经网络的输出则被视为输出的隶属度,这样的网络有模糊自组织网络等。

(2) 基于模糊模型的模糊神经网络。这种模糊神经网络的结构与一个模糊系统相对应,它也可分为两种构造方法:①直接与模糊系统结构相对应,网络是模糊系统结构的网络表示;②基于模糊基函数(Fuzzy Basis Function,FBF)的概念构造网络,其网络结构和组成虽然与模糊系统没有明确的对应关系,但功能上仍然与模糊系统相一致,它事实上是根据模糊系统的内在结构来构造网络。

7.1.5 人工神经网络的学习规则

人工神经网络最有价值的特性就是它的自适应功能,这种自适应功能通过学习或训练来实现。任何一个神经网络模型要实现某种功能的操作,必须先对它进行训练,使它学会所要完成的任务,并把这些学得的知识记忆(存储)在网络的权重中。

人工神经网络的学习规则可分为以下几种:

1. 相关规则

相关规则是仅依赖连接间的激活水平改变权重,如 Hebb 规则及其各种修正式等。

2. 纠错规则

依赖于输出节点的外部反馈改变网络权重,如感知器学习规则、δ 规则等。

3. 竞争学习规则

类似于聚类分析算法,学习表现为自适应输入空间的事件分布,如向量量化(LVQ)算法、SOM 算法,以及 ART 训练算法等都利用了竞争学习算法。

4. 随机学习规则

利用随机过程、概率统计和能量函数的关系来调节连接权,如模拟退火(Simulated Annealing,SA)算法、基于生物进化规则的基因遗传(Genetic Algorithm,GA)算法都可视为随机学习算法。

尽管神经网络的学习规则多种多样,但一般可归结如下:

(1)有指导学习:有指导学习不但需要学习用的输入事例(也称为训练样本,通常为一个向量),同时还要求与此对应的表示所需期望输出的目标向量。进行学习时,首先计算一个输入向量的网络输出,然后同相应的目标输出比较,比较结果的误差用来按规定的算法改变加权。如上述的纠错规则以及随机学习规则就是典型的有指导学习。

(2)无指导学习:不要求有目标向量,网络通过自身的"经历"来学会某种功能。在学习时,关键不在于网络实际输出怎样与外部的期望输出相一致,而在于调整权重以反映学习样本的分布,因此,整个训练过程实质是抽取训练样本集的统计特性。如上述的相关学习和竞争学习规则。

(3)强化学习:不要求有目标向量,但需要一个外部的强化信号表明当前网络输出状态的正确或错误。学习时,网络根据强化信号对其输出的评判("好"或"坏")自行决定下一步所要采取的学习方向,通过逐步"试错"达到正确的学习目标。

7.1.6 人工神经网络应用实例

实例:用感知器网络诊断闸门故障

图7-14(a)、(b)、(c)所示是闸门故障诊断中应用感知器网络进行诊断而绘出的由偏态系数和峰值系数构成的二维平面,在这个二维平面中,有4种状态:闸门的正常状态、

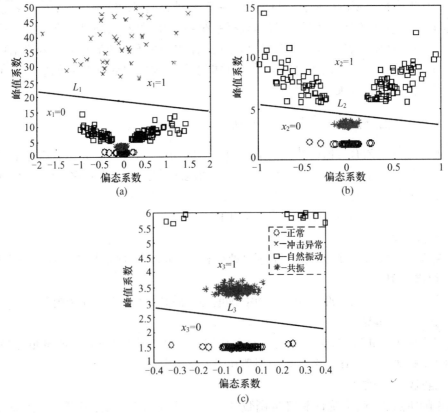

图7-14 闸门故障诊断

共振状态、自激振动和冲击异常,图 7－14(a)所示是正常状态和各种典型故障的分布状况。从图可见:相对于其它 3 种故障,冲击振动的陡峭程度最为突出,在二维平面上可用一条直线 L_1 将冲击振动和其它 3 种状态区分开。将图 7－14(a)进行局部放大得到图 7－14(b),发现除冲击振动外自激振动具有较大的偏态系数和峰值系数。同样可用一条直线 L_2 将自激振动和其余两种状态(正常与共振)划分。进一步放大得图 7－14(c),又可用一条直线 L_3 将共振和正常状态划分。

7.2　小波变换

小波变换是 20 世纪 80 年代后期发展起来的一种分析方法,它来源于工程应用中的信号处理。由于傅里叶(Fourier)变换不能有效地处理时变和非平稳信号,促使了小波理论的产生和发展。小波理论在众多学科尤其是在信号处理领域中的成功应用引起了许多科学家的关注。

小波变换方法的提出可追溯到 1910 年 Haar 提出的 Haar 基,这是最简单小波基,由于 Haar 基的不连续性而未得到广泛的应用。1936 年 Littlewood－Paley 对傅里叶级数建立了 L－P 理论,即按二进制频率成分分组的傅里叶变换的相位变化本质上不影响函数的大小和形状,分组后的傅里叶变换序列相当于带通滤波器作用于原序列,因而 L－P 理论在频域内有以任意尺度分析函数的能力,被认为是多尺度分析的思想雏形。以后,许多数学家为了各种不同的目的,给出了各类函数空间的"原子分解"、"分子分解"、"拟正交展开"、"伪正交分解"、"弱正交展开"等。其中,值得指出的是,J.Peetre 于 1976 年在使用 L－P 方法给出 Besov 空间的统一刻画时,引出了 Besov 空间的一组基,并展开系数的大小刻画了 Besov 空间本身;1982 年 G.Battle 在构造量子场论中使用了类似 Calderon 再生公式的展开式。这些贡献都为小波分析的发展奠定了坚实的数学基础。

7.2.1　从傅里叶变换到小波变换

小波(Wavelet)是一种小区域的波,它是一种特殊的长度有限、平均值为 0 的波形。它有两个特点:"小"和正负交替的"波动性"。"小"是指在时域、频域都具有紧支集或近似紧支集;正负交替的"波动性"是指它的直流分量为零。将小波和构成傅里叶分析基础的正弦波比较如图 7－15。

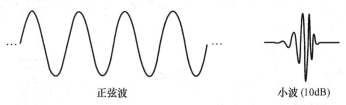

正弦波　　　　　　　　　　小波(10dB)

图 7－15　小波和正弦波的比较

傅里叶分析是将信号分解成一系列不同频率的正弦波的叠加,所用的正弦波在时间上没有限制,从负无穷到正无穷。同样,小波分析是将信号分解成一系列小波函数的叠加,这些小波函数都是由一个母小波函数经过平移与尺度伸缩得来,但小波倾向于不规则与不对称。

傅里叶变换一直是信号处理领域中应用最广泛的一种分析手段,它的基本思想是将信号分解成一系列不同频率的连续正弦波的叠加,将信号从时域转换到频域。傅里叶分析能满足许多实际要求,但其主要不足是变换时丢掉了时间信息,无法根据傅里叶变换的结果判断一个特定信号发生的时间。傅里叶变换只是一种纯频域分析方法,在频域定位完全准确(即频域分辨率最高),而在时域无任何定位性(即时域无分辨率)。因此,傅里叶变换很适用于平稳信号。然而,实际中大多数信号均含有大量的非稳态成分(如偏移、趋势、突变、事件的起始与终止等),而这些反映了信号的重要特征,往往相当重要。如音乐信号,在不同时间演奏不同音符;故障信号,在故障出现的位置对应一个特征信号等。它们的频域特性都随时间而变化。对这一类时变信号进行分析时,通常需要提取某一时间段(或瞬间)的频域信息或某一频段所对应的时间信息。因此,寻求一种具有一定的时间和频率分辨率的基函数来分析时变信号尤为必要。

为了研究信号在局部时间范围的频域特性,1946 年 Gabor 提出了著名的 Gabor 变换,之后进一步发展为 STFT(Short Time Fourier Transform,STFT,又称为加窗傅里叶变换)。其基本思路是给信号加一个小窗,信号的傅里叶变换主要集中在对小窗内的信号进行变换(图 7-16),因此可以反映出信号的局部特征。

图 7-16　STFT 示意图

目前,STFT 在许多领域获得了广泛的应用。但由于 STFT 的窗函数的大小和形状均保持固定不变,不利于时变信号的分析。高频信号一般持续时间很短,期望采用小时间窗进行分析;而低频信号持续时间较长,期望采用大时间窗进行分析。这种变时间窗的要求同 STFT 的固定时窗特性相矛盾。此外,信号离散时 Gabor 基不能构成一组正交基,不便于数值计算。

Gabor 变换的不足却是小波变换的所长,小波变换(图 7-17)不但继承和发展了 STFT 的局部化思想,而且克服了窗口大小不随频率变化、缺乏离散正交基的缺点,是一种比较理想的信号处理方法。

图 7-17　小波变换

傅里叶变换是一种工程实际应用中的变换工具。它将信号分解成一系列不同频率的正弦波叠加,一个信号经傅里叶变换后,就可知道该信号由哪几种频率组成。但傅里叶变

180

换的局限性在于对所有信号都用一种"放大倍数"去看,而小波变换却可以用不同倍数的"放大镜"去观测。

小波分析是非平稳信号时频分析的一种新理论,是数字图像处理的空间—尺度分析和多分辨分析的有效工具,是信号奇异性识别位置—尺度分析的一种新技术,是细微—局部分析中时间—尺度分析的新思路。

7.2.2 小波变换

1. 小波母函数的定义

小波函数的确切定义为:设 $\Psi(t) \in L^2(R)$($L^2(R)$ 为平方可积函数空间),若其变换 $\hat{\Psi}(\omega)$ 满足条件:

$$C_\Psi = \int_R \frac{|\hat{\Psi}(\omega)|^2}{|\omega|} d\omega < \infty \qquad (7-11)$$

则称 $\Psi(t)$ 为一个基本小波或小波母函数。式(7-11)为小波函数的可容许性条件。

2. 小波基函数的定义

将小波母函数 $\Psi(t)$ 进行伸缩和平移,设其伸缩因子(又称尺度因子)为 a,平移因子为 τ,令平移伸缩后的函数为 $\Psi_{a,\tau}(t)$,则有:

$$\Psi_{a,\tau}(t) = a^{-\frac{1}{2}} \Psi\left(\frac{t-\tau}{a}\right) \qquad (a>0, \tau \in R) \qquad (7-12)$$

称 $\Psi_{a,\tau}(t)$ 为依赖于参数 a、τ 的小波基函数。由于尺度因子 a、平移因子 τ 取连续变化的值,因此称 $\Psi_{a,\tau}(t)$ 为连续小波基函数。a 用来调整子波覆盖的频率范围,τ 用来调整子波的时域位置,系数 $1/\sqrt{a}$ 用来实现子波能量的归一化。

虽然小波分析不能同时提供高的频率分辨率和高的时间分辨率,窗口时宽和频宽也相互制约,两者不可能同时都任意小,但它给人们提供了一个选择的机会。在分析信号中的高频突变成分时,时间信息很重要,这时可牺牲频率精度来提高时间精度;在分析信号中的低频趋势时,频率特征很重要,这时可牺牲时间精度来提高频率精度。

3. 小波变换

小波变换是把小波基函数与待分析的信号 $f(t)$ 做内积:

$$WT_x(a,\tau) = \frac{1}{\sqrt{a}} \int_{-\infty}^{\infty} f(t) \Psi^*\left(\frac{t-\tau}{a}\right) dt \qquad (a>0) \qquad (7-13)$$

用以下的比喻可理解式(7-13)的含义:当用镜头观察目标 $f(t)$(待分析信号),$\Psi(t)$ 代表镜头所起的作用(例如滤波或卷积);τ 相当于镜头对目标平行移动;a 相当于镜头向目标推进或拉远。改变尺度因子 a 的值,对函数 $\Psi(t)$ 具有伸展($a>1$)或收缩($a<1$)的作用(图7-18);改变平移因子 τ,则会影响函数 $f(t)$ 围绕 τ 点的分析结果(图7-19)。图7-20是小波波形及小波频谱图随参数尺度因子 a 和平移因子 τ 的变化图。

4. 小波变换的特点

小波变换的特点如下:

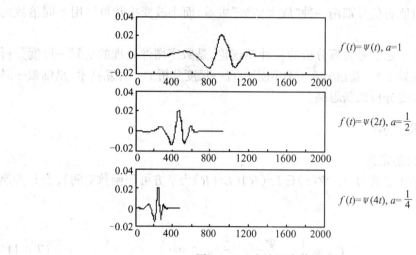

图 7 − 18　小波尺度伸缩

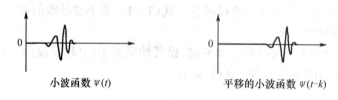

小波函数 $\Psi(t)$　　　　　　平移的小波函数 $\Psi(t-k)$

图 7 − 19　小波平移

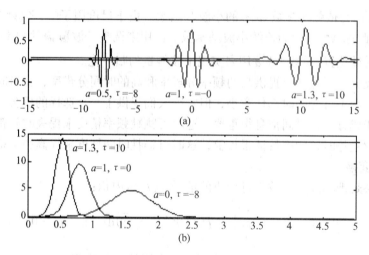

(a)

(b)

图 7 − 20　小波波形及小波频谱图随参数变化图

(a) 小波的波形随参数 a , τ 变化；(b) 小波频谱图随参数 a 、τ 变化。

（1）有多分辨率（multi − resolution），也叫多尺度（multi − scale）的特点，可以由粗至细地逐步观察信号。

（2）可以看成用基本频率特性为 $\Psi(\omega)$ 带通滤波器在不同尺度 a 下对信号做滤波，且其品质因素恒定。

（3）适当地选择基小波，使 $\Psi(t)$ 在时域上为有限支撑，$\Psi(\omega)$ 在频域上也比较集中，就可以使小波变换在时域、频域都具有表征信号局部特征的能力,因此有利于检测信号的瞬态和奇异点。

因此,小波变换被誉为信号分析的数学显微镜。

7.2.3 小波分解与重构

1. 多尺度分解

对大多数信号来说,低频部分往往给出信号的特征,而高频部分则与噪声和干扰相关。滤去信号的高频部分,信号的基本特征仍然保留。图7-21所示是一正弦信号的分解。多尺度分解(图7-22)是将信号分解为低频部分和高频部分,保留下来的低频部分再进一步分解为低频部分和高频部分,直至得到需要的信号的基本特征。当然,信号分解的层数不是任意的,例如长度为 N 的信号最多能分成 $\log_2 N$ 层。实际应用中,根据需要选择合适的分解层数。图7-23所示是一个实际的信号进行多尺度分解的情况。

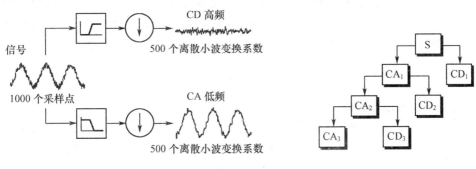

图7-21 染噪正弦信号的分解   图7-22 多尺度分解

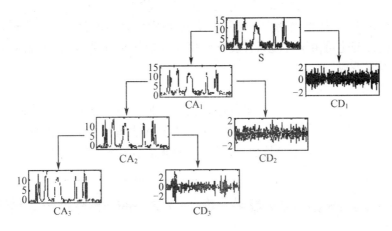

图7-23 实际的信号进行多尺度分解

2. 小波包分解

小波包分解是从小波分析延伸出来的一种对信号进行更加细致的分析与重构的方法。在小波多尺度分解(图7-22)中,将信号分解成低频部分与高频部分,只对低频部分再做进一步分解。小波包分解(图7-24)不仅对低频部分进行分解,而且对高频部分也进行同样的分解。它的主要优点是可以对信号的高频部分做更加细致的刻画,信号的分析能力更强。

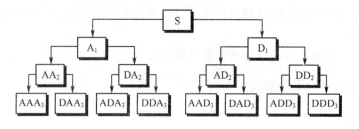

图 7-24 小波包分解

3. 信号的重构

将信号分解成一个个互相正交小波函数的线性组合，可以展示信号的重要特征，但这并不是小波分析的全部。小波分析的另一个重要方面就是在分析、比较、处理（如去掉高频信号、或某些低频信号、或加密等）小波变换系数后，根据新得到的系数去重构信号，这个过程称为逆离散小波变换（IDWT）或小波重构、合成等。经过信号的分解和重构，去掉一些不需要的成分，保留一些重要的特征，使小波分析在许多场合得到相当有效的应用。

7.2.4 小波分析在故障诊断中的应用

1. 趋势项的提取和去除

在机械故障诊断中,测得的信号中往往存在各种干扰,如邻近机器或部件的振动干扰、电气干扰以及测试仪器本身在信号传输中的噪声干扰等,故障信息常泯没于这些噪声之中,这就给故障特征信息的提取带来了很大的困难。因此,实际应用中需要对信号进行预处理,提取特征信号,提高故障诊断的灵敏度和可靠性。

在信号分析中,一般把周期大于记录长度的频率成分叫做趋势项,它代表数据缓慢变化的趋势。这种变化可由于环境条件变化或仪器性能漂移而造成,也可能由于被监测的机器性能不稳定造成。

1) 提取趋势项

图 7-25 所示是含有有用趋势项的原始信号。为了提取信号中有用的发展趋势,进行 6 尺度的分解(图 7-26),分解结果中的低频部分代表着信号的发展趋势,随着尺度的增加,它含有的高频信息会越来越少,最后剩下的就是信号的发展趋势。

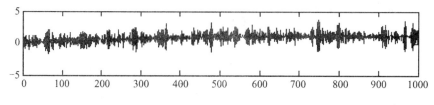

图 7-25 含有有用趋势项的原始信号

2) 去除信号中的趋势项

有一信号 S,该信号由三角形信号、正弦信号和噪声信号组成(图 7-27)。

图 7-28所示是将信号进行7层正交小波分解,其中a7为第7层低频系数重构图,

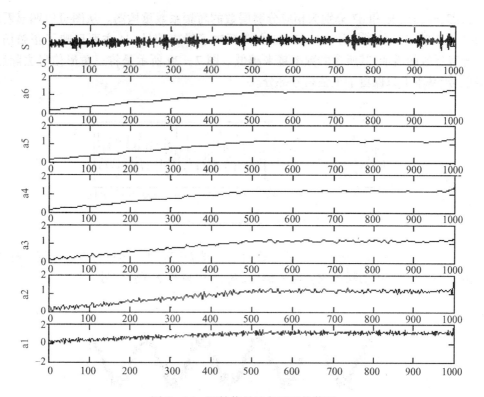

图 7-26 原始信号及各层重构信号

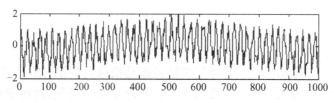

图 7-27 原始信号 S

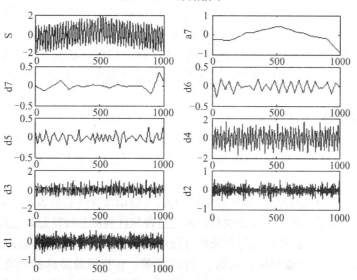

图 7-28 原始信号及各层重构图

d1、d2、d3、d4、d5、d6 和 d7 分别为相应分解层数的高频系数重构图。从图可以明显看出，a7 基本上反映了三角形信号，d1、d2、d3 主要反映了噪声信号，d4 主要反映了正弦信号。随着分解层数的增加，其所含的频率越来越低。图 7-29 所示是将三角形信号去除后重构的信号，基本上只保留了正弦信号部分。

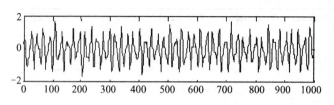

图 7-29 去除趋势项后的信号

图 7-30 所示是含有噪声信号的原始信号。图 7-31 对信号进行 5 层分解。随着分解层数的增加，信号中的噪声成分越来越少，在 a5 中只剩下正弦信号。

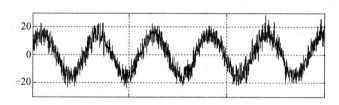

图 7-30 原始信号

2. 故障特征提取

图 7-32 所示是发动机正常状态下的缸盖振动信号与频谱，图 7-33 所示是漏气状况下的缸盖振动信号及其频谱。对比图 7-32 和图 7-33 可见，两种原始振动信号从时域波形和频谱图上几乎无法区分。

对整循环缸盖振动信号进行小波包分解，得到信号的三维时频能量分布图。图 7-34 所示是正常状况下缸盖振动信号小波包分解，图 7-35 所示是排气门漏气状况下缸盖振动信号小波包分解。在小波包分解图中，排气门漏气状况下缸盖振动信号的能量集中在 360°、小波包序列 8 附近，两种状况能量分布明显不同，可以得到明确的判断。

3. 奇异点检测

机械状态监测中，信号的突变点常常含有更多的故障信息，它们往往反映故障引起的撞击、振荡、摩擦、转速的突变、结构的变形和断裂等，因此与稳定信号相比，突变信号更应引起注意。

信号的突变点称为奇异点，信号变化的快慢，可以用奇异性指数表示。利用小波变换可以测定奇异点的位置。利用小波变换对信号进行奇异性检测和特征提取已经获得了许多实际应用，例如在理论物理、分形几何和随机过程中的应用、对湍流数据的处理、心电图和雷达信号的分析、信号特征提取和模式识别、立体匹配等。在机械故障诊断领域，如超声波无损探伤信号的分析、柴油机油压波形识别、钢丝绳断丝检测以及切削颤振的分析等。

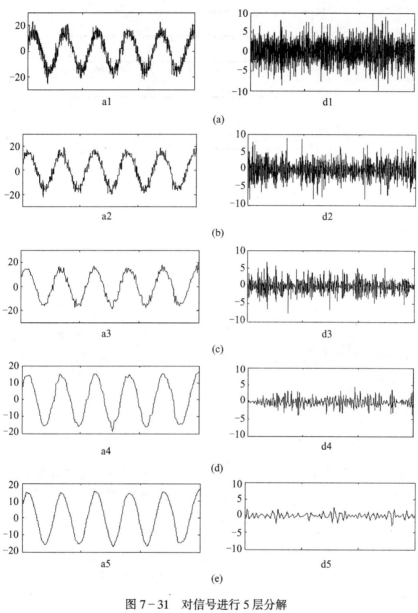

图 7-31 对信号进行 5 层分解

(a) 一层分解；(b) 二层分解；(c) 三层分解；(d) 四层分解；(e) 五层分解。

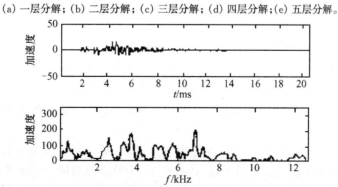

图 7-32 正常状况下振动信号与频谱

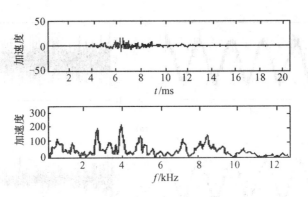

图 7-33 漏气状况下的振动信号及其频谱

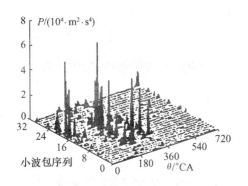

图 7-34 正常状况下缸盖振动信号小波包分解

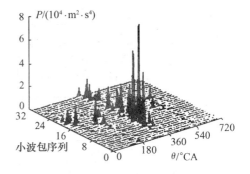

图 7-35 排气门漏气状况下缸盖
振动信号小波包分解

通常情况下,信号奇异性分析分两种情况:①信号在某一个时刻幅值发生突变,引起信号的不连续,这称为第一类型间断点;②信号外观很光滑,幅值没有突变,但信号的一阶微分有突变产生,一阶微分是不连续的,这称为第二类型的间断点。

1) 第一类型的间断点的检测

对于一给定的含有突变点的信号 S,信号的不连续是由于低频特征的正弦信号中突然有中高频特征的正弦信号加入。通过小波分析可以清楚地将突变点的时间检测出来。图 7-36 所示是第一类间断点识别的小波分析结果。

从图 7-36 可以看出,在该信号的小波分解中,第一层(d1)和第二层(d2)的高频部分将信号的不连续点显示得相当明显和精确。

2) 第二类型的间断点的检测

第二类型间断点的特点是信号外观很光滑,幅值没有突变,但是信号的一阶微分有突变产生,一阶微分不连续。图 7-37 所示是对一给定的原始信号利用小波分析的结果。其中,信号 S 由两个独立的满足指数方程的信号连接而成,一阶微分曲线在 $t=100$ 点处不连续。

从图 7-37 可以看到,将该信号进行小波分解后,第一层的低频部分 a1 和高频部分 d1 将信号的不连续点显示得相当明显,信号在 $t=100$ 点处有明显的不连续。

小波变换克服了加窗傅里叶变换的时频分辨率固定不变的缺点,不仅能反映信号瞬

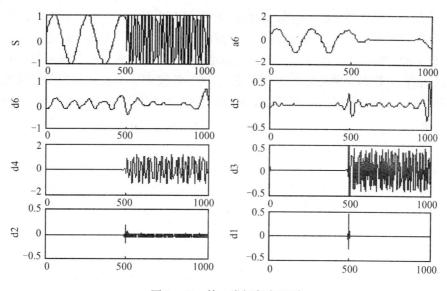

图 7-36　第一类间断点识别

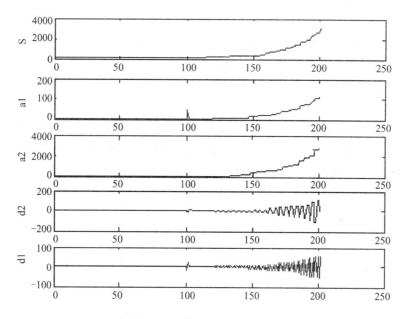

图 7-37　第二类间断点识别

变过程的频率特性,同时保留了瞬变过程发生的时间(或空间)位置,能适应信号不同频率的要求,所以小波变换非常适用于非平稳信号和突变信号的时频分析。小波变换具有多分辨分析的特点和带通滤波器的特性,常用于滤波、降噪、基频提取等。

7.3　模糊诊断方法

模糊(Fuzzy)理论中常把一个事物的"不确定"程度用数学定量地表示出来,说明"不确定"度的大小。例如要表示大气的温度,当确定了时间、地点后,大气温度就是唯一确定的数值,是确定的概念;但当表明该地某一时刻的气温是"热"、"不热"或"适中"这些信息时,则需用不确定的概念。由于人们对大气温度的感受不同,而且感受随时间、场合的变化也不尽相同,究竟多少摄氏度才算"热"或"不热",并没有一个公认的定量标准或界限。因气温的变化是逐渐且连续的,不存在突变,故大气温度"热"、"不热"、"适中"这类词语就包含了不确定的概念,其分界线模糊不清,这类信息称之为模糊信息。在模糊理论中模糊信息的不确定程度用"元函数"来表达。

元函数可看作一个表示"不确定"程度的集合,称为"模糊集"。模糊集的边界是不确定的,元函数中的确定性与概率论或统计学中的确定性有本质的不同。概率代表某一事件发生前的不确定率,但事件发生后就变成了一个确定的值,然而元函数即使在事件发生后也是不确定的。

模糊理论是1965年由美国科学家Zedeh提出,它是解决复杂的非线性系统决策所使用的一种方法。Zadeh提出的"不相容原理"指出:当系统的复杂性增加时,我们使之精确且有效地描述系统行为的能力就减少,当达到某一阈值时,精确性和有效性(或相关性)变得相互排斥。一些现实系统,如大规模信息处理系统、神经网络系统、博弈和结构/机械系统等领域中,不仅存在随机性意义下的不确定性,而且还存在系统内涵和外延上的不确定性,即存在所谓模糊性。模糊性是指事物的差异在中间过渡时所呈现出的"亦此亦彼"性,即指区分或评价客观事物差异的不分明性。

随着现代科学技术的飞速发展,机械不断复杂化,根据Zadeh的"不相容原理",机械的复杂性越高,机械系统的模糊性就越强。这一特性迫使我们在对机械状态进行监测和故障诊断时,必须处理大量的模糊信息。例如,机械的故障征兆可用许多模糊的概念来描述,如"振动强烈"、"噪声大"、"污染严重",故障原因用"偏心大"、"磨损严重"等。为此,必须运用模糊数学这一新的数学工具,分析处理机械状态监测和故障诊断各个环节中所遇到的各种模糊信息,对它们进行科学的、定量的处理和解释。以模糊数学为基础,将模糊现象与因素间关系用数学表达方式描述,并用数学方法进行运算,得到某种确切的结果,这就是模糊诊断方法。

7.3.1 隶属函数

模糊数学将0、1二值逻辑推广到可取[0,1]闭区间中任意值的连续逻辑,此时的特征函数称为隶属函数 $\mu(x)$,它满足 $0 \leqslant \mu(x) \leqslant 1$,并表征所论及的特征 K 以多大程度隶属于状态空间 $\Omega = \{\omega_1, \omega_2, \cdots, \omega_m\}$ 中哪一个子集 $\{\omega_i\}$,用 $\mu_K(x)$ 表示,$\{x\}$ 为表征某一种状态 $\{\omega_i\}$ 的特征变量,称 $\mu_K(x)$ 为 $\{x\}$ 对 K 的隶属度。对于故障诊断而言,当 $\mu(x)=0$ 时,表示无此特征;当 $\mu(x)=1$ 时,表示肯定有此特征,即机械肯定有此故障。隶属函数在模糊数学中占有重要地位,它把模糊性进行数值化描述,使事物的不确定性在形式上可用数学方法计算。在诊断问题中,隶属函数的正确选择是首要的工作,若选取不当,则会背离实际情况而影响诊断精度。常用的隶属函数有20余种,可分为三大类:一类是上升型,随 x 增加而上升;另一类是下降型,随 x 增加而下降;第三类为中间对称型。这三类隶属函数可通过式(7-14)的广义隶属函数进行表示:

$$\mu(x) = \begin{cases} I(x) & (a \leqslant x < b) \\ h & (b \leqslant x \leqslant c) \\ D(x) & (c < x \leqslant d) \\ 0 & (x < a, x > d) \end{cases} \tag{7-14}$$

其中，$I(x) \geqslant 0$ 为 $[a,b]$ 上的严格单调增函数，$D(x) \geqslant 0$ 为 (c,d) 上的严格单调减函数，$h \in (0,1)$ 称为模糊隶属函数的高度，通常取为 1。部分常用的隶属函数如表 7-2。

表 7-2 常用隶属函数

类型	图形	表达式
升半矩形分布		$\mu(x) = \begin{cases} 0, & 0 \leqslant x \leqslant a \\ 1, & x > a \end{cases}$
升半正态分布		$\mu(x) = \begin{cases} 0, & 0 \leqslant x \leqslant a \\ 1 - \exp(k(x-a)^2), & x > a \end{cases}$
升半梯形分布		$\mu(x) = \begin{cases} 0, & 0 \leqslant x \leqslant a_1 \\ (x-a_1)/(a_2-a_1), & a_1 < x \leqslant a_2 \\ 1, & x > a_2 \end{cases}$
升半指数分布		$\mu(x) = \begin{cases} 1/2\exp(k(x-a)), & 0 \leqslant x \leqslant a \\ 1 - 1/2\exp(k(x-a)), & x > a \end{cases}$
升半柯西分布		$\mu(x) = \begin{cases} 0, & 0 \leqslant x \leqslant a \\ 1 - 1/(1 + k(x-a)^2), & x > a \end{cases}$
降半矩形分布		$\mu(x) = \begin{cases} 1, & 0 \leqslant x \leqslant a \\ 0, & x > a \end{cases}$

类　型	图　形	表　达　式
降半正态分布		$\mu(x) = \begin{cases} 1, & 0 \leqslant x \leqslant a \\ \exp(k(x-a)a^2), & x > a \end{cases}$
降半梯形分布		$\mu(x) = \begin{cases} 1, & 0 \leqslant x \leqslant a_1 \\ (a_2-x)/(a_2-a_1), & a_1 < x \leqslant a_2 \\ 0, & x > a_2 \end{cases}$
降半指数分布		$\mu(x) = \begin{cases} 1 - 1/2\exp(k(x-a)), & 0 \leqslant x \leqslant a \\ 1/2\exp(k(x-a)), & x > a \end{cases}$
降半柯西分布		$\mu(x) = \begin{cases} 1, & 0 \leqslant x \leqslant a \\ 1/(1+k(x-a)^2), & x > a \end{cases}$
矩形分布		$\mu(x) = \begin{cases} 1, & 0 \leqslant x \leqslant a-b \\ 1, & a-b < x \leqslant a+b \\ 0, & x > a+b \end{cases}$
正态分布		$\mu(x) = e^{-k(x-a)^2}$ $k > 0$
柯西分布		$\mu(x) = 1/(1+(x-a))^\beta$ $k > 0, \beta$ 为正偶数
梯形分布		$\mu(x) = \begin{cases} 0, & 0 \leqslant x \leqslant a-a_2 \\ (a_2+x-a)/(a_2-a_1), & a-a_2 < x < a-a_1 \\ 1, & a-a_1 \leqslant x \leqslant a+a_1 \\ (a_2-x+a)/(a_2-a_1), & a+a_1 < x < a+a_2 \\ 0, & x \geqslant a+a_1 \end{cases}$

在选择隶属函数及确定参数时,应该结合具体问题加以研究,根据历史统计数据、专家经验和现场运行信息来合理选取。

有时为了简化问题,可以把连续隶属度函数近似用多值逻辑来代替,如根据隶属度的值将机器状态分为若干等级:很好、较好、一般、较差和很差等(图7-38)。

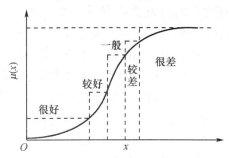

图7-38 隶属函数与近似的多值逻辑函数

7.3.2 模糊向量

对一个系统或一台机械,可能发生的故障可以用一个集合来定义,通常用状态论域表示:

$$\Omega = \{\omega_1, \omega_2, \cdots, \omega_m\}$$

式中 m——故障的种数。

同理,对于与这些故障有关的各种特征也用一个集合来定义,用征兆论域表示:

$$K = \{K_1, K_2, \cdots, K_n\}$$

式中 n——特征的种数。

这两个论域中的元素均用模糊变量而不用逻辑变量来描述,它们均有各自的隶属函数,可以理解为各故障或征兆发生的可能度。如 ω_i 的隶属函数为 $\mu_{\omega i}(i=1,2,\cdots,m)$;$K_j$ 的隶属函数为 $\mu_{Kj}(j=1,2,\cdots,n)$,其向量形式可具体表示为:

$$A = [\mu_{K1}, \mu_{K2}, \cdots, \mu_{Kn}]$$
$$B = [\mu_{\omega 1}, \mu_{\omega 2}, \cdots, \mu_{\omega m}]$$

称 A 为特征模糊向量,是故障在某一具体征兆论域 K 上的表现;B 为故障模糊向量,是故障在具体状态论域 Ω 上的表现。

7.3.3 模糊关系方程

故障的模糊诊断过程,可认为是状态论域 Ω 与征兆论域 K 之间的模糊矩阵运算。模糊关系方程为:

$$B = R * A \tag{7-15}$$

式中 R——模糊关系矩阵;

$$\boldsymbol{R} = \begin{bmatrix} R_{11} & R_{12} & \cdots & R_{1n} \\ R_{21} & R_{22} & \cdots & R_{2n} \\ \cdots & \cdots & \cdots & \cdots \\ R_{m1} & R_{m2} & \cdots & R_{mn} \end{bmatrix}$$

它表示故障原因和特征之间的因果关系,有 $0 \leqslant R_{ij} \leqslant 1$($i = 1, 2, \cdots, m$;$j = 1, 2, \cdots, n$);"$*$"为广义模糊逻辑算子,可表示不同的逻辑运算。

模糊关系矩阵有等价关系和相似关系两种。等价关系满足自反性、对称性和传递性,相似关系只能满足自反性和对称性。模糊关系矩阵的确定是模糊诊断中十分重要的一个环节,需要参考和总结大量故障诊断经验、实验测试及统计分析的结果。如在旋转机械故障诊断中,可参考振动征兆表和得分表,根据机组运行特性对各种征兆信息,人工进行评价,从而确定模糊关系矩阵中的诸元素。但应注意到书本上所提供的分表和你要监视的实际机械可能有很大的差别,因为故障是随机的,对于不同的机器,在不同的运行条件下,故障模式可能不同,并且有些得分表是许多机械运行结果的综合,和实际被监测的机械往往有很大的距离。最好结合实际监测机械的运行记录作出自己的得分表,在机器长期运行过程中,反复修改矩阵中的各元素,直到诊断结果满意为止。

模糊逻辑运算根据算子的具体含义不同,可以有多种算法,如基于合成算子运算的最大最小法、基于概率算子运算的概率算子法、基于加权运算的权矩阵法等。其中最大最小法可突出主要因素;概率算子法在突出主要因素的同时兼顾次要因素;权矩阵法即为普通的矩阵乘法运算关系,可综合考虑诸因素不同程度的影响。

7.3.4 模糊系统的基本结构

模糊系统通常由模糊化接口、模糊规则库、模糊推理机以及非模糊化接口 4 个基本部分组成。考虑到一个多输出的系统总可以分解为多个单输出的系统进行处理,因此,在此仅讨论多输入单输出(Multi - Input - Single - Output, MISO)的模糊系统 f:

$$U \subset R^n \rightarrow V \subset R$$

式中　U——输入空间:$U = U_1 \times U_2 \times \cdots \times U_n \subset R^n$;

　　　V——输出空间:$V \subset R$;

　　　"$\times$"——笛卡尔积(Cartesian Product)。

图 7 - 39 给出了一个 MISO 模糊系统的基本结构。

1. 模糊化接口

模糊化接口用于实现精确量到模糊量的变换。实质上,模糊化是通过人的主观评价将一个实际测量的精确数值映射为该值对于其所处论域上模糊集的隶属度。最常使用的模糊化方法为单点模糊化,它定义为:某一个确定的输入量 x_0 可看成仅在 x_0 点对于模糊集 A 的隶属度为 1,而其它点的隶属度均为 0,即:

$$\mu_A(x) = \text{Fuzzy}(x) = \begin{cases} 1, & x = x_0 \\ 0, & x \neq x_0 \end{cases} \qquad (7 - 16)$$

目前,对于模糊系统的函数逼近性能的研究都是基于单点模糊化方法。

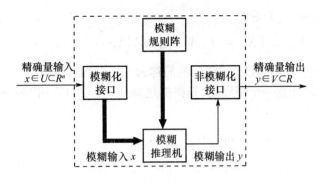

图 7 - 39 　模糊系统的基本结构

2. 模糊规则库

模糊规则库由一系列的模糊语义规则和事实所组成,它包含了模糊推理机进行工作时所需要的事实和推理规则的结构。对于一个 MISO 模糊系统,其规则可表示为:

$$\text{规则 } R_{i_1 i_2 \cdots i_n}: \text{IF} x_1 \text{ 为 } A_{i_1}^1 \text{、} x_2 \text{ 为 } A_{i_n}^2 \text{、} \cdots x_n \text{ 为 } A_{i_n}^n, \text{THEN} y \text{ 为 } B_{i_1 i_2 \cdots i_n} \qquad (7-17)$$

式中　x_j——模糊系统的输入变量$(j=1,2,\cdots,n)$;

　　　y——输出变量;

　　　N_j——所属论域 U_j 上的基本语义项模糊集的数目;$i_j=1,2,\cdots,N_j$。

$A_{i_j}^j \subset U_j , B_{i_1 i_2 \cdots,i_n} \subset V$ 分别表示论域 U_j 和 V 上的语义项模糊集,且其隶属函数分别记为:$A_{i_j}^i(x_j)$ 和 $B_{i_1 i_2 \cdots i_n}(y)$。对 MISO 模糊系统,其规则总数 $N = \prod_{j=1}^n N_j$。

模糊系统的每一条规则 $R_{i_1 i_2 \cdots i_n}$ 都可以看作一个模糊蕴含关系 $R_{i_1 i_2 \cdots i_n} = A_{i_1}^1 \times A_{i_2}^2 \times \cdots \times A_{i_n}^n \rightarrow B_{i_1 i_2 \cdots i_n}$,它定义了论域 $U \times V = U_1 \times U_2 \times \cdots \times U_n \times V$ 上的一个模糊子集,且其隶属度函数由模糊蕴含算子 I 定义,即:

$$R_{i_1 i_2 \cdots i_n}(X,y) = I[A_{i_1}^1(x_1), A_{i_2}^2(x_2), \cdots, A_{i_n}^n(x_n), B_{i_1 i_2 \cdots i_n}(y)] \qquad (7-18)$$

此处,$X = (x_1, x_2, \cdots, x_n)^{\mathrm{T}} \in U, y \in V$。

实际中,应用最为广泛的模糊蕴含算子是代数积蕴含:

$$I(x,y) = xy \qquad (7-19)$$

3. 模糊推理机

模糊推理机是模糊系统的核心,它是一套决策逻辑,通过模仿人脑的模糊性思维方式,应用模糊规则库中的模糊语言规则推出系统在新的输入或状态作用下应有的输出或结论。

对于 MISO 模糊系统,其规则库由一系列如式(7-17)所示的具有多维输入变量的规则所组成,为了能够应用模糊关系的 Sup - T 合成运算进行推理,必须将规则经过一定的变换,其中最为常用的变换方法是查德(Zadeh)法,它将论域 $U_1 \times U_2 \times \cdots \times U_n \times V$ 上的蕴含关系看成论域 $U \times V = (U_1 \times U_2 \times \cdots \times U_n) \times V$ 上的蕴含关系,将规则式(7-17)变为如下的形式:

$$R_{i_1 i_2 \cdots i_n}: \text{IF} X \text{ 为 } A_{i_1 i_2 \cdots i_n}, \text{THEN} y \text{ 为 } B_{i_1 i_2 \cdots i_n} \qquad (7-20)$$

其中，$X = (x_1, x_2, \cdots, x_n)^T \in U$。

$$A_{i_1 i_2 \cdots i_n}(X) = T[A_{i_1}^1(x_1), A_{i_2}^2(x_2), \cdots, A_{i_n}^n(x_n)] \qquad (7-21)$$

式中　$T[\cdot]$——广义模糊交(三角模或简称为 T-模)运算。

令 A 为 U 上的任意一个模糊集，则根据规则式(7-20)应用 Sup-T 合成可以确定 y 上的一个模糊集 $V_{i_1 i_2 \cdots i_n}$，且：

$$V_{i_1 i_2 \cdots i_n}(y) = \underset{X' \in U}{\text{Sup}}[A(X'), T(A_{i_1 i_2 \cdots i_n}(X), B_{i_1 i_2 \cdots i_n}(y))] \qquad (7-22)$$

式中，$A(X')$ 可利用式(7-21)求得。注意，式(7-21)和式(7-22)中的 T-模不一定相同。在实际模糊系统中，这里的 $A(X')$ 为模糊化接口输出模糊集的隶属函数，其中，X' 表示实际的测量输入。

4. 非模糊化接口

非模糊化处理实现从输出论域上的模糊子空间到普通清晰子空间的映射。尽管非模糊化方法已经得到了广泛研究，但对于一个实际问题，还没有系统的方法来选择最佳的非模糊化方法。目前最常使用的为重心法(COA)，其实质是选择输出可能分布的重心作为系统输出值，如对于 MISO 系统，根据式(7-22)求得推理结论后，最终输出 y 可由式(7-23)给出：

$$y = \frac{\sum\limits_{i_1 i_2 \cdots i_n \in I} V_{i_1 i_2 \cdots i_n}(y_{i_1 i_2 \cdots i_n}) \cdot y_{i_1 i_2 \cdots i_n}}{\sum\limits_{i_1 i_2 \cdots i_n \in I} V_{i_1 i_2 \cdots i_n}(y_{i_1 i_2 \cdots i_n})} \qquad (7-23)$$

式中　I——指标集，$I = \{i_1, i_2, \cdots, i_n \mid i_j = 1, 2, \cdots, N_j, j = 1, 2, \cdots, n\}$；$y_{i_1 i_2 \cdots i_n} \in V$，且
$B_{i_1 i_2 \cdots i_n}(y_{i_1 i_2 \cdots i_n}) = \underset{y \in v}{\max} B_{i_1 i_2 \cdots i_n}(y)$，当 $B_{i_1 i_2 \cdots i_n}$ 为正规模糊集时，$B_{i_1 i_2 \cdots i_n}$ $(y_{i_1 i_2 \cdots i_n}) = 1$。

7.3.5　模糊诊断准则

模糊诊断的实质是根据模糊关系矩阵 R 及征兆模糊向量 A，求得状态模糊向量 B，从而根据判断准则大致确定有故障还是无故障。

1. 最大隶属准则

取 B 中隶属度最大的元素：

$$\mu_{\omega_i} = \underset{1 \leqslant m \leqslant m}{\max} \{\mu_{\omega_1}, \mu_{\omega_2}, \cdots, \mu_{\omega_m}\}$$

隶属于模糊子集 ω_i，即发生了第 i 种故障。这是一种直接的状态识别方法。

2. 择近准则

当被识别的对象本身也是模糊的，或者说是状态论域 Ω 上的一个模糊子集 S 时，此时需通过识别 S 与征兆论域中 K 个模糊子集 F_1、F_2、$\cdots$、F_K 的关系来进行判断，若：

$$(S, F_i) = \underset{1 \leqslant i \leqslant n}{\max}(S, F_i)$$

则

$$S \in F_i$$

即故障相对属于论域中的第 i 类。

择近准则是一种间接的状态识别方法,它通过表现被识别事物的模糊子集来判断此事物属于哪一类。

3. 模糊聚类准则

在确定模糊等价关系矩阵后,根据截集定理,在适当的限定值上进行截取,按照不同水平对矩阵进行分割和归类,从而获得相应的故障类别。

目前模糊诊断方法在故障诊断领域的应用已较为广泛,但也存在一些问题,如隶属函数形式的选择和参数的确定以及模糊关系矩阵的建立等,模糊诊断中,人的干预程度较大。

7.4　专　家　系　统

7.4.1　概述

专家系统(Expert System)是一种"基于知识"(knowledge based)的人工智能诊断系统。它根据某领域专家们提供的知识和经验进行推理和判断,模拟人类专家的决策过程,解决那些需要人类专家才能处理的复杂问题。专家系统能够模拟、再现、保存和复制人类专家处理问题的过程,有时还能超过人类专家的脑力劳动。专家系统是人工智能从实验室研究进入实用领域的一个里程碑,是人工智能领域中目前最活跃、最成功的一个分支。由于它能在各学科、各行业中逐步取代大部分非重复性脑力劳动,从而获得巨大的经济效益与社会效益,引起各国的充分重视,获得了许多新的进展,在医学、许多工程领域都应用得非常成功。在工程领域,它比较适用于复杂的、比较规范化的大型动态系统。由于这种系统大部分故障是随机的,人们很难判断,这时就有必要汇集众多专家知识进行诊断。

专家系统是人工智能中的一个重要分支,是一种具有推理能力的计算机智能程序,它根据某一特定领域内专家们的知识和经验进行推理,具有与专家同等水平来解决十分复杂问题的能力。建立专家系统的主要目的是利用某一特定问题领域的专家知识和经验,支持和帮助该领域的非专家去解决复杂问题。

1. 专家系统的基本概念

所谓"专家",是指拥有某一特定领域的大量知识,以及丰富的经验。在解决问题时,专家们通常拥有一套独特的思维方式,能较圆满地解决一类困难问题,或向用户提出一些建设性的建议等。专家能利用启发性知识和专门领域的理论来对付问题的各种情况。

对于专家系统,目前尚无一个精确的、全面的、公认的定义。但一般认为:专家系统是一个具有大量的专门知识与经验的程序系统,它应用人工智能技术和计算机技术,根据某领域一个或多个专家提供的知识和经验,进行推理和判断,模拟人类专家的决策过程,以便解决那些需要人类专家才能处理的复杂问题。

专家系统应具备以下的智能水平:

(1)专家系统能够解决问题。解决问题是专家系统的目的,为了得出结论,专家系统能把大问题分解为几个小问题,最终解决问题。

(2)专家系统能理解用户给出的信息。如果信息模棱两可或者相矛盾,专家系统会要求澄清问题或者要求给出更多的信息。

（3）专家系统能够学习。如果某个专家系统面对的是一个新问题，它将保存用户选择出来用于以后使用的信息、问题相关的信息和解决方案。专家系统以逻辑推理为手段，以知识为中心解决问题。

一般专家系统执行的求解任务是知识密集型的，专家系统必须具备3个要素：

（1）领域专家级知识。专家系统必须包含领域专家的大量知识，它能处理现实世界中提出的需要由专家来分析和判断的复杂问题。

（2）模拟专家思维。专家系统必须拥有类似人类专家思维的推理能力，在特定的领域内模仿人类专家思维来求解复杂问题。

（3）达到专家级的水平。它能利用专家推理方法让计算机模型来解决问题，如果专家系统所要解决的问题和专家要解决的问题相同的话，专家系统应该得到和专家一致的结论。

目前，专家系统在各个领域中已经得到广泛应用，并取得了可喜的成果。

2．专家系统的发展

专家系统是在人工智能的研究过程中产生的一门新兴的学科。对于专家系统的发展，大致可分为孕育期（1965 年以前）、产生期（1965 年～1971 年）、成熟期（1972 年～1977年）和发展期（1978 年～）4 个阶段。

1）孕育期

1956 年人工智能诞生后，人工智能的研究者们做了大量的工作，以侧重解决问题可分为 3 个阶段：一般问题求解、知识表示和搜索以及专家系统。

在人工智能产生的初期，研究者认为，人工智能作为一门科学也应该像数学、物理等学科那样能够有自身的定理、定律，这些规律就构成了人类所有智能行为的特点。发现这些规律就可以方便地利用机器模拟人类智能行为，从而解决各种领域的问题。所以，人工智能工作者最初致力于研究一种通用问题求解程序（GPS），试图寻找一般的方法来模仿复杂的思维过程。然而，尽管取得了一些进展，但没有实质性突破。其成果也主要表现在解决一些具体问题上，如 1956 年 A.Newell、J.Shaw 和 H.A.Simon 编制的 LT 系统实现定理证明；A.L.Samuel 研制的西洋跳棋程序等。因此，到 20 世纪 60 年代初，人工智能的研究便转向较具体的问题上，集中力量开发通用的方法或技术，主要是研究一般的方法来改进知识的表示和搜索，并用来建立专用程序。到 20 世纪 60 年代中期，人工智能工作者已开始认识到：问题求解能力不仅取决于它使用的形式化体系和推理模式，而且取决于它所拥有的知识。1965 年 Stanford 大学计算机系的 Feigenbaum 就提出要使程序能够达到很高的性能，以便付诸实际使用，就必须把模仿人类思维规律的解题策略与大量的专门知识相结合。基于这种思想，他与遗传学家 J.Lederberg、物理学家 C.Djerassi 等人合作研制出了根据化合物的分子式及其质谱数据帮助化学家推断分子结构的计算机程序系统DENDRAL（1968）。此系统获得极大成功，解决问题的能力已达到专家水平，某些方面甚至超过同领域的化学专家。DENDRAL 系统的出现，标志着人工智能研究开始向实际应用阶段过渡，同时也标志着人工智能的一个新的研究领域——专家系统的诞生。

2）产生期

专家系统 DENDRAL 的开发成功，说明把人类专家的知识赋予计算机，计算机就会像人类专家一样聪明，知识是计算机具有智能的基础，从而极大地鼓舞了人工智能界的同仁,使一度徘徊的人工智能出现了新的生机。

此时,开发了数学专家系统 MACSYMA。它是一个为解决复杂微积分运算和数学推导而开发的大型专家系统。

人们把这两个专家系统称为第一代专家系统的代表。第一代专家系统的特点是:

(1) 高度专业化,结构和功能不完整,不易用于其它领域(移植性差)。

(2) 只注重系统的性能,在专业问题上求解能力强,但缺乏系统的透明性和灵活性。

3) 成熟期

20 世纪 70 年代被称为专家系统的成熟期。专家系统的观点逐渐为人们所接受,从而先后出现了一批卓有成效的专家系统,尤其突出的是在医疗领域。较具代表性的专家系统有 MYCIN,CASNET,INTERNIST,AM,HEARSAY,PROSPECTOR 等。

MYCIN 是 E.H.Shortliffe 等人 1972 年开始研制的用于诊断和治疗传染性疾病的医疗专家系统,于 1974 年基本完成,以后又经过不断改进和扩充,成为第一个功能较全面的专家系统。MYCIN 不仅能对传染性疾病做出专家水平的诊断和治疗选择,而且便于使用、理解、修改和扩充。它可以使用自然语言(英语)同用户对话,并回答用户提出的问题,还可以在专家的指导下学习新的医疗知识。MYCIN 第一次使用了知识库的概念,并使用了似然推理技术。MYCIN 是一个对专家系统的理论和实践都有较大贡献的专家系统,后来的许多专家系统都建立在 MYCIN 的基础上。

PROSPECTOR 是一个探矿专家系统,由 Stanford 大学国际研究所(SRl)的 O.Duda 等人在 1976 年开始研制。PROSPECTOR 用语义网络(Sematic Network)表示地质知识,是第一个地质方面的专家系统。1982 年美国一家地质勘探公司利用 PROSPECTOR 发现了华盛顿州的一处钼矿,据估计这个矿的开采价值在一亿美元以上。PROSPECTOR 系统的一个特点是它很好地协调了多个专家的多种矿藏知识模型。目前,它已存入二十多位第一流的地质专家的知识。

人们开发的著名专家系统还有:CASNET 系统,由 Rutgers 大学的 S.M.Wiss 和 C.A.Kulikowki 等人研制,用于诊断和治疗青光眼疾病,这是最早设想把一个专家系统用于多个不同领域的系统;1974 年 Pittsburgh 大学的 H.E.Pople 等人研制出用于诊断内科疾病的专家系统 INTERNIST(现称为 CADUCEUS),这是目前最大的专家系统;1976 年 Stanford 大学的 D.B.Lanet 研制出了用机器模拟人类归纳推理、抽象概念的 AM 系统;Carnegie - Mel - Lon 大学的 L.D.Erman 等人设计出能听懂连续谈话的 HEARSAY 系统,1972 年完成了 HEARSAY - I,1977 年完成了 HEARSAY - Ⅱ,在自然语言的理解上达到了较高水平。

在这个阶段开发的专家系统称为第二代专家系统。与第一代专家系统相比,这一时期的专家系统主要在以下几个方面有所改进:

(1) 大多数系统都是用自然语言对话,方便了用户。

(2) 多数系统具有解释功能。这样既增强了系统的透明性,同时也有利于发现错误,修改知识。较好的透明性也有助于提高用户对系统的信赖程度。

(3) 许多系统采用了似然推理技术。

(4) 许多系统把具有一定普遍意义的推理方法与大量同领域有关的专门知识结合起来,从而使这些系统具有一定的通用性。

（5）用产生式规则、框架、语义网络表达知识。

（6）用 LISP 语言编程。

4）发展期

随着专家系统的逐渐成熟，其应用领域迅速扩大。20 世纪 70 年代中期以前的专家系统多属于数据解释型（如 DENDRAL，PROSPECTOR，HEARSAY 等）和故障诊断型（如 MYCIN，CASNET，LNTERNIST 等）。它们所处理的问题基本上是可分解的问题。20 世纪 70 年代后期出现了其它类型的专家系统，如设计型、规划型、控制型等。与此同时，为了方便知识获取和缩短专家系统的研制周期，出现了各种知识获取工具和专家系统开发工具。例如，Stanford 大学计算机系的 Feigenbaum 等领导下联合研制的多学科综合性专家系统 HPP80 就是一个大型知识工程系统，它包括两大部分：多学科应用专家系统，如化学、分子遗传学、蛋白质分析、结构力学、集成电路设计、计算机故障诊断、辅助教学、石油勘探、医学诊断等各学科的专家系统；知识工程工具，用于建立应用专家系统的辅助工具，即专家系统的开发工具（生成器），如骨架专家系统 EMYCIN、模块式专家系统工具 AGE、通用知识表达语言 RLL、交互式知识表达工具 UNITS 和 CENTAUR 等。

将这一类的专家系统称为第三代专家系统。第三代专家系统有如下特点：

（1）多学科综合型应用。

（2）专家系统开发工具。

（3）大型知识工程系统。

另外，在 20 世纪 70 年代研制的专家系统多属于研究性质，到 20 世纪 80 年代出现了商品化的专家系统。例如，由 Carnegie - Mellon 大学与 DEC 公司合作开发的专家系统 XCON（1978 年—1981 年）最初用于完成 DEC 公司的 VAX - Ⅱ/780 计算机系统的配置，后来扩展到所有 VAX 系列计算机的配置。

我国在专家系统的研制开发方面虽然起步较晚，但也取得了很大的成就。1977 年我国第一个专家系统——肝病诊断治疗专家系统开发成功，它也是世界上第一个中医专家系统。随后，专家系统在天气预报、农业咨询、地质勘探、故障诊断等方面也得到了成功应用。

但是，从专家系统获取知识和解决问题的能力来看，现有的专家系统基本上建立在经验性知识之上，系统本身不能从领域的基本原理来理解这些知识。这样，知识的获取就显得尤为重要，因此，知识的获取被称为专家系统开发中的"瓶颈"问题。现有的专家系统大多数是基于规则的系统，也称为产生式系统。目前，人们正致力于研究将模糊技术、神经网络技术和面向对象技术应用到专家系统中去。

3. 专家系统的分类

按分类方法的不同，专家系统有多种分类。

（1）按领域分，可以分为化学、医疗、气象等专家系统。

（2）按输出结果分类，分为分析型和设计型。

（3）按技术分，可分为符号推理型和（神经）网络型。

（4）按规模分，可分为大型和微型专家系统。

（5）按知识分，可分为精确推理型（用于确定性知识）和不精确推理型（用于不确定性知识）。

(6) 按系统分,可分为集中式专家系统、分类式专家系统、神经网络式专家系统、符号系统加网络式专家系统。

(7) 按知识表示技术分,可以分为基于逻辑的专家系统、基于规则的专家系统、基于框架的专家系统和基于语义网络专家系统。

(8) 按任务分,可以分为解释型、预测型、诊断型、调试型、维修型、规划型、设计型、监督型、控制型和教育型专家系统。

解释专家系统(expert system for interpretation)任务是通过对已知信息和数据的分析与解释,确定它们的涵义。解释专家系统特点是处理的数据量很大,而且往往不准确、有错误或不完全;能够从不完全的信息中得出解释,并能对数据做出某些假设;推理过程可能很复杂和很长,要求系统具有对自身的推理过程做出解释的能力。

预测专家系统(expert system for prediction)的任务是通过对过去和现在已知状况的分析,推断未来可能发生的情况。预测专家系统的特点是:处理的数据随时间变化,而且可能不准确和不完全;有适应时间变化的动态模型,能从不完全和不准确信息中得出预报,快速响应。

诊断专家系统(expert system for diagnosis)的任务是根据观察到的情况(数据)来推断出某个对象机能失常(即故障)的原因。诊断专家系统的特点是能够了解被诊断对象或客体各组成部分的特性以及它们之间的联系;能够区分一种现象及所掩盖的另一种现象;能够向用户提出测量的数据,并从不确切信息中得出尽可能正确的诊断。

设计专家系统(expert system for design)的任务是根据设计要求,求出满足设计问题约束的目标配置。设计专家系统的特点是善于从多方面的约束中得到符合要求的设计结果;系统需要检索较大的可能解空间;善于分析各种问题,并处理子问题间的相互关系;能够试验性地构造出可能设计,并易于对所得设计方案进行修改;能够使用已被证明是正确的设计来解释当前的新的设计。

规划专家系统(expert system for planning)的任务是寻找出某个能够达到给定目标的动作序列或步骤。规划专家系统的特点是规划的目标可能是动态的或静态的,因而需要对未来动作做出预测;问题可能很复杂,要抓重点,处理好各子目标之间的关系和不确定的数据信息,并通过实验性动作得出可行规划。

监视专家系统(expert system for monitoring) 的任务是对系统、对象或过程的行为进行不断观察,并把观察到的行为与其应当具有的行为进行比较,以发现异常情况,发出警报。监视专家系统的特点是应具有快速反应能力,在造成事故之前及时发出警报;系统发出的警报要有很高的准确性;系统能够随时间和条件的变化而动态地处理其输入信息。

控制专家系统(expert system for control)的任务是自适应地管理一个受控对象或客体的全面行为,使之满足预期要求。控制专家系统的特点是具有解释、预报、诊断、规划和执行等多种功能。

调试专家系统(expert system for debugging)的任务是对失灵的对象给出处理意见和方法。调试专家系统的特点是同时具有规划、设计、预报和诊断等专家系统的功能。

教学专家系统(expert system for instruction)的任务是根据学生的特点、弱点和基础知识,以最适当的教案和教学方法对学生进行教学和辅导。教学专家系统的特点是同时具有诊断和调试等功能,具有良好的人机界面。

修理专家系统(expert system for repair)的任务是对发生故障的对象(系统或设备)进行处理,使其恢复正常工作。修理专家系统的特点是具有诊断、调试、计划和执行等功能。

此外,还有决策专家系统和咨询专家系统等。

7.4.2 专家系统的组成和功能

专家系统是一类包含知识和推理的智能计算机程序,这种智能程序与传统的计算机应用程序有着本质的不同。在专家系统中,求解问题的知识不再隐含在程序和数据结构中,而是单独构成一个知识库。这种分离为问题的求解带来极大的便利和灵活性,专家的知识用分离的知识进行描述,每一个知识单元描述一个比较具体的情况,以及在该情况下应采取的措施,专家系统总体上提供一种机制——推理机制。这种推理机制可以根据不同的处理对象,从知识库选取不同的知识元构成不同的求解序列,或者说生成不同的应用程序,以完成某一任务。一旦建成专家系统,该系统就可处理本专业领域中各种不同的情况,系统具有很强的适应性和灵活性。

专家系统一般有 6 个组成部分:知识库、推理机、数据库及解释程序、知识获取程序及人机接口。

1. 知识库

知识库(规则基)是专家系统的核心之一,其主要功能是存储和管理专家系统中的知识,它是专家知识、经验与书本知识、常识的存储器。专家的知识包括理论知识、实际知识、实验知识和规则等,它主要可分为两类:①相关领域中所谓公开性知识,包括领域中的定义、事实和理论在内,这些知识通常收录在相关学术著作和教科书中;②领域专家的所谓个人知识,它们是领域专家在长期实践中所获得的一类实践经验,其中很多知识被称之为启发性知识,正是这些启发性知识使领域专家在关键时刻能做出训练有素的猜测,辨别出有希望的解题途径,以及有效地处理错误或不完全的信息数据。领域中事实性数据及启发性知识等一起构成专家系统中的知识库。知识库的结构形式取决于所采用的知识表示方式,常用的有:逻辑表示、语言表示、规则表示、框架表示和子程序表示等。用产生式规则表达知识方法是目前专家系统中应用最普遍的一种方法。它不仅可以表达事实,而且可以附上置信度因子来表示对这种事实的可信程度,因此,专家系统是一种非精确推理系统。

2. 数据库

数据库也称综合数据库、全局数据库、工作存储器、黑板等。数据库是专家系统中用于存放反映当前状态事实数据的场所。这些数据包括工作过程中所需领域或问题的初始数据、系统推理过程中得到的中间结果、最终结果和控制运行的一些描述信息,它是在系统运行期间产生和变化的,所以是一个不断变化的"动态"数据库。

数据库的表示和组织,通常与知识库中知识的表示和组织相容或一致,以使推理机能方便地去使用知识库中的知识、数据库中描述的问题和表达当前状态的特征数据以求解问题。专家系统的数据库必需满足:

(1) 可被所有的规则访问;

(2) 没有局部的数据库是特别属于某些规则的;

(3) 规则之间的联系只有通过数据库才能发生。

3. 推理机

专家系统中的推理机实际上也是一组计算机程序,是专家系统的"思维"机构,是构成专家系统的核心部分之一。其主要功能是协调控制整个系统,模拟领域专家的思维过程,控制并执行对问题的求解。它能根据当前已知的事实,利用知识库中的知识,按一定的推理方法和控制策略进行推理,求得问题的答案或证明某个假设的正确性。

知识库和推理机构成了一个专家系统的基本框架。同时,这两部分又相辅相成、密切相关。因为不同的知识表示有不同的推理方式,所以,推理机的推理方式和工作效率不仅与推理机本身的算法有关,还与知识库中的知识以及知识库的组织有关。

4. 解释程序

解释程序可以随时回答用户提出的各种问题,包括"为什么"之类的与系统推理有关的问题和"结论是如何得出的"之类的与系统推理无关的关于系统自身的问题。它可对推理路线和提问含义给出必要的清晰的解释,为用户了解推理过程以及维护提供便利手段,便于使用和软件调试,并增加用户的信任感。因此,解释程序是实现系统透明性的主要模块,是专家系统区别于一般程序的重要特征之一。

5. 知识获取

知识获取是专家系统中能将某专业领域内的事实性知识和领域专家所特有的经验性知识转化为计算机可利用的形式并送入知识库的功能模块,同时也负责知识库中知识的修改、删除和更新,并对知识库的完整性和一致性进行维护。知识获取(模块)是实现系统灵活性的主要部分,它使领域专家可以修改知识库而不必了解知识库中知识的表示方法、知识库的组织结构等实现上的细节问题,从而大大地提高了系统的可扩充性。

早期的专家系统完全依靠领域专家和知识工程师共同合作把领域内的知识总结归纳出来,然后将它们规范化后输入知识库。此外对知识库的修改和扩充也是在系统的调试和验证过程中人工进行的,这往往需要领域专家和知识工程师的长期合作,并要付出艰巨的劳动。

目前,一些专家系统已经或多或少地具有了自动知识获取的功能。自动知识获取包括两个方面:①外部知识的获取,即通过向专家提问,以接受教导的方式接受专家的知识,然后把它转换成内部表示形式存入知识库;②内部知识获取,即系统在运行中不断地从错误和失败中归纳总结经验教训,并修改和扩充自己的知识库。因此,知识获取实质上是一个机器学习的问题,也是专家系统开发研究中的瓶颈问题。

6. 人机接口

人机接口负责把领域专家、知识工程师或一般用户输入的信息转换成系统内规范化的表示形式,然后把这些内部表示交给相应的模块去处理。系统输出的内部信息也由人机接口转换成用户易于理解的外部表示形式显示给用户。图7-40所示是专家系统的组成框图。

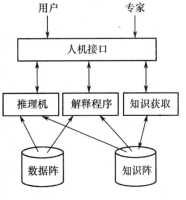

图7-40 专家系统的组成框图

7.4.3 推理机制

推理是根据一个或一些判断得出另一个判断的思维过程。推理所根据的判断叫前

203

提,由前提得出的判断叫结论。在专家系统中,推理机利用知识库的知识,按一定的推理策略去解决当前的问题。通常的推理方法有三段论、基于规则的演绎及归纳推理等。

1. 产生式规则推理

产生式规则推理是描述一个事件的存在而导致另一个事件的产生,用符号方法表示为:

$$\text{IF} \quad A \quad \text{THEN} B$$

若干个产生式规则的组合就是一个产生式系统。一个典型的产生式系统由 3 个部分组成:知识库、控制器和动态数据库。

知识库也叫规则库或规则集,用来存放一系列产生式规则,由领域规则组成。在定理证明或问题求解过程中,采用一组产生式规则协同工作,把一个产生式规则推导出的结论作为另一个产生式的前提使用,重复进行推理,直到推出结论。因此,规则库应具备完整性、一致性和准确性。

动态数据库又称为综合数据库、上下文、工作存储器、事实库、短期数据库、缓冲器或黑板,是用来存储所求解问题的初始状态、原始证据、已知事实、推理的中间状态和最终结论的一种数据结构。它可以通过简单的表、数组、带索引的文件结构以及关系数据库来实现,它的内容是不断变化的。

控制器又称为规则解释器、推理机、控制执行机构,由一组程序组成,负责产生式规则的前提条件的测试和匹配、规则调度和选择、动态数据库的状态更新、多条规则被激活时发生冲突的消解,推理结束的判定等。

根据不同的标准,产生式系统可以划为不同的类型:

(1) 就推理方向而言,可分为前向推理、后向推理和双向推理产生式系统。

(2) 就知识的确定性而言,可分为确定性和不确定性产生式系统。

(3) 就规则库和数据库的性质及特征而言,可分为可交换的、可分解的和可恢复的产生式系统。

可交换的产生式系统是指规则使用的次序是可交换的,只要能求得问题的解,无论先使用哪一条规则都可以。

在可交换的产生式系统中,每条规则使用后得到的结论中总包含新的内容,动态数据库的内容是递增的。另外,由于求解问题与规则使用的次序无关,搜索过程不必回溯,也不必记录已使用的规则次序,因此,节省了搜索时间,提高了求解问题的效率。

可分解的产生式系统的基本思想是把一个庞大而复杂的问题分解为若干个比较简单的子问题,分别求解直到问题全部解答。一个产生式系统可分解的条件是动态数据库和结束条件都要分解为几个可以独立处理的分量,特别是一般结束条件一定要分解为对应分量动态数据库中所使用的结束条件。

可分解的产生式系统的特点是问题被划为子问题,动态数据库的初始状态被分解为子库,子问题和子库还可以再细划分,这样就缩小了搜索范围,提高了解题效率。

可恢复的产生式系统是指在搜索过程中,对动态数据库里的内容既可添加也可删除,当搜索无法继续进行下去时,可以回溯,从另一条路向目标态逼近的产生式系统。

产生式系统的控制策略主要有两大类:不可撤回策略(Irrevocable)和试探性策略(Tentative)。

不可撤回策略是指在搜索过程中,搜索一直往前进行下去,不允许撤回已经选择的规则。这种方式简单明了,但是规则库中选择的规则可能不是最优,有些规则可能多余,搜索的效率不高。

试探性策略则与此相反,它允许先试探性地使用某一条规则,如果发现该规则不合适,可以退回去,重新选择另一条可能适合的规则来试,直至达到目标。

2.三段论推理

三段论是一种经常应用的推理形式。三段论推理是由两个包含着共同项的性质命题为前提而推出一个新的性质命题为结论的推理,如例1:

例1: 所有的推理系统都是智能系统; (1)

专家系统是推理系统; (2)

所以,专家系统是智能系统。 (3)

这就是一个三段论。它由3个简单性质的判断(1)、(2)和(3)组成。(1)和(2)是前提,(3)是结论。任何一个三段论都有而且仅有3个词项,每个词项在3个命题中重复出现一次。在结论中是主项的词项(专家系统)称为小项(minor concept),通常以字母 S 表示;在结论中是谓项的词项(智能系统)称为大项(major term),通常以字母 P 表示;在两个前提中出现的共同项(推理系统)称为中项(middle concept),通常用字母 M 表示。如果用字母代替概念,那么三段论推理可用例2来表示:

例2: 所有的 M 都是 P;

所有的 S 都是 M;

所以,所有的 S 都是 P。

在例1的三段论中,前提和结论中所含的3个词项分别是"推理系统"、"智能系统"和"专家系统";这3个词都具有特定的语义内容,读到它们就可理解相应的语义内容,称具有具体语义内容的三段论。

在例2的三段论中,前提和结论中所含的3个词项则与例1不一样,它们分别是 M、P 和 S,虽然这些字母可以代表任何具体语义内容,但它们本身是没有具体语义的内容。这类三段论由纯字母符号所构成,称纯符号(或纯形式)三段论。

在三段论中,包含中项和大项的命题称为大前提(major premise)或第一前提(first premise);包含小项和中项的命题称为小前提(minor premise)或第二前提(second premise);包含小项和大项的命题称结论。

由于大项、中项与小项在前提中位置不同,形成各种不同的三段论形式,叫做三段论的格。由于三联单段论的大前提、小前提与结论的质量而形成的各种不同的三段论形式,叫做三段论的式。三段论共有4个格。

3.基于规则的演绎

前提与结论之间有必然性联系的推理是演绎推理,这种联系可由一般的蕴涵表达式直接表示,称为知识的规则。利用规则进行演绎的系统,通常称作基于规则的演绎系统。常用的方法有正向、反向、正反向联合三种。

1) 正向演绎系统

正向演绎系统是从一组事实出发,一遍又一遍地尝试所有可利用的规则,并在此过程中不断加入新事实,直到获得包含目标公式的结束条件为止。这种推理方式,是由数据到结论的过程,因此也叫数据驱动策略。

2) 反向演绎系统

反向演绎系统是先提出假设(结论),然后去寻找支持这个假设的证据。这种由结论到数据,通过人机交互方式逐步寻找证据的方法称为目标驱动策略。

3) 正反向联合演绎系统

正向演绎系统和反向演绎系统都有一定的局限性。正向系统可以处理任何形式的事实表达式,但被限制在目标表达式由文字组成的一些表达式。反向系统可以处理任意形式的目标表达式,但被限制在事实表达式为由文字组成的一些表达式。将两者联合起来就可发挥各自的优点,克服它们的局限性。

4. 归纳推理

人们对客观事物的认识总是由认识个别的事物开始,进而认识事物的普遍规律。其中归纳推理起了重要的作用。归纳推理一般是由个别的事物或现象推出同类事物或现象的普遍性规律。常见的有简单枚举法、类比法、统计推理、因果关系等几种。

7.4.4 知识表示

知识表示是计算机科学中研究的重要领域。因为智能活动过程主要是一个获得并应用知识的过程,所以智能活动的研究范围包括:知识的获取,知识的表示和知识的应用。知识必须有适当的表示形式才便于在计算机中储存、检索、使用和修改。因此,在专家系统中,知识的表示就是研究如何用最合适的形式来组织知识,使对所要解决的问题最为有利。

知识表示是对知识的一种描述,是知识的符号化过程。在专家系统中主要是指适用于计算机的一种数据结构。知识表示不仅是专家系统的一个核心课题,而且已经形成了一个独立的子领域,是人工智能研究的基本问题。

知识表示的主要问题是设计各种数据结构,即知识的形式表示方法,研究表示与控制的关系、表示与推理的关系、知识的表示与其它研究领域的关系,其目的在于通过知识的有效表示使程序能利用这些知识进行推理和做出决策。

1. 对知识表示的要求

对知识表示的要求如下:

(1) 表示能力:能正确、有效地将问题求解所需的各类知识表示出来。

(2) 可理解性:应易读、易懂,便于知识更新获取、知识库的检查修改及维护。

(3) 可访问性:能有效地利用知识库中的知识。

(4) 可扩充性:能方便地扩充知识库。

还有相容性、正确性、简明性等。

在专家系统中对知识的表示的基本要素是可扩充性、简明性和明确性等。知识表示方法有符号逻辑法、产生式规则、框架理论、语义网络、特征向量法和过程表示法等。

知识获取的理论是机器学习,它主要研究学习的计算理论、学习的主要方法及其在专家系统中的应用。

2. 知识的符号逻辑表示法

知识的符号逻辑表示主要是运用命题演算、谓词演法等知识来描述一些事实。它在人工智能中普遍使用,这是因为逻辑表示的演绎结果在一定范围内可以保证正确性,其它方法就达不到这一点;逻辑表示从现在事实推导出新事实的方法可以机械化,便于计算机进行。

推理过程主要是根据事实、依据知识推出新的事实。在专家系统中它一般是根据数据库中的事实,在知识库中寻找合适的知识,进行模式匹配,进而推出新的事实,加入数据库。

3. 产生式表示法

产生式表示法也叫规则表示法,这是专家系统中用得最多的一种知识表示。用产生式表示知识,由于诸产生式规则之间是独立的模块,特别有利于系统的修改和扩充。

在产生式系统中,知识被分为两部分,凡是静态的知识,以事实来表示,如孤立的事实、事物的事实和它们之间的关系等就以事实表示。推理和行为的过程以产生式规则来表示,这类系统的知识库中主要存储的是规则,因而又称基于规则的系统。

7.4.5 知识的获取

知识的获取又称机器学习。专家系统中主要依靠运用知识来解决问题和作出决策,因此知识的获取往往是专家系统中必不可少的一个组成部分。

知识来自于客观世界,要使系统能不断适应不断变化的客观世界,机器必须具备学习能力,总结和提取专业领域知识,把它形式化并编入专家系统知识库程序中。由于专业领域的知识是启发式的,较难捕捉和描述,专业领域专家通常善于提供事例而不习惯提供知识,因此,知识获取一直被公认为是专家系统开发研究中的瓶颈问题。

1. 知识获取的基本步骤

知识获取是一个过程,通常可按图 7-41 所示 6 个步骤来完成。

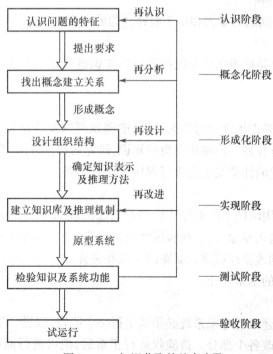

图 7-41　知识获取的基本步骤

1）认识阶段

这个阶段的工作包括确定问题、确定目标、确定资源、确定人员及任务。要求领域专家和知识工程师一起交换意见，以便进行知识库的开发工作。在这一阶段，主要希望找出下列问题的答案：

（1）要解决什么问题；

（2）问题中包括的对象、术语及其关系；

（3）问题的定义及说明方式；

（4）问题是否可分成子问题，如何划分；

（5）要求的问题的解形式；

（6）数据结构类型；

（7）解决问题的关键、本质和困难所在；

（8）相关的问题或问题外围环境、背景是什么；

（9）解决问题所需要的各种资源，包括知识库、时间、设备、经费等。

2）概念化阶段

这一阶段主要把第一阶段确定的对象、概念、术语及其关系等加以明确的定义，主要解答下列问题：

（1）哪一类数据有效？

（2）已知条件是什么？

（3）推出的结论是什么？

（4）能否画出信息流向图？

（5）有什么约束条件？

（6）能否区分求解问题的知识和用于解释问题的知识？

3）形式化阶段

本阶段的任务主要是把概念化阶段抽取出的知识进行适当的组织，形成合适的结构和规则。

4）实现阶段

在这一阶段中，把形式化阶段对数据结构、推理规则以及控制策略等的规定，选用任一可用的知识工具进行开发。即将所获得的知识、研究的推理方法、系统的求解部分和知识的获取部分等用选定的计算机语言进行程序设计来实现。

5）测试阶段

在这一阶段中，采用测试手段来评价原型系统及实现系统时所使用的表示形式。选择几个具体典型实例输入专家系统，检验推理的正确性，进一步再发现知识库和控制结构的问题。一旦发现问题或错误就进行必要的修改和完善，然后再进行下一轮测试，如此循环往复，直至达到满意的结果为止。

6）验收阶段

测试阶段完成后，建成的专家系统必须试运行一个阶段，以进一步考验及检验其正确性，必要时还可以再修改各个部分。待验收运行正常后，便可进行商品化和实用化加工，将此专家系统正式投入使用。

2．知识获取的方法

知识获取方法一般有两种：会谈知识获取和案例分析式知识获取。

知识获取方法中常用的是知识工程师通过与领域专家直接对话发现事实。但存在的问题是：知识工程师难以找出详细的问题清单；即使知识工程师能提出问题，领域专家也难以随时回答相应的信息；知识工程师与领域专家由于知识面的不同难以互相适应，知识工程师难以正确表达领域专家的经验。

对于专家来说，谈论特定的事例比谈论抽象的术语来得容易，这就是案例分析式知识获取。例如，回答"怎样判断这种故障？"这样的问题比回答"哪些因素导致发生故障"容易得多，专家按实际的案例为线索，如实验报告、案例的情况记录等，评论和解释问题的处理知识和手段。根据专家对具体例子的讲解，知识工程师可以得出一般模式，这样就比较容易把知识进行结构化组织，归并出概念和知识块来。

7.4.6 新型专家系统

1．模糊专家系统

对于专家系统中由模糊性引起的不确定性问题、随机性引起的不确定性和由于证据不全或不确切知道而引起的不确定性等，都可采用模糊技术来处理，这种不确定性的模糊处理专家系统称为模糊专家系统。它是对人类认识和思维过程中所固有的模糊性的一种模拟和反映。

模糊专家系统能在初始信息不完全或不十分准确的情况下，较好地模拟人类专家解决问题的思路和方法，运用不太完善的知识体系，给出尽可能准确的解答或提示。

模糊专家系统以模糊数学为理论基础，理论较为严谨，运算灵活性强，且富于针对性，其信息和时间复杂度也较低。这种系统不仅能较好地表达和处理人类知识中固有的不确定性，适于进行自然语言处理，而且通过采用模糊规则和模糊推理方法来表达和处理领域中的知识，还可有效减少知识库中规则的数量，增加知识运用的灵活性和适应性。因而，这类基于模糊逻辑及可能性理论的模型较适于专家系统选用，很有发展前途。

模糊专家系统是在知识获取、表示和运用（即推理）过程中全部或部分采用了模糊技术，其体系结构与通常的专家系统类似，一般也是由 6 个部分（输入输出、知识库、数据库、推理机、知识获取和解释模块）组成，只是对数据库、知识库和推理机采用模糊技术来表示和处理。图 7 - 42 表示一个基于规则的模糊专家系统的一般体系结构。其中：

（1）输入输出用以输入系统初始信息和输出系统最终结论，这些初始信息允许是模糊的、随机的或不完备的；这些输出结论也允许是不确定的。

（2）模糊数据库与一般专家系统中的综合数据库相类似，库中主要存放系统的初始输入信息、系统推理过程中产生的中间信息和系统最终结论信息等，只不过上述所有信息都可能是不确定的。

（3）模糊知识库存放由领域专家总结出来的与特定问题求解领域相关的事实与规则。与一般知识库不同的

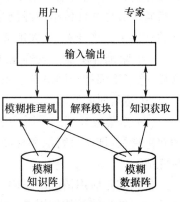

图 7 - 42　模糊专家系统的
一般体系结构

是,这些事实与规则可以是模糊的或不完全可靠的。

(4) 模糊推理机可根据系统输入的初始不确定性信息,利用模糊知识库中的不确定性知识,按一定的模糊推理策略,较理想地处理待解决的问题,给出恰当的结论。

(5) 解释模块与非模糊专家系统中的相类似,但规则和结论中均附带有不确定性标度。

(6) 知识获取模块的功能主要是接受领域专家以自然语言形式描述的领域知识,将之转换成标准的规则或事实表达形式,存入模糊知识库,并且是一个具有模糊学习功能的模块。

2. 神经网络专家系统

通过采用神经网络技术建造的一类专家系统称为神经网络专家系统。

虽然专家系统自 1968 年问世以来经过几十年科研人员的努力已取得了许多进展和成果,但是传统专家系统开发中还存在一些"瓶颈"问题一直困扰着人们。而对于一般专家系统存在的这些"瓶颈"问题,神经网络能得到较好地解决。人们利用神经网络的自学习、自组织、自适应、分布存储、联想记忆、非线性大规模连续时间模拟并行分布处理以及良好的鲁棒性和容错性等一系列的优点来与专家系统相结合,提高专家系统的性能。

将神经网络技术与专家系统相结合,建立的神经网络专家系统要比它们各自单独使用的效率更高。而且它解决问题的方式与人类智能更为接近。专家系统可代表智能的认知性,神经网络可代表智能的感知性。这就形成了神经网络专家系统的特色。

当前,将神经网络与专家系统集成的模型大致有下面几种:

(1) 独立模型。由相互独立的神经网络与专家系统模块组成,它们互不影响。该模型将神经网络与专家系统求解问题的能力加以直接比较,或者并行使用以相互证实。

(2) 转换模型。类似于独立模型,即开发的最终结果是一个不与另一模块相互影响的独立模块。这两种模块的区别在于转换模型是以一种系统(例如神经网络)开始,而以另一种系统(例如专家系统)结束。

(3) 松耦合模型。这是一种真正集成神经网络和专家系统的形式。系统分解成分立的神经网络和专家系统模块,各模块通过数据文件通信。松耦合模型的神经网络可作为前处理器,在数据传给专家系统之前整理数据,作为后处理器的专家系统产生一个输出,然后通过数据文件传给神经网络。这种形式的模型可以较容易地利用专家系统和神经网络的软件工具来开发,大大地减少编程工作量。

(4) 紧耦合模型。该模型通过内存数据结构传递信息,而不是通过外部数据文件。这样,除了增强神经网络专家系统的运行特性外,还改善了其交互能力。可减少频繁的通信,改进运行时间性能。

(5) 全集成模型。采用共享的数据结构和知识表示,不同模块之间的通信通过结构的双重特征(即符号特征和神经特征)实现,推理是以合作的方式或由一个指定的控制模块完成。

根据实际应用情况的不同,可以采用不同的神经网络专家系统结构。神经网络专家系统的一般功能结构如图 7 - 43 所示。

其中,神经网络模块是系统的核心,它接受经规范化处理后的原始证据输入,给出处理后的结果(推理结果或联想结果)。系统的知识预处理模块和后处理模块则主要承担知

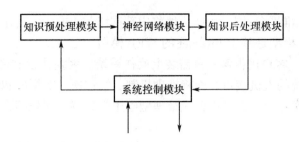

图 7-43 采用神经网络技术的专家系统的一般功能与结构

识表达的规范化及表达方式的转换,是神经网络模块与外界连接的"接口"。而系统的控制模块则控制着系统的输入输出以及系统的运行。

这种神经网络型专家系统的运行通常分为两个阶段。前一阶段称为学习阶段,系统依据专家的经验与实例,调整神经网络中的连接权,使之适应系统期望的输入输出要求。后一阶段称为运用阶段,它是系统在外界的激发下实现记忆信息的转换操作或联想,对系统输入做出响应的过程。在这种神经网络型专家系统中,通常将一种经验或一种"知识"称作一个实例或一个模式。学习阶段有时也称之为模式的记忆阶段,而系统的运用过程有时也相应地被称为模式的回想过程。

3.网上专家系统

利用计算机网络建造的专家系统称为网上专家系统。这种专家系统具有分布处理的特征,其主要目的是把一个专家系统的功能经分解以后分布到多个处理器上去并行地工作。这种系统具有快速响应能力、良好的资源共享性、高可靠性、可扩展性、经济性、适用面广、易处理不确定知识、便于知识获取、符合大型复杂智能系统的模式等特点,从而在总体上提高了专家系统的处理效率和能力。

另外,网上专家系统还可用于处理协同式专家系统(由若干相近领域专家组成以完成一个更广领域问题的专家系统)的任务。

分布式专家系统可以工作在紧耦合下的多处理器系统环境中,也可以工作在松耦合的计算机网络环境里。一般网上专家系统主要指建立在某种局部网络环境下和 Internet 环境下的情况。根据具体的环境和要求不同可以采用不同的结构,一般包括:

(1) Client/Server(C/S)模式,即客户机/服务器模式。在这种模型中,客户机和数据库服务器通过网络相连。它有 3 个主体:客户机、服务器和网络。其中,客户机负责与用户的交互以及收集知识、数据等信息,并通过网络向服务器发出信息。客户机处理功能通常较强,可以安置推理机制及知识库等一类模块。在这种情况下,客户机任务较重,即客户机比较肥,称为肥客户机。服务器负责对数据库的访问,对数据库进行检索、排序等操作,并负责数据库的安全机制。相对来讲服务器的任务不太重,称为瘦服务器。而网络则是客户机和服务器之间的桥梁。这种 C/S 模式,一般与数据库的连接紧密而快捷,能够实现分布式数据处理,减轻服务器的工作,提高数据处理的速度,并能合理利用网络资源,系统的安全性好。

(2) Browser/Server(B/S)模式,即浏览器/服务器模式。B/S 模式是一种基于 Internet 或 Intranet 网络下的模型。其中,Intranet 是以 Internet 技术为基础的网络体系,称为企业内部网。它的基本思想是:在内部网络中采用 TCP/IP 作为通信协议,利用 Internet

的 WEB 模型作为标准平台,同时用防火墙将内部网络与 Internet 隔开,但又能与 Internet 连在一起。Intranet 模型是基于 Internet 的 WEB 模型。

在 B/S 模式中,客户机很瘦,只需装上操作系统、网络协议软件、浏览器等即可。客户机用作专家系统的人机接口,而将推理机制、知识库、数据库和维护等复杂工作都安排在服务器上,实际上,也可以分成推理型应用服务器、知识库服务器和数据库服务器等。

由于 Internet 具有标准化、开放性、分布式等众多优点,因此,网上专家系统的应用开发有着广泛的应用前景。目前,对它的研究正引起世界范围研究人员的高度重视,是一个极具生命力的研究方向。

7.4.7　专家系统的特点

1. 专家系统的重要概念

"专家系统"不是表述一个产品,而是表示一整套概念、过程和技术。这些新概念、过程和技术能够使工程技术人员以多种不同的有价值的新方法使用计算机去更有效地解决工程问题。专家系统技术能够帮助人们分析和解决只能用自然语言描述的复杂问题。这样就扩展了计算机能做的计算和统计工作,使计算机具有了思维能力。它将本领域众多专家的经验和知识汇集在一起,使人们共享知识成为可能,并在必要时能修改这些知识。

专家系统是人工智能的一个研究领域,有 3 个重要的概念:

(1) 表达知识的新方法。知识不同于信息,它比信息更复杂,更有价值。如果说一个人在某一方面知识丰富,意思是说此人不仅知道这个领域的许多事实,还可以对相关的问题进行分析并做出判断。

(2) 启发式搜索。传统的计算机计算过程依赖于对一个问题的每一个元素和每一步骤的详细分析,这就局限了计算机能解决的问题的范围。人类在解决许多问题时是凭启发式思维(经验)进行的,启发式知识是可能性知识,仅仅在可能碰到的各种情况中的一些情况下起作用。启发式搜索的关键在于:依赖于特定环境知识,来源于实践经验。同时,启发式思维具有不确定性。

(3) 将知识与知识的应用过程分离。这种功效使非程序员编程成为可能,一旦创造出能产生处理一个给定知识体的自身算法的程序环境,任何能提供此知识体的人即可创造出一个程序。

2. 专家系统的优点

专家系统一个突出的优点是按非预定模式处理不知道输入的特征,即:无论输入什么,专家系统都能根据不同的输入做出不同的反应。专家系统的主要特点在于:

(1) 专家知识可以存放在任意计算机的软硬件上,一个专家系统是一个实实在在的知识产品,不像人脑。

(2) 专家系统降低了向每一个用户提供专家知识的成本。

(3) 专家系统可以代替人类在有危险的环境里工作。

(4) 人类专家有可能退休、离去或逝去,而专家系统可以永久保留。

(5) 综合多个专家的领域知识建立起来的专家系统的知识水平高于单个的专家所拥有的知识,知识的可靠性提高了。

（6）在需要快速响应的场合，专家系统能够比人类专家反应更快更有效。

（7）在一些客观条件的影响下，人类专家可能给出激动而不完全的答复，而专家系统能始终如一地给出稳定且完全的答复。

当然，研究专家系统时要明确专家系统准备知道些什么知识和具有什么能力。能反映机械故障的征兆各式各样，应选择什么样的征兆作为专家系统诊断的依据是我们首要考虑的问题。此外，还需考虑一个专家系统是否能达到某一复杂程度问题的要求等。

第8章 其它故障诊断技术

本章主要对逻辑诊断法、贝叶斯分类法、距离函数分类法及灰色理论诊断法等作简要的介绍。分别讲解逻辑诊断的基本规则及逻辑诊断方法;贝叶斯分类法的基本概念及贝叶斯决策;距离函数的概念及应用方法;灰色理论预测及关联度分析等。

8.1 逻辑诊断方法

逻辑诊断是根据机械的特征推断机械的状态的一种方法。在逻辑诊断中,机械的特征可用"特征隶属度"表示,机械的状态也可用"状态隶属度"表示,机械的特征和状态之间的关系则用"关系矩阵"来联系:

$$\left\{\begin{matrix}状\\态\\隶\\属\\度\end{matrix}\right\} = \left[\begin{matrix}关系\\矩阵\end{matrix}\right]\left\{\begin{matrix}特\\征\\隶\\属\\度\end{matrix}\right\}$$

逻辑诊断中,机械的特征只用两个简单语言变量"有"或"无"来表示,机械的状态也只用两个语言变量"好"或"坏"来描述。而对于两个值的变量,在数学上可用最方便的数值变量"1"和"0"来表示。

设一个变量 x 只能取值为 1 或 0,则称这种变量为逻辑变量。如果在函数关系式 $y = F(x_1, x_2, \cdots, x_n)$ 中,自变量 x_1、x_2、$\cdots$、x_n 和变量 y 都是逻辑变量,则函数 $F(x_1, x_2, \cdots, x_n)$ 称为逻辑函数或布尔函数。

8.1.1 逻辑运算基本规则

1. 基本逻辑运算

1)"或"——逻辑和

逻辑和的逻辑关系为:$y = x_1 + x_2$。它的实际意义是:当 x_1 和 x_2 中任何一个取值为 1 时,y 取值为 1;否则 y 取值为零。可用表 8-1 的真值表来表示。

2)"与"——逻辑乘

逻辑乘的函数关系为:$y = x_1 \cdot x_2$。它的实际意义是:当 x_1 和 x_2 都取值为 1 时,y 才取值为 1;否则 y 取值为零。可用表 8-2 所示的真值表来表示。

3)逻辑非

逻辑非的函数关系为:$y = \bar{x}$。它的实际意义是:当 x 取值为 1 时,y 取值为 0;当 x 取值为 0 时,y 取值为 1。可用表 8-3 所示的真值表来表示。

表8-1 逻辑和的真值表		
x_2 \ x_1	0	1
0	0	1
1	1	1

表8-2 逻辑乘的真值表		
x_2 \ x_1	0	1
0	0	0
1	0	1

表8-3 逻辑非的真值表		
x	0	1
y	1	0

4）同一

同一的符号为：$x_1 \leftrightarrow x_2$，其函数关系为：$y = x_1 x_2 + \overline{x_1 x_2}$。它的意义是：只有当 x_1 和 x_2 取值相同，即同"有"或同"无"时，其函数 y 的取值为1，否则取值0。同一真值表如表 8-4。

5）蕴涵

蕴涵的符号为：$x_1 \rightarrow x_2$，它的函数关系式为 $y = \overline{x_1} + x_2$。它表示有 x_1 存在，必有 x_2 存在。其真值表如表 8-5。

表8-4 同一的真相表		
x_2 \ x_1	0	1
0	1	0
1	0	1

表8-5 蕴涵的真值表		
x_2 \ x_1	0	1
0	1	0
1	1	1

蕴涵的含义可用下面一个例子来说明：如润滑油中含铁量 x_1 蕴涵着机械的磨损 x_2，这时可用 $x_1 \rightarrow x_2$ 表示。y 取值为1表示判断的事实成立；y 取值为0表示判断的事实不成立。表 8-6 中的第1、第2行的情况说明，从油中含铁量不高（x_1 取值为0）并不能推断机械是否磨损，因此，此时 x_2 既可取0，也可取1，除非已知过去的维修情况。真正对诊断作用的是表中第4行，即从油中含铁量高来推断机械的磨损，可看到此时 x_1、x_2 和 y 均取值为1。

表 8-6 蕴涵的意义说明

润滑油中含铁量 x_1	机械磨损 x_2	y 取值	说明
0	0	1	油中含铁量不高，机械没有磨损，成立；
0	1	1	油中含铁量不高，但机械已经磨损，成立，如已换油；
1	0	0	油中含铁量高，但机械没有磨损，不成立
1	1	1	油中含铁量高，机械已磨损，成立

215

2. 逻辑运算基本规则

设 A、B、C、$\cdots$是逻辑变量或逻辑函数,则逻辑运算具有如下基本运算规则。

1）逻辑和"或"

$A + B = B + A$（交换率）

$A + (B + C) = (A + B) + C$（结合率）

$A + A + \cdots + A = A$

$A + 1 = 1$

$A + 0 = A$

2）逻辑乘"与"

$AB = BA$（交换率）

$A(BC) = (AB)C$（结合率）

$AA \cdots A = A$

$A \cdot 1 = A$

$A \cdot 0 = 0$

3）逻辑非

$\bar{\bar{A}} = A$

$A + \bar{A} = 1$

$A \cdot \bar{A} = 0$

$\overline{ABC} = \bar{A} + \bar{B} + \bar{C}$

$\overline{A + B + C} = \bar{A} \cdot \bar{B} \cdot \bar{C}$

4）吸收率

$A + AB = A$

$A(A + B) = A$

5）分配率

$A(B + C) = AB + AC$

$A + BC = (A + B)(A + C)$

6）对合率

$AB + A\bar{B} = A$

$(A + B)(A + \bar{B}) = A$

8.1.2　逻辑诊断方法应用

设 K_1、K_2、$\cdots$、K_n 表示机械具有特征 1、特征 2、$\cdots\cdots$、特征 n，D_1、D_2、$\cdots$、D_m 表示机械具有状态 1、状态 2、$\cdots\cdots$、状态 m，机械全部特征的集合为：$G(K_1, K_2, \cdots, K_n)$，全部状态的集合为 $F(D_1, D_2, \cdots, D_m)$，则逻辑诊断是根据机械的特征 $G(K_1, K_2, \cdots, K_n)$ 和诊断准则（决策规划）$E(K_1, K_2, \cdots, K_n, D_1, D_2, \cdots, D_m)$ 来确定其状态 $F(D_1, D_2, \cdots, D_m)$，用逻辑语言表示为：

$$E = (G \to F)$$

即：若机械具有某种特征，就可得到机械处于相应的状态。

式中　K_i——特征逻辑变量，$K_i=1$ 表示"有"，$K_i=0$ 表示"无"，$(i=1,2,\cdots,n)$；

　　　D_j——状态逻辑变量，$D_j=1$ 表示"是"，$D_j=0$ 表示"否"，$(j=1,2,\cdots,m)$。

下面举例说明逻辑诊断的应用。

例：某机械具有特征 K_1、K_2，状态 D_1、D_2，假定其决策规则为：

$E_1=D_1\to K_1$；

$E_2=K_2\to\overline{D_2}$；

$E_1=D_2\to K_1K_2$。

现在机械有特征：

（1）$G=K_1K_2$

（2）$G=K_1\overline{K_2}$

求机械所处的状态。

用逻辑推导法求解如下：

机器总的决策规划：

$$
\begin{aligned}
E=E_1E_2E_3 &= (D_1\to K_1)(K_2\to\overline{D_2})(D_2\to K_1K_2)\\
&= (\overline{D_1}+K_1)(\overline{K_2}+\overline{D_2})(\overline{D_2}+K_1K_2)\\
&= \overline{D_1}\,\overline{D_2}+\overline{D_1}K_1K_2+\overline{D_2}K_1\overline{K_2}
\end{aligned}
$$

（1）已知机械特征：$G=K_1K_2$（即 $K_1=1$，$K_2=1$）

则机械的状态：$F=\overline{D_1D_2}+\overline{D_1}=\overline{D_1}$

说明该机械一定不会发生状态 D_1 的故障。

（2）已知机械特征：$G=K_1\overline{K_2}$（即 $K_1=1$，$K_2=0$）

则机械的状态：$F=\overline{D_1D_2}+\overline{D_2}=\overline{D_2}$

说明机械一定不会发生状态 D_2 的故障。

8.2　贝叶斯分类法

8.2.1　一般概念

机械中有大量的按照某种规律发生变化的随机问题，它们需用统计学方法才能描述。贝叶斯（Bayes）分类法就是一种统计学分类方法，它以统计学中最严密的概率密度函数为基础来描述机械工况状态的变化。

机械运行和机械制造过程的状态都是一个随机变量，事件出现的概率在很多的情况下是可以估计的，这种根据先验知识对机械工况状态出现的概率作出的估计，称为先验概率（Prior Probability）。因为状态是随机变量，故状态空间可写成 $\Omega_j=(\omega_1,\omega_2,\cdots,\omega_i,\cdots,\omega_m)$，其中 $\omega_i(i=1,2,\cdots,m)$ 是状态空间中的一个模式点。在机械工况监视过程中，主要是判别机械的工况有正常与异常两种状态，用先验概率 $P(\omega)$ 表示为：

$P(\omega_1)$——正常状态的先验概率；

$P(\omega_2)$——异常状态的先验概率；

则有：

$$P(\omega_1) + P(\omega_2) = 1 \qquad (8-1)$$

但仅有先验概率是不够的，还需观测数据各类别时的条件概率，如：

$p(x/\omega_1)$——正常状态的类条件概率密度；

$p(x/\omega_2)$——异常状态的类条件概率密度。

则根据 Bayes 公式：

$$P(\omega_i/x) = \frac{p(x/\omega_i)P(\omega_i)}{\sum\limits_{j}^{2} p(x/\omega_j)P(\omega_j)} \qquad (8-2)$$

式中　$P(\omega_i/x)$——已知样本条件下 ω_i 出现的后验概率(Posterior Probability)。

Bayes 公式(式(8-2))是通过观测值 x 把状态的先验概率 $P(\omega_i)$ 转换为后验概率 $P(\omega_i/x)$，以先验概率求后验概率的一种方法。对两类状态的情况，有：

$$P(\omega_1/x) = \frac{p(x/\omega_1)P(\omega_1)}{\sum\limits_{j}^{2} p(x/\omega_j)P(\omega_j)} \qquad (8-3)$$

$$P(\omega_2/x) = \frac{p(x/\omega_2)P(\omega_2)}{\sum\limits_{j}^{2} p(x/\omega_j)P(\omega_j)} \qquad (8-4)$$

式中　$P(\omega_1/x)$——已知样本条件下正常状态 ω_1 出现的后验概率；

$P(\omega_2/x)$——已知样本条件下异常状态 ω_2 出现的后验概率。

8.2.2　最小错误率的贝叶斯决策规则

决策规则是：

$$P(\omega_1/x) > P(\omega_2/x)，则 x \in \omega_1 \qquad (8-5)$$

$$P(\omega_1/x) < P(\omega_2/x)，则 x \in \omega_2 \qquad (8-6)$$

由式(8-3)、式(8-4)消去共同分母，则得式(8-5)和式(8-6)的等价式：

$$p(x/\omega_1)P(\omega_1) > p(x/\omega_2)P(\omega_2)，x \in \omega_1 \qquad (8-7)$$

$$p(x/\omega_1)P(\omega_1) < p(x/\omega_2)P(\omega_2)，x \in \omega_2 \qquad (8-8)$$

Bayes 分类法是基于最小错误率，因此，必须考虑错误率的计算问题。错误率是分类性能好坏的一种度量，是指平均错误率，用 $P(e)$ 表示，并定义为：

$$P(e) = \int_{-\infty}^{+\infty} P(e,x)\mathrm{d}x = \int_{-\infty}^{+\infty} P(e/x)p(x)\mathrm{d}x \qquad (8-9)$$

式中　$\int_{-\infty}^{+\infty}(\,\cdot\,)\mathrm{d}x$——在整个 n 维特征空间的积分。

对两类问题，由式(8-5)和式(8-6)的决策规则可知，若 $P(\omega_1/x) < P(\omega_2/x)$，应决策 ω_2(样本属于异常状态)，在作出此决策时，x 的条件错误概率为 $P(\omega_1/x)$；相反，若 $P(\omega_1/x) > P(\omega_2/x)$，应决策 ω_1(样本属于异常状态)，x 的条件错误概率应为 $P(\omega_2/x)$。

$P(e/x)$ 可表示为:

$$P(e/x) = \begin{cases} P(\omega_1/x) \text{, 当 } P(\omega_1/x) < P(\omega_2/x) \\ P(\omega_2/x) \text{, 当 } P(\omega_1/x) > P(\omega_2/x) \end{cases} \qquad (8-10)$$

8.2.3 最小平均损失(风险)的贝叶斯决策

故障诊断中,误判的概率是客观存在的,错判性质不同,后果严重性不同。例如把正常工况错判为异常,将合格品判成废品,自然会带来经济损失。但如果把异常工况判为正常工况,则影响更为严重。例如若将废品判成合格品,它的影响便不是局限于该工件在某一工序的损失,而将影响后续工序甚至产品质量,更为严重的是若把某些废品当作正品装入机器,将成为使用厂生产系统突发性故障的隐患。因此后者的严重性要比前者大。最小平均损失的 Bayes 决策,就是从这一出发点考虑的。

1. 决策方法与最小平均损失的关系

设 X 是 n 维随机向量,$X = (x_1, x_2, \cdots, x_n)^T$;$\Omega$ 是 m 维状态空间,$\Omega = (\omega_1, \omega_2, \cdots, \omega_m)$;$\alpha$ 是 p 维决策空间,$\alpha = (\alpha_1, \alpha_2, \cdots, \alpha_p)$;$L(\omega_i, \alpha_j)$ 是损失函数,表示实际工况状态为 ω_i,而采用的决策 α_j 所带来的损失,它与工况状态有关,它们的关系可写为:

$$L_{ij} = L(\omega_i, \alpha_j)$$

表 8-7 是决策表,每一个决策方法 α_j 对应有 m 个状态,故有 m 个 L_{ij}。

表 8-7　决策表

α	工 况 状 态					
	ω_1	ω_2	$\cdots$	ω_i	$\cdots$	ω_m
α_1	$L(\omega_1, \alpha_1)$	$L(\omega_2, \alpha_1)$	$\cdots$	$L(\omega_i, \alpha_1)$	$\cdots$	$L(\omega_m, \alpha_1)$
α_2	$L(\omega_1, \alpha_2)$	$L(\omega_2, \alpha_2)$	$\cdots$	$L(\omega_i, \alpha_2)$	$\cdots$	$L(\omega_m, \alpha_2)$
$\vdots$	$\vdots$	$\vdots$	$\vdots$	$\vdots$	$\vdots$	$\vdots$
α_j	$L(\omega_1, \alpha_j)$	$L(\omega_2, \alpha_j)$	$\cdots$	$L(\omega_i, \alpha_j)$	$\cdots$	$L(\omega_m, \alpha_j)$
$\vdots$	$\vdots$	$\vdots$	$\vdots$	$\vdots$	$\vdots$	$\vdots$
α_p	$L(\omega_1, \alpha_p)$	$L(\omega_2, \alpha_p)$	$\cdots$	$L(\omega_i, \alpha_p)$	$\cdots$	$L(\omega_m, \alpha_p)$

2. 损失函数

设决策方法为 α_j,任一个损失函数 L_{ij},对给定的 x 其相应的概率为 $P(\omega_i/x)$,则采用决策 α_j 时的条件期望损失为:

$$\gamma_j = \gamma(\alpha_j/x) = E[L(\omega_i, \alpha_j)] = \sum_{i=1}^{m} L_{ij} P(\omega_i/x)$$
$$(j = 1, 2, \cdots, p, \ i = 1, 2, \cdots, m) \qquad (8-11)$$

对于不同观测值 x,采用 α_j 时,其条件风险不同,故决策 α 是随机向量 x 的函数,记为 $\alpha(x)$,它也是一个随机变量,因此,期望风险定义为:

$$\Gamma = \int \gamma[\alpha(x)/x] p(x) \mathrm{d}x \qquad (8-12)$$

期望风险 Γ 表示对整个特征空间上所有 x 采用相应的决策 $\alpha(x)$ 所带来的平均风险,而条件期望风险 γ 仅表示某一个 x 取值所采用的决策 α_j 所带来的风险,要求所有 $\alpha(x)$ 都使 Γ 最小。

3. 贝叶斯决策步骤

设某一决策 α_k 能使:

$$\gamma(\alpha_k/x) = \min\gamma(\alpha_j/x) \quad (j = 1,2,\cdots,p) \tag{8-13}$$

则

$$\alpha = \alpha_k$$

具体步骤为:

(1)已知 $P(\omega_i)$,$p(x/\omega_i)$ 及待识别样本 x,按式(8-2)计算后验概率:

$$P(\omega_i/x) = \frac{p(x/\omega_i)P(\omega_i)}{\sum\limits_{j}^{m} p(x/\omega_j)P(\omega_j)} \tag{8-14}$$

(2)利用后验概率,按式(8-11)计算 γ_j:

$$\gamma_j = \sum_{i=1}^{m} L_{ij}P(w_i/x) \quad j = 1,2,\cdots,p \tag{8-15}$$

(3)从 $\gamma_1,\gamma_2,\cdots,\gamma_p$ 中选择最小者便是条件风险最小的 α_k。

8.2.4 最小最大决策规则

正常工况下,机械运行状态的特征分布 $P(\omega_i)$ 通常服从正态分布,但也不是一成不变。另外,由于人们对先验知识掌握得不确切,若按固定的 $P(\omega_i)$ 决策,往往得不到最小错误率或最小风险。因此,必须考虑在 $P(\omega_i)$ 变化时,如何最大可能地使得风险最小,从而使在最差情况下,争取得到最好的结果。

现考虑两类问题,设损失函数为:

L_{11}——当 $x \in \omega_1$ 时,决策 $x \in \omega_1$ 的损失;

L_{12}——当 $x \in \omega_1$ 时,决策 $x \in \omega_2$ 的损失;

L_{21}——当 $x \in \omega_2$ 时,决策 $x \in \omega_1$ 的损失;

L_{22}——当 $x \in \omega_2$ 时,决策 $x \in \omega_2$ 的损失。

一般来说,作出错误决策所带来的损失总比作出正确决策带来的损失大,故有 $L_{12} > L_{11}$,$L_{21} > L_{22}$,若决策域 Ω_1、Ω_2 已定,则由式(8-11)和式(8-12)可得期望风险:

$$\Gamma = \int_{\Omega_1} [L_{11}p(x/\omega_1)P(\omega_1) + L_{21}p(x/\omega_2)P(\omega_2)]dx$$

$$+ \int_{\Omega_2} [L_{12}p(x/\omega_1)P(\omega_1) + L_{22}p(x/\omega_2)P(\omega_2)]dx \tag{8-16}$$

可见 Γ 是一个非线性函数,它与决策域 Ω_1、Ω_2 有关,如果决策域 Ω_1、Ω_2 是确定的,风险 Γ 就是先验概率的线性函数。因为 $P(\omega_1) + P(\omega_2) = 1$,并且:

$$\int_{\Omega_1} (x/\omega_1)dx = 1 - \int_{\Omega_2} p(x/\omega_2)dx \tag{8-17}$$

代入式(8-16),便得 Γ_α 和 $P(\omega_i)$ 的关系:

$$\Gamma_\alpha = \left[L_{22} + (L_{21} - L_{22}) \int_{\Omega_1} p(x/\omega_2)\,\mathrm{d}x \right]$$

$$+ P(\omega_1) \left\{ (L_{11} - L_{22}) + (L_{12} - L_{11}) \int_{\Omega_2} p(x/\omega_1)\,\mathrm{d}x - (L_{21} - L_{22}) \int_{\Omega_1} p(x/\omega_2)\,\mathrm{d}x \right\}$$

$$= A + BP(\omega_1) \qquad\qquad (8-18)$$

式中,$A = L_{22} + (L_{21} - L_{22}) \int_{\Omega_1} p(x/\omega_2)\,\mathrm{d}x$

$B = (L_{11} - L_{22}) + (L_{12} - L_{11}) \int_{\Omega_2} p(x/\omega_1)\,\mathrm{d}x - (L_{21} - L_{22}) \int_{\Omega_1} p(x/\omega_2)\,\mathrm{d}x$

Γ_α 与 $P(\omega_1)$ 是线性关系。

(1) 在已知类概率密度函数 $p(x/\omega_i)$、损失函数 L_{ij} 及某个确定的先验概率 $P(\omega_i)$ 时,可按最小风险决策确定两类状态的决策面,把特征空间分为 Ω_1、Ω_2,使风险最小,并在 $0 \sim 1$ 区间对 $P(\omega_i)$ 取值,便得贝叶斯最小风险。Γ_α 与 $P(\omega_1)$ 的关系如图 8-1(a) 中的曲线。

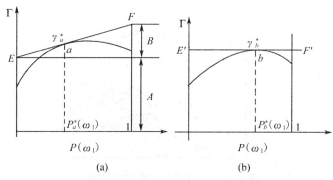

图 8-1 风险 Γ 与 $P(\omega_1)$ 的关系

(2) 曲线上 a 点的纵坐标 γ_a^* 是对应先验概率 $P_a^*(\omega_1)$ 的风险,过 a 点的直线 EF,便是式(8-18) 的直线,直线上各点的纵坐标是对应于不同的 $P(\omega_i)$ 风险 γ,它不是最小风险,变化范围为 $A - (A+B)$。如果 $B = 0$,则 EF 平行于 $P(\omega_1)$ 轴(图 8-1(b)),它的含义是不论 $P(\omega_i)$ 如何变化,最大风险都等于 A。

因此,在 $P(\omega_1)$ 有可能改变,对先验概率不能确知的情况下,应选择最小风险为最大值时的 $P_a^*(\omega_1)$ 设计分类器。在图 8-1(b) 中的 $P_b^*(\omega_1)$,其风险 γ_b^* 相对其它 $P(\omega_1)$ 最大,但不论 $P(\omega_1)$ 如何变化,使最小风险为最大,故称最小最大决策。

8.3 距离函数分类法

由 n 维特征参数组成的特征向量相当于 n 维特征空间上的一个点。研究证明,同类模式点具有聚类性,不同类状态的模式点有各自的聚类域和聚类中心。如果能事先知道各类状态的模式点的聚类域作为参考模式,则可将待检模式与参考模式间的距离作为判别函数,判别待检状态的属性。

8.3.1 空间距离(几何距离)函数

1. 欧式距离

在欧氏空间中,设向量 $X = (x_1, x_2, \cdots, x_n)^T$,$Z = (z_1, z_2, \cdots, z_n)^T$,两点距离越近,表明相似性越大,则可认为属于同一个群聚域,或属于同一类别,这种距离称为欧氏距离(Euclidean distance),表示如下:

$$D_E^2 = \sum_{I=1}^{N} = (x_i - z_i)^2 = (X - Z)^T (X - Z) \qquad (8-19)$$

式中　Z——标准模式向量;

$\quad\quad X$——待检向量;

$\quad\quad T$——矩阵转置。

欧氏距离的几何概念如图 8-2。欧氏距离简单明了,且不受坐标旋转、平移的影响。为了避免坐标尺度对分类结果的影响,可在计算欧氏距离之前先对特征参数进行归一化处理:

$$x_i = \frac{x_i - _{\min}}{x_{\max} - x_{\min}} \qquad (8-20)$$

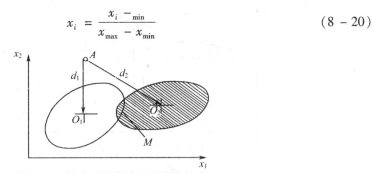

图 8-2　样本的聚类域和距离的概念

式中　$x_{\max}$——特征参数的最大值;

$\quad\quad x_{\min}$——特征参数的最小值。

考虑到特征向量中的诸分量各起的作用不同,可采用加权方法,构造加权欧氏距离:

$$D_W^2 = (X - Z)^T W (X - Z) \qquad (8-21)$$

式中　W——权矩阵。

2. 马氏距离

马氏距离(Mahalanobis distance)是加权欧氏距离中用得较多的一种,其形式为:

$$D_m^2 = (X - Z)^T R^{-1} (X - Z) \qquad (8-22)$$

式中　R——X 与 Z 的协方差矩阵,即 $R = X Z^T$。

马氏距离的优点是排除了特征参数之间的相互影响。

3. 欧氏距离判别的应用

现以时间序列模型参数作为特征量而得到残差偏移的距离函数为例。设自回归 AR 模型的矩阵形式:

$$X\varphi = A \qquad (8-23)$$

式中 X——时序样本矩阵;

φ——自回归系数向量;

A——残差向量。

可得残差平方和:

$$S = A^{\mathrm{T}}A = \varphi^{\mathrm{T}}X^{\mathrm{T}}X\varphi = \varphi^{\mathrm{T}}R\varphi \qquad (8-24)$$

式中 R——样本序列的自协方差函数,$R = X^{\mathrm{T}}X$。

设待检模型残差 $A_{\mathrm{T}} = X_{\mathrm{T}}\varphi_{\mathrm{T}}$,并将待检序列代入参考模型 $A_{\mathrm{R}} = X_{\mathrm{R}}\varphi_{\mathrm{R}}$ 中,得到残差 $A_{\mathrm{RT}} = X_{\mathrm{T}}\varphi_{\mathrm{R}}$,定义 $A_{\mathrm{RT}} - A_{\mathrm{T}}$ 为残差偏移距离,它表示待检模型和参考模型之间的接近程度,于是有:

$$A_{\mathrm{RT}} - A_{\mathrm{T}} = X_{\mathrm{T}}\varphi_{\mathrm{R}} - X_{\mathrm{T}}\varphi_{\mathrm{T}} = X_{\mathrm{T}}(\varphi_{\mathrm{R}} - \varphi_{\mathrm{T}}) \qquad (8-25)$$

定义残差偏移距离:

$$\begin{aligned}
D_A^2 &= (A_{\mathrm{RT}} - A_{\mathrm{T}})^{\mathrm{T}}(A_{\mathrm{RT}} - A_{\mathrm{T}}) = \\
&\quad (\varphi_{\mathrm{R}} - \varphi_{\mathrm{T}})^{\mathrm{T}}X_{\mathrm{T}}^{\mathrm{T}}X_{\mathrm{T}}(\varphi_{\mathrm{R}} - \varphi_{\mathrm{T}}) = \\
&\quad (\varphi_{\mathrm{R}} - \varphi_{\mathrm{T}})^{\mathrm{T}}R_{\mathrm{T}}(\varphi_{\mathrm{R}} - \varphi_{\mathrm{T}})
\end{aligned} \qquad (8-26)$$

式中 R_{T}——待检序列的自协方差函数,$R_{\mathrm{T}} = X_{\mathrm{T}}^{\mathrm{T}}X_{\mathrm{T}}$。

从距离函数的意义来讲,残差偏移距离实际上是以自协方差矩阵为权矩阵的欧氏距离。

8.3.2 相似性指标

相似性指标也是在作聚类分析时衡量两个特征向量点是否属于同一类的统计量。待检状态应归入相似性指标最大(相似性距离最小)的状态类别。

1. 角度相似性指标(余弦度量)

向量 X 和 Z 之间的角度相似性指标表示为:

$$S_c = \frac{\sum\limits_{i=1}^{n}X_iZ_i}{\sqrt{\sum\limits_{i=1}^{n}X_i^2\sum\limits_{i=1}^{n}Z_i^2}} \qquad (8-27)$$

或

$$S_c = \frac{X^{\mathrm{T}}Z}{\|X\| - \|Z\|} .$$

式中 $\|X\|$——特征向量 X 的模;

$\|Z\|$——特征向量 Z 的模;

S_c——特征向量 X 和 Z 之间夹角的余弦。夹角为零则取值为 1,即角度相似达到最大。

2. 相关系数

特征向量 X 和 Z 之间的相关系数表示如下:

$$S_{xz} = \frac{\sum_{i=1}^{n}(X_i - \overline{X})(Z_i - \overline{Z})}{\sqrt{\sum_{i=1}^{n}(X_i - \overline{X})^2 \sum_{i=1}^{n}(X_i - \overline{Z})^2}} \qquad (8-28)$$

式中　$\overline{X}$——特征向量 X_i 的均值；

$\overline{Z}$——特征向量 Z_i 的均值。

相关系数越大,表示两者相似性越强。

8.3.3　信息距离判别法

Kullback – Leiber 信息数

设 $X = (x_1, x_2, \cdots, x_n)$ 为随机向量,其概率密度函数 $p(x)$,它属于概率密度族函数 $g(x/\varphi)$ 中的一个,此处,$\varphi = (\varphi_1, \varphi_2, \cdots, \varphi_n)^{\mathrm{T}}$ 是参数向量,且:

$$p(x) = g(x/\varphi^0) \qquad (8-29)$$

Kullback – Leiber 信息数(简称 K – L 信息数)是描述 $p(x)$ 与 $g(x/\varphi)$ 的接近程度,这种接近程度是 $p(x)$ 及 $g(x/\varphi)$ 的函数,用公式表示如下:

$$I(p(x), g(x/\varphi)) = E\lg(x) - E\lg g(x/\varphi)$$
$$= \int p(x)\lg p(x)\,\mathrm{d}x - \int p(x)\lg g(x/\varphi)\,\mathrm{d}x$$
$$= \int p(x)\lg \frac{p(x)}{g(x/\varphi)}\,\mathrm{d}x \qquad (8-30)$$

因为:

$$-E\lg \frac{g(x/\varphi)}{p(x)} \geqslant -\lg E \frac{g(x/\varphi)}{p(x)}$$
$$= -\lg \int \frac{g(x/\varphi)}{p(x)}p(x) = -\lg 1 = 0 \qquad (8-31)$$

(当 $\varphi = \varphi^0$ 时,$p(x) = g(x/\varphi^0)$)

由此可见,当 $\varphi = \varphi^0$ 时,K – L 信息量达到最小值。

8.4　灰色理论诊断法

8.4.1　一般概念

"灰色"是一种色阶的度量,表示一种颜色。用颜色来描述工程系统,可以分成 3 类:一类是白色系统,是指因素与系统性能特征之间有明确的映射关系,例如物理型系统,它有确定的系统结构和明确的作用原理;另一类是黑色系统,它表示人们对系统性能与因素间关系完全不知道,如时间序列分析建模方法就基于系统是一个黑箱,无需确知系统的输入,而是根据系统的观察值建模。这是两种极端情况,实际工程系统有的信息能知道,而有的不可能知道,这类系统叫灰色系统。大多数运行的机械都具有灰色系统的特征。故障诊断就是利用已知的信息去认识含有未知信息的系统特征、状态和发展趋势,并对未来作出预测和决策。

8.4.2 灰色预测方法

在机械状态监测和预报中,主要采用能反映机械运行状态的一些物理量,常用DM(1,1)模型进行预报。DM(1,1)模型为:

$$\frac{\mathrm{d}x^1(t)}{\mathrm{d}t} + ax^1(t) = u \tag{8-32}$$

故有:

$$x^1(t) = \left(x^1(0) - \frac{u}{a}\right)\mathrm{e}^{-ak} + \frac{u}{a}$$

或

$$x^1(k+1) = \left(x^1(0) - \frac{u}{a}\right)\mathrm{e}^{-ak} + \frac{u}{a}$$

式中 k——数据个数,$k = 1, 2, \cdots, N$。

待识别的参数 a 和变量 u 由下式决定:

$$\hat{a} = [a, u]^{\mathrm{T}} = (B^{\mathrm{T}}B)^{-1}B^{\mathrm{T}}Y_n \tag{8-33}$$

其中

$$B = \begin{vmatrix} -\frac{1}{2}[x^1(1) + x(2)] & 1 \\ -\frac{1}{2}[x^1(2) + x(3)] & 1 \\ \vdots & \vdots \\ -\frac{1}{2}[x^1(n-1) + x(n)] & 1 \end{vmatrix} \tag{8-34}$$

$$Y_n = [x^0(2), x^0(3), \cdots, x^0(n)]^{\mathrm{T}} \tag{8-35}$$

B 矩阵中的 $x^1(k)$ 是原始矩阵 $x^0(i)$ 的累加值:

$$x^1(k) = \sum_{i=1}^{k} x^0(i) \tag{8-36}$$

而计算值由式(8-37)得到:

$$\hat{x}^0(k) = \hat{x}^1(k) - \hat{x}^1(k-1) \tag{8-37}$$

由式(8-37)可得到预测值。

灰色预测模型的特点是根据自身数据建立动态微分方程,再预测自身的发展。

8.4.3 关联度分析

关联度分析是灰色系统和随机量处理的一种方法,也是一种数据到数据的"映射"。

记 x_j 对 x_i 的关联系数为 $\xi_{ij}(k)$,k 是表示 x_j 与 x_l 比较关联性的采样点,记:

$$\alpha_{ij}(k) = |x_j(k) - x_i(k)|, k \in \{1, 2, \cdots, N\} \tag{8-38}$$

$$\alpha_{\min} \min_j \min_k = \alpha_{ij}(k)$$

$$\alpha_{\max} \max_j \max_k = \alpha_{ij}(k)$$

再定义:

$$\xi_{ij}(k) = \frac{\alpha_{\min} + \alpha_{\max} \cdot m}{\alpha_{ij}(m) + \alpha_{\max} \cdot m}, k \in \{1, 2, \cdots, N\} \qquad (8-39)$$

式中 m——取定的常数, $m \in \{0, 1\}$。

则 x_j 与 x_i 的关联度 γ_{ij} 为:

$$\gamma_{ij} = \frac{1}{N-1} \cdot \frac{1}{2} \Big[\sum_{i=2}^{N} \xi_{ij}(k) + \sum_{i=1}^{N-1} \xi_{ij}(k) \Big] \qquad (8-40)$$

关联度 γ_{ij} 的大小反映 x_j 和 x_i 的关联程度。

用关联度识别故障模式与用判别函数识别故障模式的方法相类似。待检标准模式特征向量 $[X_n]$ 为:

$$[X_n] = \begin{bmatrix} X_{r1} \\ X_{r2} \\ \vdots \\ X_{rn} \end{bmatrix} = \begin{bmatrix} X_{r1}(1) & X_{r1}(2) & \cdots & X_{r1}(k) \\ X_{r2}(1) & X_{r2}(2) & \cdots & X_{r2}(k) \\ \vdots & \vdots & \vdots & \vdots \\ X_{rn}(1) & X_{rn}(2) & \cdots & X_{rn}(k) \end{bmatrix} \qquad (8-41)$$

式中 下标 r——标准参考模式;

下标 n——设备的标准故障模式的个数;

k——每个故障模式的特征向量个数。

第 j 个特征模式的特征向量为:

$$[X_{ij}] = [X_{ij}(1), X_{ij}(2), \cdots, X_{ij}(k)] \qquad (8-42)$$

由式(8-40)可计算出如下的关联度序列:

$$[\gamma_{tjri}] = [\gamma_{tjr1}, \gamma_{tjr2}, \cdots, \gamma_{tjrn}] \qquad (8-43)$$

如果将关联度序列从小到大依次排列:

$$\gamma_{tjrm} > \gamma_{tjrh} > \gamma_{tjrk} > \cdots \qquad (8-44)$$

式中 m, h 和 k——$1, 2, \cdots, n$ 中的某个自然数。

这个排列次序也表示了待检模式与标准模式 X_{rm}、X_{rh}、X_{rk}、$\cdots$ 等的关联程度大小的排列次序,即待检模式划分为标准故障模式的可能性大小的次序。

此外,灰色系统理论中的灰色聚类分析与模糊聚类分析相似,也可用于故障模式的分类识别。

第9章 工程机械状态检测与故障诊断

本章主要介绍工程机械中常用部件——发动机、齿轮箱、轴承及一般旋转机械的故障及故障诊断常用方法。重点讲解各类常用部件故障的类型、故障的原因、常用的诊断仪器、有效诊断方法及应用实例等。

9.1 发动机诊断

发动机是工程机械中主要的动力设备,发动机故障在整机故障中占有最大比重。因此,减少发动机故障对保障整机性能起着重要的作用。目前发动机故障诊断中,常用的诊断方法有振动噪声诊断、漏气诊断、尾气诊断及油样分析等。

9.1.1 发动机振动和噪声诊断

发动机振动和噪声诊断是目前研究最多的诊断方法之一。它的最大优点是振动测量传感器可以安装在发动机的外部机体上,利用外部振动判断发动机内部故障。下面主要通过一些实例加以说明。

1. 发动机各缸均匀性检测

互相关函数是两个信号在时差(时延)域内的描述,其特征值的大小表征信号的相关程度,峰值所对应的时差即为两个信号之间的时延。对于各汽缸工作过程调整得一致的多缸发动机,各个汽缸压力信号相互相关,其互相关系数的峰值应达到1,峰值间所对应的时延即为两个汽缸之间的点火间隔角。图 9-1(a)所示为某 6 缸发动机的 3 缸与 6 缸、1 缸与 3 缸、1 缸与 6 缸之间汽缸压力的互相关图。该发动机的点火顺序为 1-5-3-6-2-4,理论上的点火间隔角为 6 缸迟后于 3 缸 120°,3 缸迟后于 1 缸 240°,6 缸迟后于 1 缸 360°。由图可见,3 个互相关函数的峰值均达到1,峰值对应的时延分别为119.6°、238.8°和358.9°。从互相关函数分析得到的时延与理论点火间隔角相当接近,因此,表明各个汽缸工作过程均衡性调整得良好。

当各缸工作过程调整得不均匀,如各缸的换气、喷油等不一致时,互相关函数将出现异常,峰值达不到1,峰值对应的时延与理论点火间隔之间的差值将增大。图 9-1(b)所示即为 1 缸不均匀时,3 缸与 6 缸、1 缸与 3 缸、1 缸与 6 缸之间汽缸压力的互相关图。此时,仅 3 缸与 6 缸之间的互相关函数 R_{3-6} 的峰值为1,其它的互相关函数 R_{1-3}、R_{1-6} 的峰值均小于1,峰值之间的时延分别为120.1°、233.0°和351.0°,后两个数值与理论点火间隔相差较大,这表明 1 缸的工作过程未调整好。

由此可见,互相关分析提供了检测多缸发动机各缸工作均衡性的手段,可用于诊断各缸之间调整得是否均匀一致、点火间隔是否准确。互相关分析也可用来检测同一汽缸在运行期间工作过程是否有异常变化。在正常时,同一缸内汽缸压力的不同样本记录的互

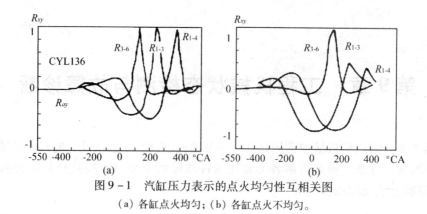

图 9 - 1　汽缸压力表示的点火均匀性互相关图
（a）各缸点火均匀；（b）各缸点火不均匀。

相关函数的峰值应达到或接近 1，若采样时均从同一点触发，则峰值对应的时延应为 0°。因此，互相关分析可以用于发动机工作过程的工况监测与故障诊断。

2. 活塞—汽缸套磨损故障诊断

实例 1：活塞—汽缸套磨损故障诊断

图 9 - 2 所示是正常间隙、中度磨损间隙、严重磨损间隙 3 种不同活塞—汽缸套间隙时，在机身上测得的振动响应时域波形。正常间隙时，振动响应的冲击幅值较小，随着磨损严重程度的增加，振动响应的冲击幅度也增加。

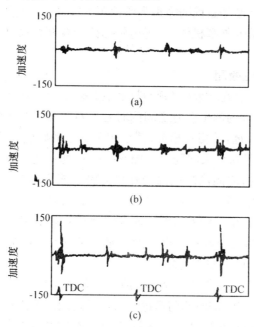

图 9 - 2　不同活塞—汽缸套间隙时的振动响应时域波形
（a）正常；（b）一般磨损；（c）严重磨损。

实例 2：活塞环磨损故障检测

图 9 - 3 所示是活塞环磨损故障检修前后的时域信号比较。检修前活塞环磨损严重，此时活塞横向撞击汽缸套引起机身表面振动瞬态响应的幅值显著增大，响应持续时间延长；修理后振动响应幅值明显减小。

228

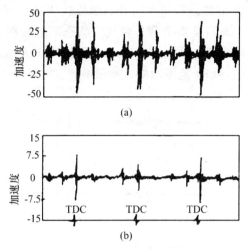

图9-3 活塞环磨损故障检修前后的时域信号
(a) 修理前；(b) 修理后。

3. 气门异常诊断

实例3：气门间隙异常诊断

图9-4所示是气门不同间隙时机身表面振动响应的功率谱图。从频率成分来看，正常间隙(0.25)时，振动频谱能量主要集中在5 kHz～11kHz，在7 kHz附近有最大的能量。随着磨损增加，气门间隙的增大，3 kHz～4.5kHz的振动能量增加，7kHz附近能量相应减少。气门间隙过小时，1 kHz～4.5kHz能量增加，8kHz以上能量减少。

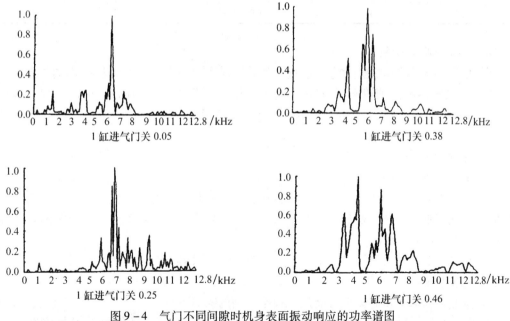

图9-4 气门不同间隙时机身表面振动响应的功率谱图

实例4：气门漏气故障诊断

气门漏气是常见的发动机故障之一。发动机运行时，即使是有经验的操作人员也难发现气门早期漏气。但通过测量缸盖表面振动与排气门正常状态的振动进行比较，即可发现排气门漏气在发动机燃烧阶段和排气门开启阶段较明显。图9-5所示是经过高通滤波后处于正常状态、人工缺陷及未研磨3种气门状态下缸盖在上述两个阶段的响应。表9-1列出了3种状态下频率在1kHz～6.4kHz范围内振动的总能量。可见,排气门漏气使得缸盖振动在1kHz～6.4kHz范围内的总能量增加。

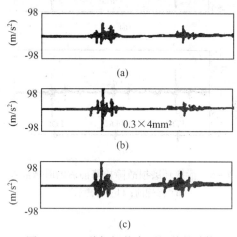

图9-5 三种气门状态下缸盖的响应
(a)正常状态;(b)人工缺陷;(c)未研磨。

表9-1 三种状态下振动的总能量
(单位:96.04×10⁻³m²/s²)

气门状态	正常状态	人工缺陷	未 研 磨
总能量	31.1	59.9	71.3

4. 发动机噪声诊断

使用听诊器对发动机噪声过大进行故障诊断时可以确定产生发动机噪声的位置。通常,当听到的噪声随曲轴转速(发动机转速)变化,则该噪声可能与曲轴、连杆、活塞、活塞销有关。听到的噪声随凸轮轴转速(发动机的半速)变化,则该噪声可能与气门传动部件有关。

1)主轴承噪声

主轴承松动产生的敲击噪声在发动机带负载运行时可以听到,这种响声大而沉闷。如果所有的主轴承都松动,听到是响亮而短促、有规律且随转速而变化的敲击声。当发动机在负载拖拉或者重载行驶时,这种噪声最为响亮,敲击声比连杆产生的噪声沉闷。低机油压力也将伴随这种情况产生。

如果轴承没有松动到可以产生敲击声,如果机油太稀薄或者轴承上没有任何机油,轴承会产生敲击噪声。

曲轴止推轴承磨损的噪声可能是一种不规则的噪声。

间歇性的尖锐敲击声表明曲轴间隙过大。重复离合器离合动作可能引起该噪声的变化。

2)连杆轴承噪声

连杆间隙过量会使发动机在各种转速(怠速和载荷工况)下产生敲击噪声。当轴承开始松动,噪声可能与活塞的拍击声或者松动的活塞的噪声混淆一起。噪声的音量随发动机的转速增加。低机油压力也将伴随这种噪声。

3)活塞噪声

判别活塞销、连杆以及活塞之间噪声相当困难。松动的活塞造成双击敲击声,通常在发动机怠速运转时可被听到。当拆下该缸的喷油器时,敲击声音会发生明显改变。在有些发动机上,当车辆以稳定的速度在道路上行驶时,这种敲击声反而更加明显。

9.1.2 发动机综合测试仪诊断

发动机性能综合分析仪具有对发动机各系统的主要诊断参数进行检测和综合分析的功能。目前得到了广泛应用的发动机性能综合分析仪都是将计算机、传感器和信息处理技术融为一体。常见的发动机性能综合分析仪主要有:德国波许公司(BOSCH)的MOT251 和 FSA560、德国凯文公司(HERMANN)的 HM 990、美国太阳公司(SUN)的MT4000、中国元征公司(LAUNCH)的 EA800 和 EA1000 和中国威宁达公司(KINGTEC)的K100 等产品。常见发动机性能综合分析仪的主要功能见表 9 - 2。

表 9 - 2 常见发动机性能综合分析仪的主要功能

序号	检测对象	检 测 参 数
1	点火系统	次级电压峰值,次级电压波形,多缸点火波形比较,初级电压和电流,点火适配器,点火器,间歇性不点火检测,各缸点火持续时间,点火提前角,闭合角
2	供给系统	进气管真空压力,喷油器性能测试,柴油机喷油压力波形
3	起动系统	启动性能测试,启动电流,启动电压
4	电控系统	传感器测试,步进马达测试,故障解码
5	电源系统	发电机电压和电流
5	发动机综合性能	各缸动力平衡测试,各缸压缩压力,发动机转速分析,无负荷测功,与废气分析仪配合检测发动机的排放气体成分
6	其 它	万用表,数字示波器

这里主要讨论 QFC 汽车发动机测试仪。QFC 汽车发动机测试仪是一种综合测试仪器,它可测量发动机点火系的性能指标,判断发动机单缸动力性和整个发动机的动力性,进行异响故障分析和配气相位动态测量等。

1. QFC 型发动机综合测试仪

QFC 型发动机综合测试仪由各种传感器与电子线路组成。利用各种传感器从发动机的适当部位采集各种信号,这些信号经过放大器放大后送到主机,通过操作键盘按钮测量发动机的各种参数或波形进而判断发动机故障。QFC 发动机综合测试仪一般包括测量放大、主机及显示输出三大部分,图 9 - 6 所示是发动机测试仪的原理框图。图 9 - 7 所示是 QFC - 3 型发动机测试仪的面板图,图 9 - 8 所示是 QFC - 4 型发动机测试仪的外形图。

QFC 发动机综合测试仪一般都包括 3 个主要部分:

(1)波形显示部分。这是仪器的主体部分,它由一个点火示波器组成,可以用来显示测量中得到的各种波形,如白金并列波形、平列波形、重叠波形和标准高压平列波形等。

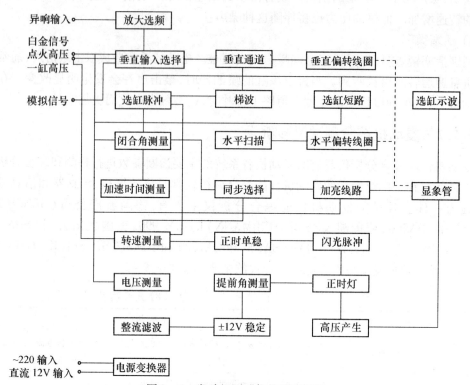

图 9-6 发动机测试仪的原理框图

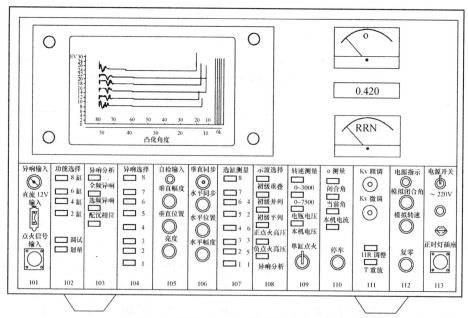

图 9-7 QFC-3 型发动机测试仪的面板图

（2）数值显示或打印部分。主要显示测量转速和凸轮角、重叠角等。

（3）调节选择开关部分。主要包括电源开关、输入连接及各种选项按钮。

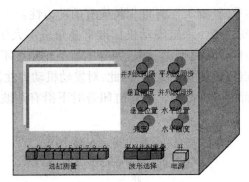

图 9-8 QFC-4 型发动机测试仪的外形图

2. QFC 型发动机综合测试仪诊断故障

发动机综合测试仪可以判断点火系故障、选缸转速下降以及异响分析。判断点火系故障主要是利用测量波形(或测量数据)与标准波形(或标准数据)相比较判断故障。下面以解放 CA-10B 六缸发动机为例,说明判断故障的方法。

1) 白金并列波形判断点火系故障

白金并列波又称光栅波。它是将每个汽缸的波形按点火顺序至下而上并列起来而得到的波形。其中,第 1 缸波形位于最下面,其它各缸波形按发动机点火顺序并列在第 1 缸波形的上面(图 9-9)。

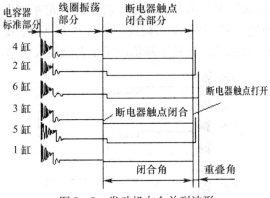

图 9-9 发动机白金并列波形

并列波形可以分成 3 个不同的部分:第一部分是火花塞点火部分,其振荡波形主要反映电容器振荡;第二部分是线圈中间部分,主要反映线圈振荡波形;第三部分是断电器触点闭合部分,在此期间断电器触点处于闭合状态。

断电器触点闭合期间,分电器凸轮所转过的角度叫闭合角,又称接触角或凸轮角。原则上,若系统无故障,每缸的 3 个部分应对齐。但实际上,各缸波形可能会出现小的波动,因此,将最迟触点闭合角和最早触点闭合角之差称为重叠角。

将发动机转速固定在 1200r/min,由示波器屏幕上所得的标准白金并列波形即可进行故障判断。

(1) 根据闭合角判断故障。六缸发动机标准闭合角为 38°~42°。从并列波形读出各缸闭合角,若读出的平均闭合角小于 38°,说明白金间隙大;若平均闭合角大于 42°,说明白金间隙小。因此应调整白金间隙使闭合角为标准值。但调整白金间隙后,发动机提前角也随之改变,这时必须重新"对火",才能保持应有的动力性。

（2）根据重叠角判断故障。六缸发动机标准重叠角应不大于3°。从并列波形上直接读出重叠角,若读出的重叠角大于3°,则说明分电器凸轮角度不规则或分电器轴松旷。重叠角直接影响到各缸点火提前角的大小,因此,对发动机动力性影响较大。

（3）根据每缸闭合部分判断故障。若每缸闭合时下沿有杂波,则说明白金烧蚀。如图9-10所示。

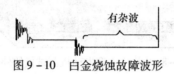

图9-10　白金烧蚀故障波形

（4）根据某缸闭合部分判断故障。若某缸闭合附近或闭合后沿有杂波,则可能是白金弹簧弹力不足,在发动机运转时至使白金接触不良造成。

（5）根据线圈阻尼振荡波形判断故障。若每缸跳火后线圈阻尼振荡波形上下跳动（图9-11）,则说明点火线圈次级可能断路。此故障一般不常见。

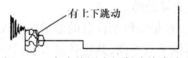

图9-11　点火线圈次级断路故障波形

（6）根据某缸火花塞跳火波形判断故障。若某缸火花塞跳火波形振铃减少且明显变宽,变得平直,不上下跳动（图9-12）,则说明该缸火花塞"淹死"。若波形时好时坏,说明火花塞性能不良,可根据选缸转速下降值决定是否更换火花塞。

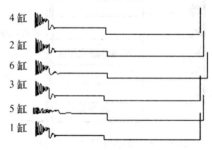

图9-12　5缸火花塞"淹死"故障波形

（7）根据每缸火花塞跳火波形判断故障。若每缸火花塞跳火波形的振铃减少,幅度也变低（图9-13）,则可能是电容器漏电或开路。

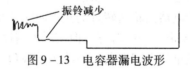

图9-13　电容器漏电波形

2）用点火高压平列波形判断点火系故障

将各缸点火高压波形按顺序排列,其中,第1缸在最右边,其它各缸从左到右按点火顺序排列而得到的波形称白金平列波形（图9-14）所示。

（1）根据点火高压标准值判断故障。各缸点火高压要求6 kV～8kV,各缸最大相差不超过 2kV。若超过要求值,则说明有故障。

(2) 根据短路高压判断故障。将某缸火花塞对地短路,该缸火花塞跳火电压应小于 5kV,否则说明分火头和分火盖触点间隙过大或高压线接触不良。图 9-15 是 2 缸火花塞短路高压的白金平列波形。

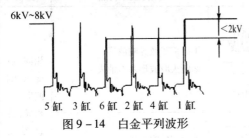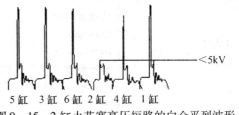

图 9-14　白金平列波形　　　　　图 9-15　2 缸火花塞高压短路的白金平列波形

(3) 根据开路高压判断故障。将某缸火花塞高压线取下,该缸高压值应达到 30kV (图 9-16)。否则说明高压线绝缘不良或点火线圈、电容器性能不良。

(4) 根据加速 kV 特性曲线判断故障。调整油门调节螺丝使发动机怠速,再将发动机转速稳定在 800r/min 左右,然后突然开大油门使发动机加速,各缸跳火电压相应增大,但增大部分不应超过 3kV(图 9-17)。否则应更换火花塞。

3) 测量发动机选缸转速下降判断故障

选缸转速下降是比较有用的测量项目,它实际上反映了发动机单缸动力性能参数。

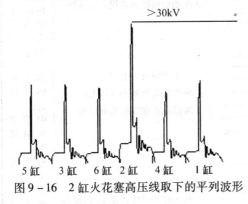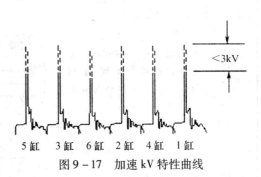

图 9-16　2 缸火花塞高压线取下的平列波形　　　　图 9-17　加速 kV 特性曲线

(1) 通过转速下降判断故障。首先记录下每缸都参加工作时发动机转速 n。然后选缸断火,再记录下 k 缸断火时发动机转速值 n_k,得到 k 缸断火时转速下降值 $\Delta n = n - n_k$, $(k = 1, 2, \cdots, 6)$。从中找出转速下降最多 $\Delta n_{\max}$ 的缸和转速下降最少 $\Delta n_{\min}$ 的缸。要求:

$$\Delta n_{\max} - \Delta n_{\min} \leqslant 25\% \Delta n_{\max}$$

若测得的值不满足上述条件,则说明转速下降少的缸火花塞点火不正常或缸内压缩力不足。

(2) 检查火花塞是否正常。将转速下降少的缸与转速下降多的缸两缸对调火花塞,重新测量两缸的转速下降值。若仍是转速下降少的缸转速下降少,转速下降多的缸转速下降多,则说明转速下降少的缸缸内压缩力不足,这时应检查该缸机械故障,找出缸内压缩力不足的原因。若结果相反,则说明火花塞点火不正常,需更换转速下降少的缸的火花塞。

4) 异响分析判断故障

发动机测试仪有一异响分析传感器,通过将该传感器顶在不同部位可以进行发动机异响分析判断故障。表9-3列出了异响分析判断故障的类型、传感器布置、转速工况、故障波形位置和特点以及各类故障间的相互比较。

表9-3 发动机综合测试仪异响分析

故障类型	传感器布置	转速工况	故障波形	故障波形特点	比较
①曲轴轴承响	油底侧面	抖动油门在1200r/min ~ 1600r/min或更大的范围内变动		①后部正弦异响波形;②断火时波形基本消失	相同:后部异响波形 相异:传感器安装位置不同
②连杆轴承响	发动机壳体侧壁对各缸小瓦处(油门一侧)	将发动机由急速逐渐提高到2000r/min		①后部异响波形;②断火时波形消失;③异响波形幅值随转速提高而增加	
③活塞敲缸响	垂直于发动机壳体右侧上部正对各缸处	使发动机转速逐渐提高到1000r/min左右,或低速抖动油门		①中前部有异响波形;②断火时波形基本消失;③振动幅值随转速提高而增加	相同:中前部异响波形;相异:传感器安装位置不同
④活塞销响	垂直缸盖正对各缸活塞处	将转速由800r/min逐渐提高到2400r/min左右		①上止点附近异响波形;②断火时波形减小或消失;③振幅随转速的提高而增加	相同:传感器位置;中前部异响波形 相异:发动机转速变化;断火时波形
⑤气门响	垂直缸盖正对各缸活塞中心处	发动机转速稳定在1000r/min左右	1进3排 4进5排 2进1排 6进4排 3进2排 5进6排	①故障波形不在本缸曲线上;②断火时若保持转速不变,波形无变化	

9.1.3 发动机漏气诊断法

通过测量漏失的气体和液体可以检测机械系统和配合副的密封性故障,在发动机技术状况的诊断中漏气检测法已获得广泛的应用。例如,根据流过发动机进气系统的空气量,可以判断空气滤清器的堵塞故障和进气系统的密封性故障;根据发动机活塞顶部的气体漏失量,可以判断汽缸活塞组件、配气机构气门以及缸盖衬垫等零部件的有关故障。

1. 发动机曲轴箱窜气检测

发动机汽缸活塞组是发动机重要部件之一,实际工程中常用漏气检测法评价汽缸活塞组的技术状况。其基本原理是:当汽缸活塞组的零件(汽缸、活塞环、活塞)磨损或出现其它故障,如活塞环断裂、结焦或拉缸时,发动机活塞顶部空间的密封性变差,造成部分工作气体从活塞顶部空间窜入发动机曲轴箱而不参加工作。因此,当漏入发动机曲轴箱的气体增加时,发动机功率下降、油耗增加,发动机启动时的质量也恶化。此外,当汽缸活塞组磨损时,机油窜入燃烧室的量增加,导致发动机工作时机油的烧损加速。

从发动机活塞顶部空间漏出的气体通常称为"曲轴箱窜气"。它与汽缸活塞组的结构参数、发动机其它诊断参数(如机油烧损等)以及工作参数有着近似的线性关系。一般新发动机曲轴箱窜气量约为 15 L/min ~ 20 L/min,而要求更换汽缸活塞组的发动机可达 80 L/min ~ 130 L/min。所以,发动机工作时,曲轴箱窜气量可作为判断汽缸活塞组磨损状况的参数。图 9 – 18 所示为 4 种发动机曲轴箱窜气量和其它参数之间的关系。

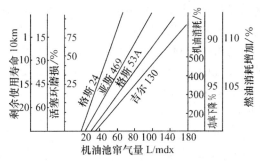

图 9 – 18　发动机曲轴箱窜气量和其它参数之间的关系

发动机曲轴箱窜气量可在试验台上测量,也可用专门仪器在发动机运转时监测。

通常,可根据发动机不工作时的漏气量来确定汽缸活塞组和配气机构的气门密封性。具体诊断方法是测量活塞处于上、下止点,气门关闭时被压入发动机汽缸的空气漏失量。此法的优点是可以在发动机不工作时对每个汽缸逐个进行检查。

另外,也可用汽缸压力表测量压缩终了时的空气压力来确定汽缸活塞组和配气机构气门的技术状况,即活塞顶部空间的密封性。密封性越差,漏气量就越大,留在活塞顶部空间的气体越少,压缩终了时气体的压力就越低。汽缸压缩终了时的压缩压力,首先取决于配气机构气门的状况,其次取决于汽缸活塞组的磨损程度。一般,发动机的汽缸活塞组达到极限磨损时压缩值的变化不超过 25%。

2. 曲轴箱漏气检测设备——漏气率检验仪

发动机汽缸漏气率检测仪主要用来判断汽缸的密封状况。仪器主要由调压器、进气阀、进气压力表、测量表、排气阀、校正孔板及软管、快速接头和接头等组成,图 9 – 19 所示为发动机汽缸漏气率检测仪工作原理图。测量时,汽缸的进、排气门处于关闭状态,活塞

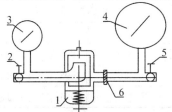

图 9 – 19　发动机汽缸漏气率检测仪
1—调压器;2—进气阀;3—进气压力表;4—测量表;5—排气阀;6—校正孔板。

237

处于距汽缸上平面10mm处,这时将外部压缩空气注入汽缸内,用测量表测量汽缸内压力的变化,测量表上所示数值即为汽缸相对漏气量的百分比。此值可用来判断汽缸的密封状况。

9.1.4 发动机尾气诊断法

发动机排放尾气的成分给出燃油燃烧的程度和空气过量系数的信息,根据排放废气的成分及含量可以判断发动机汽缸活塞组、供油和燃烧系统的技术状况。发动机排放尾气中的主要污染物是:一氧化碳(CO)、碳氢化合物(HC)、氮氧化合物(NO_x)、硫化物和微粒物(炭烟、铅氧化物等重金属氧化物和烟灰等组成)。在内燃发动机中,CO是空气不足或其它原因造成不完全燃烧时所产生的一种无色、无味气体;HC是指发动机排放尾气中的未燃部分,还包括供油系中燃料的蒸发和滴漏;NO_x是发动机大负荷工作时大量产生的一种褐色有臭味的废气;发动机排放尾气中的铅化合物一般是为了改善汽油的抗爆性而加入的,它们以颗粒状排入大气中,是污染大气的有害物质;炭烟是柴油发动机燃料燃烧不完全的产物,它含有大量的黑色炭颗粒。

1. 尾气污染物排放标准

为了控制发动机排气污染物对人体及生态环境的危害,世界各国政府相继制定了汽车发动机排气污染物的限制标准。我国汽车综合性能检测主要根据中华人民共和国国家标准 GB14761.5-1993《汽油车怠速污染物排放标准》和 GB14761.6-1993《柴油车自由加速烟度排放标准》来检测汽车发动机的排放污染物。表9-4是汽油车怠速污染物排放标准值,表9-5是柴油车自由加速烟度排放标准值。

表9-4 汽油车怠速污染物排放标准值

项 目	CO/%		HC/$\times 10^{-6}$			
			四冲程		二冲程	
车 型	轻型车	重型车	轻型车	重型车	轻型车	重型车
1995年7月1日以前的定型汽车	3.5	4.0	900	1200	6500	7000
1995年7月1日以前新生产汽车	4.0	4.5	1000	1500	7000	7800
1995年7月1日以前生产的在用汽车	4.5	5.0	1200	2000	8000	9000
1995年7月1日起的定型车	3.0	3.5	600	900	6000	6500
1995年7月1日起的新生产汽车	3.5	4.0	700	1000	6500	7000
1995年7月1日起生产的在用汽车	4.5	4.5	900	1200	7500	8000

表9-5 柴油车自由加速烟度排放标准值

车 别	烟度值 FSN	车 别	烟度值 FSN
1995年7月1日以前的定型汽车	4.0	1995年7月1日起的定型车	3.5
1995年7月1日以前的定型汽车	4.0	1995年7月1日起的新生产汽车	4.0
1995年7月1日以前生产的在用汽车	5.0	1995年7月1日起生产的在用汽车	4.5

2. 发动机尾气检测仪

发动机排放尾气测量仪一般是利用各种气体具有不同的热传导率,或者利用各种燃烧产物的氧化性能,或者利用各种气体吸收红外线不同等原理进行检测。测量仪有燃烧式测量仪和红外分析仪。燃烧式主要用于测量 CO 的含量,红外分析仪可用于测量各种排放尾气。

1) 燃烧式 CO 测量仪

燃烧式 CO 测量仪是根据发动机排放尾气中的 CO 在完全燃烧时,工作室内的铂丝温度升高,测量铂丝温度的升高值,确定燃烧的 CO 的量。测量方法是用泵将一定量的空气压入测量室,使空气与排气相混合,再利用电热丝彻底燃烧。燃烧的热量使电热丝温度变化,利用测量电桥测量这一变化即能确定 CO 的量。

图 9 - 20 所示是燃烧式 CO 测量仪的电路原理图。R_3、R_4 为恒定电阻,R_2 为铂丝。R_1 丝放在测量工作室内,被测气体充入该工作室;而 R_2 丝放在对比室内,该室充入干净空气并密封;可变电阻 R 用来作为电桥的辅助平衡电阻,保持电流电压的稳定。测量前电桥处于平衡状态;当燃烧 CO 时,测量室中温度变化,电阻 R_1 也变化。此时电桥就不平衡。指针式毫安表指示出电桥的不平衡,它的刻度是 CO 的百分数。为了使 CO 在测量室中正常燃烧,必须有足够的氧气。为此,预先将大气以 1:1 的比例加入取样气体中。

排放尾气监测的燃烧式 CO 测量仪有两种形式:一种是不能在调整化油器时对排放尾气中的 CO 含量进行连续测量;另一种是仪器可以在调整化油器的全过程中,观察排放尾气中 CO 含量的变化。

2) 红外线分析仪

红外线分析仪可用于连续分析排放尾气中所含有的 CO_2、CO、HC 和 NO_x 等成分,因此,应用很广泛。红外线分析仪是利用不同的气体所吸收的红外线的波长不同而进行。如 CO 能够吸收 $4.5\mu m \sim 5\mu m$ 波长的红外光线,CH_4 能吸收 $2.3\mu m$、$3.4\mu m$、$7.6\mu m$ 红外线。当具有特定波长的红外光通过某种气体时,红外光的能量将被该气体吸收,被吸收能量的大小取决于该气体的容积浓度。

图 9 - 21 所示是红外分析仪的原理图。它是由分列于左右两侧的红外光源、比较室、试样室以及检测器等组成。其中左右两室的红外光源是完全相同的,它们能辐射被测气体所吸收的特定波长的红外光。比较室内封入的是不吸收该红外光辐射光能的气体(通常为 N_2);试样室内均匀、稳定、连续流过被测气体。测量时,左右两侧红外光源辐射相同

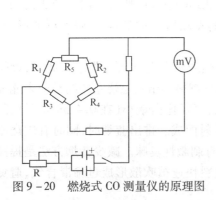

图 9 - 20　燃烧式 CO 测量仪的原理图

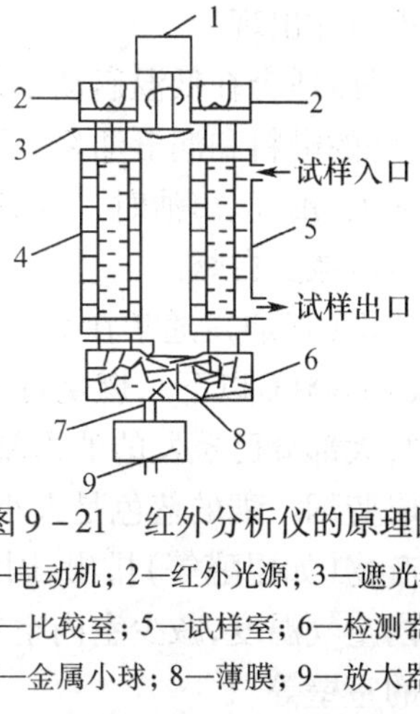

图 9 - 21　红外分析仪的原理图
1—电动机;2—红外光源;3—遮光器;
4—比较室;5—试样室;6—检测器;
7—金属小球;8—薄膜;9—放大器。

波长的具有相等能量的红外光分别穿过比较室和试样室,同时分别到达检测器的左右两侧。由于封入比较室内的气体 N_2 不吸收该波长的红外光能,因此通过比较室的红外光的能量完全未衰减;而通过试样室的红外光的能量被连续流经试样室的气体吸收了一部分,从而到达检测器的那束红外光能衰减了,其衰减量的大小取决于通过试样室的被测气体的浓度。被测气体中 CO 含量越高,被吸收的红外线就越多。

检测器是用膨胀薄膜分隔而成的完全独立的两个室,膨胀薄膜与金属小球构成电容器的两极。由于到达检测器左右两室的红外光能量不同,两室便会产生压力差,比较室能量大,压力高,膨胀薄膜便被推向右方,膨胀薄膜与金属小球之间的电容量产生相应的变化,测量电容变化量,即可知道被测气体的浓度。

3. 发动机尾气诊断方法

作为发动机排放废物,尾气的成分和含量也能反映发动机的工作状态。例如,发动机处在正常工作状态时,汽缸内的气体得到充分燃烧,排放尾气中 CO 和 HC 含量就相对较少,而且 CO 和 HC 有一定的比例。但当汽缸内部有异常时,在相同转速下就会使发动机排放废气中 CO 和 HC 的含量相应增加,CO 和 HC 的含量比也会改变。因此,测量排放废气中 CO 和 HC 的元素和含量就可了解发动机的工作状态。

一般,当负载情况下节油阀全开时,若排放尾气中 CO 和 HC 的含量增加,说明主喷嘴通过能力过大,配气系统空气主喷嘴堵塞等。

排放尾气中 HC 的含量充分表征火花塞间隙的变化,通常在间隙 1.1mm 时最理想;燃料主量孔的通过能力增加,尾气中有害物质特别是 CO 的含量急剧增加;配气机构中气门间隙的变化量偏离规定值,尾气中 HC 的含量明显增加。

另外,CO 含量增加,说明化油器调整不良,空气量孔堵塞等。废气中 HC 的含量增多,则说明火花塞点火不良、插线断开、混合气过稀、机油稀释、点火能量不足等。

4. 柴油发动机烟度测量

1) 柴油发动机排烟的种类和产生原因

柴油机排烟可分为白烟、蓝烟和黑烟 3 种。不同烟色形成的原因不同,有研究认为起决定作用的是温度,在 250℃ 以下形成的烟通常呈白色;从 250℃ 到着火温度形成蓝烟;黑烟只在着火后才出现。

(1) 白烟:适合在低温启动不久及怠速工况时发生。此时,汽缸中温度较低,着火不良,未经燃烧的燃料和润滑油呈液滴状,直径在 1.3μm 左右,随废气排出而形成白烟。当汽缸磨损加大,窜气、窜油时,使白烟增多。正常的发动机在暖车后,一般不再形成白烟。改善启动性可减少白烟。

(2) 蓝烟(青烟):通常在柴油机尚未完全预热或低负荷运转时发生。此时,燃烧室温度较低(约 600℃ 以下),燃烧着火性能不良,部分燃料和窜入燃烧室的润滑油未能完全燃烧,其中,大部分已蒸发的油再凝结而成微粒状,直径比白烟小(在 0.4μm 以下),随废气排出而成蓝烟。烟的蓝色是大小微粒经蓝光折射而成。排出蓝烟时,同时有燃烧不完全的中间产物(如甲醛等)排出,因而蓝烟常常带有刺激性臭味。减少蓝烟方法是提高燃烧室和室内空气温度,减少室内空气运动,避免燃料快速被吹散形成过稀混合气,避免燃料碰到冷的室壁等。

（3）黑烟：通常在柴油机大负荷时发生，例如当汽车加速、爬坡及超负荷时排气就冒黑烟。一般认为，黑烟也是不完全燃烧的产物，是燃料的氢先燃烧完了的中间产物。当柴油机高负荷时，燃烧室的燃料增多，由于柴油机混合气形成不均匀，即使平均过量空气系数大于1，仍不可避免产生局部区域空气不足，此时燃烧室温度又高，燃料在高温缺氧情况下裂解释出并经聚合形成炭烟。

2）滤纸式烟度计

烟度计是测量柴油发动机排烟的仪器，我国汽车行业规定，滤纸式烟度计为测量柴油机排烟的标准仪器。图9-22所示是滤纸式烟度计结构图，由采样器和检测器两部分组成。采样器为一个弹簧泵，前端带有采样探头，插入排气管中央吸取一定容积的尾气，使其通过一张一定面积的洁白滤纸，排气中的炭烟积聚在滤纸表面，使滤纸污染。用检测器测定滤纸的污染度。该污染度即定义为滤纸烟度，单位为FSM。规定全白滤纸的FSM值为0，全黑滤纸的FSM值为10，并从0~10均匀分度。

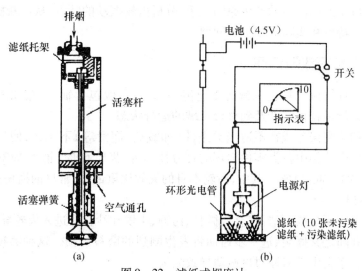

图9-22　滤纸式烟度计
(a)采样器；(b)检测器。

滤纸式烟度计的优点是结构简单、调整方便、测定可靠性高、价格低廉；滤纸试样直观性好，便于保存，适宜于稳态工况的测定。缺点是只能测排气中黑色的炭烟，当柴油机在怠速及低负荷运转时，因排气温度低及其它原因排出的油雾及水蒸气形成的蓝烟和白烟却不能测出。

9.2　齿轮箱故障诊断

9.2.1　概述

齿轮传动是工程机械中最常用的传动方式。齿轮失效又是诱发机械故障的重要因素。诊断齿轮故障，对于降低机械维修费用、防止突发性事故具有现实意义。

早期齿轮故障诊断大体可分为两大类：①通过采集齿轮运行中的动态信号（振动和

噪声),运用信号分析方法来进行诊断;②根据摩擦磨损理论,通过润滑油液分析来实现。这些诊断仅限于直接测量一些简单的振动参数,如振动峰值 P_K、均方根值 RMS 等,通过观察这些参数的变化来掌握齿轮的运行状况。有时还采用一些无量纲参数,如峰值系数等,应用脉冲冲击仪等简易仪表对齿轮故障进行简易诊断。这类简单参数对齿轮故障反应的灵敏度不高,尤其无法确定故障是否在齿轮上,这就导致了振动信号的频域分析方法的产生。振动信号的频谱分析方法对于齿轮磨损、断齿等故障的诊断比较成功。

与滚动轴承诊断相比,齿轮故障诊断的困难在于信号在传递中所经环节较多,齿轮经轴、轴承、轴承座最后到测点,高频信号(20kHz 以上)在传递中大多丧失。因此,齿轮故障诊断通常需借助于较为细致的信号分析技术,以达到提高信噪比和有效地提取故障特征的目的。

近年来,针对齿轮振动信号的特点,国内外研究者做了大量工作,提出了一些新的诊断方法,使齿轮故障诊断逐步从试验室走向工程应用。

本节将从齿轮振动信号的产生原因入手,分析齿轮振动的特点,从诊断机理上来说明各种分析方法的特点和实际应用中的问题。

9.2.2 齿轮箱故障机理

齿轮箱是工程机械及其它机械的变速传动部件,一般包含轴、齿轮和滚动轴承等部件。齿轮箱的运行是否正常涉及到整台机械的运行状态。

由于制造和装配误差或在不适当的条件(如载荷、润滑等)下工作,使齿轮箱中零件甚至组件损伤。齿轮箱中各类零件损坏的百分比约为:齿轮 60%、轴承 19%、轴 10%、箱体 7%、紧固件 3%、油封 1%。其中,齿轮本身的失效比重最大,常见的损伤有:

1. 齿面磨损

当润滑油供应不足或不清洁,金属微粒、污物、尘埃和沙粒等进入齿轮导致材料磨损、齿面局部熔焊并随之又撕裂、进一步齿面将发生剧烈的磨粒磨损。这种磨损使齿廓显著改变,侧隙加大,还会由于齿厚过度减薄导致断齿。

2. 齿面胶合和擦伤

重载和高速的齿轮传动,齿面工作区温度很高。如果润滑不当,齿面间的油膜破裂,一个齿面的金属会熔焊在与之相啮合的另一个齿面上,在齿面上形成垂直于节线的划痕——胶合。未经跑合的新齿轮常在某一局部产生这种现象,使齿轮擦伤。

3. 齿面接触疲劳

啮合过程中齿轮既有相对滚动又有相对滑动。这两种力的作用使齿轮表层深处产生脉动循环变化的剪应力。当这种剪应力超过齿轮材料的剪切疲劳极限,或者齿面上脉动循环变化的接触应力超过齿面的接触疲劳极限时,表面将产生疲劳裂纹。裂纹扩展,最终齿面金属小块剥落,在齿面上形成小坑——点蚀。当点蚀扩大,连成一片时,形成齿面上金属整块剥落。严重剥落时齿轮不能正常工作,甚至造成轮齿折断。很多情况下,由于齿轮材质不均,或局部擦伤,容易在某一齿面上首先出现接触疲劳,产生剥落。

4. 弯曲疲劳与断齿

同悬臂梁类似,轮齿承受载荷时根部受到脉动循环的弯曲应力作用。当这种周期性应力过高时,在根部就产生裂纹,并逐步扩展,最终导致断齿。在齿轮工作中,由于严重的冲击和过载,接触线上的过分偏载以及材质不均都可能引起断齿。

齿轮断齿有疲劳断裂和过负荷断裂两种。最常见的是疲劳断裂,受力的齿廓根部由于应力集中产生龟裂,并逐渐向齿廓方向发展,最终导致断裂。过负荷断裂是由于机械系统速度发生急剧变化、轴系共振、轴承破损、轴弯曲等原因,使齿轮产生不正常的一端接触,载荷集中到齿面一端而引起。

5. 齿面塑性变形

如齿面压碎、起皱等。此外,凡是使齿廓偏离其理想形状和位置的变化,都属于齿轮故障。

9.2.3 齿轮箱振动的频谱特性

工作条件下很难直接检测某一个齿轮的故障信号,一般测得的信号是轮系的信号,必须从轮系的信号中分离出故障信息。齿轮箱故障诊断中常用振动检测方法。当齿轮旋转时,无论齿轮异常与否,齿的啮合都会发生冲击啮合振动,其振动波形表现出调制的特点。

由于设计不当(如刚性不好)、材质不均及制造和安装的误差会使齿轮在运转中产生振动;当齿轮承载运转时,由于轮齿受交变载荷的作用及齿面相对滚动的交替变化,也会引起振动;齿面磨损,产生冲击、剥落、胶合、裂纹以至断裂时,更会引起剧烈的振动;这些振动会随着齿面情况的劣化不断加大。

由于以上原因产生的振动,都会有某种特征频率。因此,对齿轮箱进行频谱分析,在测得的齿轮箱频谱图上,按出现的频率及其幅值来判别齿轮故障的产生及失效程度。

齿轮箱振动的频率特征如下:

1. 轴系的回转频率及谐波

轴系的回转频率:

$$f = \frac{n}{60}(\text{Hz}) \tag{9-1}$$

式中　n——转速(r/min)

轴系的回转频率与转轴的转速(每秒转数)一致,当回转频率与系统的固有频率相一致,系统即产生共振,引起整个机械系统的损坏。

回转频率的谐波:Nf,$N = 2,3,\cdots$。

2. 啮合频率及其谐波

渐开线齿廓的齿轮在节点附近为单齿啮合,而在节线的两边为双齿啮合,双齿啮合区大小由重叠系数而定。由于齿轮的刚度是变化的,因此,每对齿轮在啮合过种中承受的载荷是变化的,它会引起齿轮的振动。此外,一对齿轮啮合过程中,两齿面的相对滑动速度和摩擦力的方向在节点处改变,也使齿轮产生振动。这两者形成了啮合频率及其谐波振动。

啮合频率:

$$f_m = \frac{n}{60}Z(\text{Hz}) \tag{9-2}$$

式中　n——轴转速(r/min);

　　　Z——齿轮的齿数。

啮合频率的谐波：$N\dfrac{nz}{60}, N=1,2,3,\cdots$。

当 $N=1$ 时是啮合频率，称基波。

当 $N=2,3,\cdots$ 时，是齿轮啮合频率的二次、三次……谐波。

对于有固定齿圈的行星轮系，其啮合频率为：

$$f_m = \frac{1}{60}Z(n_r \pm n_c)$$

式中　Z——任一参考齿轮的齿数；

　　　n_r——参考齿轮的转数（r/min）；

　　　n_c——转臂的回转速度（r/min），当与参考齿轮转向相反时取正号，否则就取负号。

3. 齿轮的固有频率

齿轮的固有频率振动是齿轮的主要振动。一对直齿圆柱齿轮的固有频率可由式（9-3）求得：

$$f_{n1} = \frac{1}{2\pi}\sqrt{\frac{k}{m}}(\text{Hz}) \tag{9-3}$$

式中　k——一对齿轮的平均弹性系数，$\dfrac{1}{k}=\dfrac{1}{k_L}+\dfrac{1}{k_S}$；

　　　k_L, k_S——大小齿轮的刚度系数；

　　　m——齿轮副的等效质量，$\dfrac{1}{m}=\dfrac{1}{m_L}+\dfrac{1}{m_S}$；

　　　m_L, m_S——大小齿轮的质量。

齿轮的固有频率多为 1kHz~10kHz 的高频，当这种高频振动传递到齿轮箱等部件时，高频冲击振动已衰减，多数情况下只能测到齿轮的啮合频率。

4. 隐含成分

隐含成分（或鬼线）由齿轮加工机床分度齿轮误差传递到加工齿轮上引起，其频率相当于机床分度轮啮合频率。起名的原因是由于开始时找不到其来源，而在功率谱图上又常常存在而得名。

隐含成分有两个特点：

（1）它总是出现在啮合频率附近，且不受载荷变化的影响。

（2）当齿轮运转一段时间后，由于磨损趋于均匀，啮合频率及其谐波成分增大而隐含成分及其谐波成分逐渐减少。

图 9-23 所示是隐含成分的一个典型例子。原始状态时，啮合频率的幅值为 116dB，隐含成分的幅值为 123dB；当机械运转一个月后，啮合频率增加到 123dB，而隐含成分下降到 117dB。因此，隐含成分可作为齿轮故障诊断中的辅助信息，用来表示齿轮跑合和磨损的历史。

5. 调制信号——边谱带分析

当齿轮产生故障时，振动信号出现调制现象而形成调制波，其频率为啮合频率及其谐波或其它高频成分，而故障的振动频率就是调制信号的频率。

调制可分为幅值调制（图 9-24）和频率调制（图 9-25）。调制结果是在频谱中齿轮

244

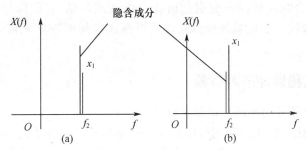

图 9-23　隐含成分与啮合频率的关系

（a）机械运转前；（b）机械运转一个月后。

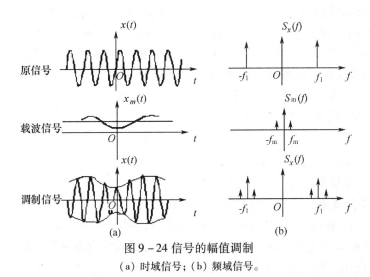

图 9-24 信号的幅值调制

（a）时域信号；（b）频域信号。

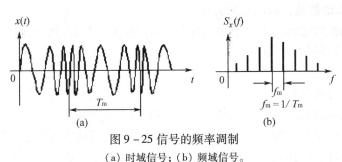

图 9-25 信号的频率调制

（a）时域信号；（b）频域信号。

啮合频率两边产生一簇边频带,其间隔即为故障引起的频率。

因此,边频带分析在齿轮故障诊断中具有较重要的地位。齿轮偏差、齿间距周期性变化、载荷起伏等都会引起幅值调制和频率调制。

6.附加脉冲

由于不对中、不平衡、机械松动等原因会引起附加脉冲。附加脉冲会有轴系频率的低次谐波 f/N。因此,齿轮箱的频谱图上,频率是很丰富的。

综上所述,齿轮振动频谱图的谱线一般有:齿轮的回转频率及其谐波频率、齿轮的啮合频率及其谐波频率、啮合频率的边频带、齿轮副的各阶固有频率等。其中,齿轮副的固有频率由于齿轮啮合时齿间撞击而引起齿轮自由衰减振动,它们位于高频区,且幅值较小,易被噪声信号淹没。齿轮箱故障诊断就是根据这些频率特征来确定故障零件及异常程度。

9.2.4　齿轮箱振动故障诊断

1．齿轮箱振动信号的频谱分析及其特点

振动信号的频谱分析是对齿轮故障信息的最基本的研究方法,它和转子、滚动轴承的频谱分析在原理上一致。齿轮的制造与安装误差、剥落、裂纹等故障会直接成为振动的激励源,这些激励源都以齿轮轴的回转为周期,齿轮振动信号中含有轴的回转频率及其倍频,故障齿轮的振动信号往往表现为回转频率对啮合频率及其倍频的调制,在谱图上形成以啮合频率为中心、两个等间隔分布的边频带。由于调频和调幅的共同作用,最后形成的频谱表现为以啮合频率及其各次谐波为中心的一系列边频带群,边频带反映了故障源信息,边频带的间隔反映了故障源的频率,幅值的变化表示了故障的程度。因此,齿轮故障诊断很大意义上是对边频带的识别。

齿轮振动的各调制边频可用式(9-4)表示:

$$f = Nf_m \pm mf_1 \pm nf_2 \tag{9-4}$$

式中　f_m——齿轮副的啮合频率;

　　　f_1、f_2——主动齿轮、被动齿轮的回转频率;

　　　N——啮合频率的各阶谐频的序数,$N = 1,2,3,\cdots$;

　　　m,n——主、被动齿轮回转频率的各阶谐频的序数,m、$n = 1,2,3,\cdots$。

可见,齿轮振动的边频带分布很复杂。一般齿轮箱同时有数对齿轮啮合,几对齿轮振动的边频带重叠在一起,其频谱图就更复杂。

2．齿轮箱振动故障诊断的常用方法

齿轮箱振动故障诊断的方法很多,如第4章中的各种方法,其中,较为有效的方法有倒频谱分析法、时域平均法等。

1）倒频谱分析法

由于倒频谱分析受传输途径的影响很小,并且能将原来频谱图上成簇的边频带谱线简化为单根谱线,所以在齿轮箱故障诊断中具有特殊的优越性。

在齿轮箱振动信号的频谱图中,以某一基频为中心,每隔 $\pm \Delta f$ 有一谱线形成边频带信号,边频带信号的谱线间隔是调制波频率 $f = \Delta f$。边频带信号在频谱图中近似是周期为 Δf 的周期波。因此,采用倒频谱分析可以分离出边频带信号,倒频谱图中的离散谱线高度反映原功率谱中周期分量幅值的大小。当有许多大小和周期都不同的周期成分时,功率谱图很难直观地发现其特点,但用倒频谱分析就显得清晰明了。

实例:磨损齿轮箱功率谱和倒频谱

图9-26所示是磨损齿轮箱振动功率谱和倒频谱,图(a)滤掉了低次谐频,倒频谱峰值在20ms处,符合一个齿轮的旋转速度(50Hz)。图(b)是完整功率谱中得到的倒频谱(包含了低次谐频),在倒频谱图中除了反映了与50Hz齿轮啮合影响外,倒频谱中还非常明显地反映另一个齿轮的旋转速度121Hz(8.2ms)。这在功率谱图上是难以具体表示的。

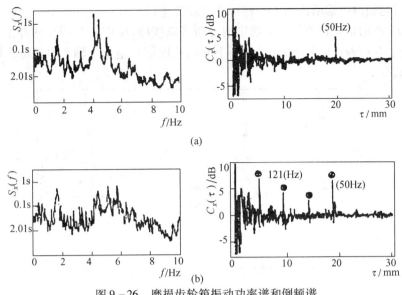

图 9 - 26　磨损齿轮箱振动功率谱和倒频谱

2）希尔伯特（Hilbert）包络分析法

希尔伯特包络是时域信号绝对值的包络，它从信号中提取调制信号，分析调制函数的变化，对提取故障特征具有很大的优越性。

若一连续的时间信号 $x(t)$，其希尔伯特变换 $\hat{x}(t)$ 为：

$$\hat{x}(t) = \frac{1}{\pi} \int_{-\infty}^{\infty} \frac{x(\tau)}{t - \tau} \mathrm{d}\tau = \frac{1}{\pi} \int_{-\infty}^{\infty} \frac{x(t - \tau)}{\tau} \mathrm{d}\tau = x(t) \frac{1}{\pi t} \qquad (9-5)$$

$\hat{x}(t)$ 可以看成是 $x(t)$ 通过一滤波器的输出，该滤波器的单位冲击响应：

$$h(t) = \frac{1}{\pi t} \qquad (9-6)$$

由 $x(t)$ 及其希尔伯特变换 $\hat{x}(t)$ 可构成信号 $x(t)$ 的解析信号：

$$z(t) = x(t) + \mathrm{i}\hat{x}(t) \qquad (9-7)$$

信号 $x(t)$ 的希尔伯特变换包络定义为：

$$A(t) = \sqrt{[x(t)]^2 + [\hat{x}(t)]^2} \qquad (9-8)$$

对包络信号作谱分析，即可得到包络信号的包络谱，希尔伯特变换包络具有解调的功能。与倒频谱分析不同，倒频谱是通过检测频谱图中的周期性成分进行解调，而希尔伯特变换包络是通过分离出原信号中的低频信息进行解调，因此，由包络分析得到的结果往往比较清晰直观。

3）时频分析法

时频分析法是使信号同时在时域和频域进行分析，从时域和频域两个方面更深刻地反映了信号的特征。因此，时频分析方法可以有效地应用于非平稳信号的分析，弥补传统傅里叶频谱分析方法的不足。齿轮箱振动信号中，调频、调幅现象很多，传统的频谱分析很难对它们加以确认和区别，利用魏格纳（Wigner）分布、小波变换等则能很明显地加以区分,从而为齿轮箱故障诊断提供了一种行之有效的途径。

图 9-27 所示是齿轮箱信号的魏格纳分布等高线图,图中 4 个明显的冲击信号是常啮合小齿轮上存在着点蚀故障时产生,图中的周期性信号是输入轴和电机输出轴不对中问题而引起。

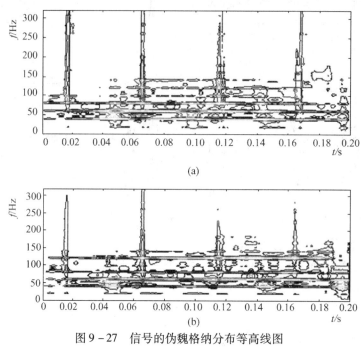

图 9-27　信号的伪魏格纳分布等高线图

(a)取信号的第一块 256 个采样点;(b)取信号的第二块 256 个采样点。

4)时域模型法

时间序列模型是用数学方法描述动态系统,如果模型适用,则残差最小,因此,比较正常工况与异常工况的残差平方和,可以确定是否存在故障。但时间序列模型一般难以确定故障原因及部位。

9.3　滚动轴承故障诊断

9.3.1　概述

轴承是工程机械及其它机械的基本零件,许多机械的故障都和轴承有关。滚动轴承是机械中的易损元件,据统计旋转机械的故障有 30% 由轴承引起,因此,轴承的好坏对机械的工作状况影响极大。轴承的缺陷会导致机械剧烈振动和产生噪声,甚至会引起机械的损坏。在精密机械中对轴承要求更高,轴承滚道上微米级的缺陷都是不允许的。

最早的轴承故障诊断是用听音棒接触轴承部位,靠听觉来判断故障,现在用电子听诊器代替听音棒以提高灵敏度。训练有素的人能觉察到刚发生的疲劳剥落,但此法受主观因素的影响较大。后来采用各式测振仪,用振动位移、速度或加速度的均方根值或峰值来判断轴承有无故障,这可以减少对机械检修人员经验的依赖性,但仍很难发现早期故障。1966 年瑞典 SKF 公司发明了冲击脉冲仪(Shock Pulse Meter)检测轴承损伤,以后陆续出现了多种轴承故障监测的简易仪表。1976年日本新日铁株式会社研制了MCV-021A机械检测仪(Machine Checker),可分别在低频、中频和高频段检测轴承的异常信号。油膜检查仪利用超声波或高频电流对轴承的润滑状态进行监视,探测油膜是否破裂发生金属间直接接触。1976年—1983年日本精工公司(NSK)相继研制了NB型系统轴承监视仪,利用1kHz~15kHz范围内的轴承振动信号测量其RMS值和峰值来检测轴承的故障。这些仪器由于消除了低频干扰,灵敏度有所提高。

随着对滚动轴承的运动学、动力学的深入研究,较清楚地了解了轴承振动信号中的频率成分和轴承零件的几何尺寸及缺陷类型的关系,加之快速傅里叶变换技术的发展,用频域分析方法检测和诊断轴承的故障应运而生。其中,代表性的进展有A.E.H.Loye给出了钢球的共振频率。1961年,W.F.Stokey给出了轴承圈的自由共振频率的公式,1964年O.G.Gustafsson研究了滚动轴承振动和缺陷,尺寸不均匀及磨损之间的关系;1969年H.L.Balderston通过滚动轴承的运动分析得出了滚动轴承的滚动体在内、外滚道上的通过频率和滚动体及保持架的回转频率的计算公式。这些研究奠定了滚动轴承诊断的理论基础。目前,滚动轴承的故障诊断和监测中已有多种信号处理技术,如频率细化技术、倒频谱、包络谱等。在信号预处理上采用了各种滤波技术,如相干滤波、自适应滤波等,提高了诊断灵敏度。

9.3.2　滚动轴承的故障机理

滚动轴承在运转过程中可因各种原因引起损坏,如装配不当、润滑不良、水分和异物侵入、腐蚀和过载等都可使轴承过早损坏。即使在安装、润滑和使用维护都正常的情况下,经过一段时间运转,轴承也会出现疲劳剥落和磨损而不能正常工作。滚动轴承的主要故障形式有:

1. 疲劳剥落

在滚动轴承中,滚道和滚动体表面既承受载荷又相对滚动,由于交变载荷的作用,首先在表面下一定深度处(最大剪应力处)形成裂纹,继而扩展到接触表面使表层发生剥落坑,最后发展到大片剥落,这种现象叫做疲劳剥落。疲劳剥落使机械在运转时产生冲击、振动和噪声。在正常工作条件下,疲劳剥落往往是滚动轴承失效的主要原因。一般所说的轴承寿命就是指轴承的疲劳寿命。轴承的寿命试验就是疲劳试验。试验规程规定,在滚道或滚动体上出现面积为$0.5mm^2$的疲劳剥落坑时轴承的寿命就终结。滚动轴承的疲劳寿命符合韦布尔分布规律,分散性很大。同一批轴承,最高寿命与最低寿命可以相差几十倍乃至上百倍。这从另一角度说明了滚动轴承故障监测的重要性。

2. 磨损

滚道与滚动体的相对运动和尘埃异物的侵入引起轴承表面磨损,润滑不良加剧轴承的磨损。磨损的结果使轴承游隙增大,表面粗糙度增加,降低了轴承运转精度,因而也降低了机械的运动精度,振动及噪声增大。对于精密机械用轴承,往往是磨损量限制了轴承的寿命。

当轴承不旋转而仅受振动时,由于滚动体和滚道接触面间有微小的、反复的相对滑动会产生磨损,结果在滚道表面上形成振纹状的磨痕,这种磨损称微振磨损。

3. 塑性变形

工作负荷过重的轴承受到过大的冲击载荷或静载荷,或因热变形引起额外的载荷,或有硬度很高的异物侵入时会在滚道表面上形成凹痕、划痕或压痕。这导致轴承在运转时产生剧烈的振动和噪声。而且,压痕引起的冲击载荷能进一步引起附近表面的剥落。

4. 锈蚀

锈蚀是滚动轴承严重的问题之一。高精度的轴承会由于表面锈蚀、丧失精度而不能继续工作。水分直接侵入会引起轴承锈蚀,当轴承停止工作时,轴承温度下降到露点,空气中的水分凝结成水滴附在轴承表面上也会引起锈蚀。此外,当轴承内部有电流通过时,在滚道和滚动体上的接触点处,电流通过很薄的油膜引起火花,使表面局部熔融,在表面上形成搓板状的凹凸不平。

5. 断裂

过大的载荷如磨削、热处理和装配引起的残余应力、工作时的热应力等过大可引起轴承零件破裂。装配不恰当时,轴承套圈上的挡边或滚子倒角处易产生掉块的缺陷。

6. 胶合

润滑不良、高速重载下的轴承因摩擦发热,轴承零件可在极短时间内达到很高的温度,导致表面烧伤及胶合。

7. 保持架损坏

装配和使用不当可引起保持架发生变形,增加了它与滚动体之间的摩擦,甚至导致某些滚动体卡死而不能滚动,或保持架与内外圈发生摩擦等。这些都将增加轴承的振动、噪声和发热。

9.3.3 滚动轴承振动的频谱特性

外部振源或轴承本身的结构特点及缺陷均可引起滚动轴承振动,此外,润滑剂在轴承运转中还会产生流体动力振动和噪声,这些都会导致机械振动。

当轴承元件的工作表面出现疲劳剥落、压痕或局部腐蚀时,机械运行会出现以各元件的固有频率及谐波为周期的周期性脉冲,各元件的固有频率计算如下:

1. 自由状态下轴承圈的径向弯曲固有频率

$$f_r = \frac{k(k^2-1)}{2\pi\sqrt{k^2+1}} \frac{4}{D^2} \sqrt{\frac{EIg}{\gamma A}} \tag{9-9}$$

式中 k——振动阶数,$k = 2,3,\cdots$;

E——弹性模量,钢材为210GPa;

I——套圈横截面的惯性矩(mm^2);

γ——密度,钢的密度为$7.86 \times 10^{-6} kg/mm^3$;

A——套圈横截面积,$A \approx bh\,mm^2$;

D——套圈横截面中性轴直径(mm);

g——重力加速度($9800mm/s^2$)。

对于钢材,将诸常数代入式(9-13)得:

$$f_r = 9.4 \times 10^5 \frac{h}{b^2} \frac{k(k^2-1)}{\sqrt{k^2+1}} \tag{9-10}$$

2. 钢球的固有频率

$$f_{br} = 0.202 \frac{Eg}{R\gamma} \qquad (9-11)$$

3. 内圈剥落频率

$$f_i = 0.5Zf(1 + \frac{d}{D}\cos\alpha) \qquad (9-12)$$

4. 外圈剥落频率

$$f_0 = 0.5Zf(1 - \frac{d}{D}\cos\alpha) \qquad (9-13)$$

5. 滚珠剥落频率

$$f_b = \frac{D}{d}f[1 - (\frac{d}{D})^2\cos^2\alpha] \qquad (9-14)$$

6. 内滚道不圆频率

$$f, 2f, \cdots, nf$$

7. 保持架不平衡频率

$$f_c = 0.5 \quad f(1 - \frac{d}{D}\cos\alpha) \qquad (9-15)$$

式中　f——回转频率(r/min);

　　　Z——滚珠数;

　　　d——滚珠直径;

　　　D——滚道节径;

　　　a——接触角(图9-28)。

轴承故障诊断就是根据这些频率值确定故障元件,再根据各频率处的幅值大小确定元件异常程度。

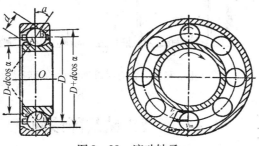

图9-28　滚动轴承

9.3.4　滚动轴承振动故障诊断

1. 滚动轴承各频带频率特性

滚动轴承振动信号的频率成分相当丰富,频带很宽,并且在不同频带内所包含的轴承故障信息也不同。

低频段(<1kHz)主要包含轴承故障特征频率和加工装配误差引起的振动特征频率。

这一频带易受机械中其它零件及结构的影响和电源干扰。在故障初期,反映损伤类故障冲击的特征频率成分信息的能量很小,信噪比较低。

中频段(1kHz~20kHz)包含有轴承元件表面损伤引起的轴承外圈的固有振动频率等。通过分析这一频带内的振动信号,可以较好地诊断出轴承的损伤类故障。

轴承故障引起的冲击能量大多分布在高频段(20kHz~80kHz),如果测量用的传感器谐振频率较高,那么对此频带分析可较好地诊断出轴承的故障。

2. 滚动轴承故障诊断

与齿轮振动信号故障诊断类似,常见的滚动轴承诊断方法有:倒频谱分析法、希尔伯特包络分析法、时频分析法等。

滚动轴承由滚动体、内外圈及保持架等基本元件组成。在运动过程中,各零件相互作用形成各自特定的频率,并相互叠加和调制,在功率谱图上显示多簇谐波频率的复杂波形,一般很难用来识别故障。采用倒频谱分析则可以研究和分析其谐波频率和边频特征,为评定轴承质量和故障诊断提供重要信息。

实例:滚动轴承的倒频谱图

图9-29所示是正常和异常状态时滚动轴承的倒频谱图。由图可见,有故障的滚动轴承在倒频谱图上出现2根醒目的谱线,其倒频率分别为9.470ms(106Hz)和37.90ms(24.35Hz),与理论上滚珠故障频率(f_{ib}=104.35Hz)和内圈故障频率(f_i=24.35Hz)相一致。因此,从倒频谱反映出了故障频率特征,从而可诊断产生故障的原因和部位。

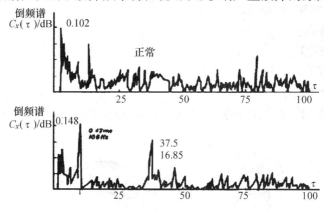

图9-29 正常和异常状态时滚动轴承的倒频谱图

9.4 旋转机械故障诊断

旋转机械是指由旋转动作来完成其主要功能的机械,尤指转速较高的机械,它们大致可以分为动力机械、工程机械和加工机械等。

9.4.1 旋转机械振动评定标准

根据传感器安装位置的不同,旋转机械的振动评定有测轴承振动和测轴振动两种评定方法。

(1)轴承振动评定:利用接触式传感器(例如磁电式速度传感器或压电式加速度传

感器)放置在轴承座上进行测量。

（2）轴振动值评定：利用非接触式传感器（例如电涡流式位移传感器）测量轴相对于机壳的振动值或轴的绝对振动值。

评定参数可用振动位移峰峰值和振动烈度来表示。

1. 以轴承振动位移峰峰值作评定标准

表9-6为《电力工业技术管理法规》中关于汽轮发电机组轴承的振动标准，要求机组垂直、水平和轴线方向都满足该标准。表9-7为机械部关于《离心鼓风机和压缩机技术条件》中规定的轴承振动标准。表9-8为国际电工委员会IEEC推荐的汽轮机振动标准。

表9-6 水电部汽轮机组轴承的振动标准（双峰值）

转速/r·min⁻¹	标准/μm		
	优	良	合格
1500	30	50	70
3000	20	30	50

表9-7 离心鼓风机和压缩机振动标准（双峰值）

振动标准/μm	转速/r·min⁻¹			
	≤3000	≤6500	≤10000	>10000~16000
主轴轴承	50	≤40	≤30	≤20
齿轮轴承		≤40	≤40	≤30

表9-8 IEEC汽轮机振动标准（双峰值）

振动标准/μm	转速/r·min⁻¹				
	≤1000	1500	3000	3600	≥6000
轴承上	75	50	25	21	≤20
轴上（靠近轴承）	150	100	50	44	≤30

从表9-6、表9-7、表9-8可以看出：转速低，允许的振动值大；转速高，允许的振动值小。这是因为对于同样的振动值，高速机组比低速机组更易出现故障。

2. 以轴承振动烈度作为评定标准

在制定以轴承振动烈度为评定标准时，假设：

（1）机组振动为单一频率的正弦波振动；

（2）轴承振动和转子振动基本上有一固定的比值，因此可利用轴承振动代表转子振动；

（3）轴承座在垂直、水平方向上的刚度基本上相等，即认为各向同性。

实际证明上述假设与事实不尽相符，所测得的振动多数是由数种频率的振动合成；轴承组水平刚度明显低于垂直刚度；转子振动和轴承座振动的比值，可以是2倍~50倍，它与轴承形式、间隙、轴承座刚度、油膜特性等有关，且同类机组亦不尽相同。因此，为了较全面地反映机组的振动情况，必须制定其它的振动标准。

国际标准化组织(ISO – 2372 和 ISO – 3945)给出了用振动烈度评定国际标准。

3. 以轴振动的位移峰峰值作为评定标准

在轴承座上测量机组的振动较为方便,然而机组转子的振动要通过油膜传到轴承座,测得的振动幅值受油膜刚度和轴承刚度的影响,因此直接测量转轴的振动值以判断转子的振动特性能更确切地反映振动的实质。IEEC 推荐的振动标准中包含有轴振动的标准。我国也制定了大型汽轮发电机组轴振动的国家标准。

美国石油学会给出了功率不超过 1000kW 的中小型涡轮机械轴振动的振动标准 API617,其振动许可值为:

$$A = 25.4 \sqrt{\frac{12000}{n}} \tag{9 – 16}$$

式中　A——振动许可值(双振幅)(μm);

　　　n——机械的转速(r/min)。

以上振动标准不能机械地套用,还应结合机组的振动趋势综合考虑,如长期振动较小的机组或测点,当其振动值增加但仍未超过振动标准时,这也是故障的征兆,应引起高度重视。

9.4.2　旋转机械监测参数

一台机械有许多物理量可以测量,应该选择哪些量作为监测参数?由于许多故障都以振动形式反映出来,振动反映了机械运行状态的优劣,为机械故障诊断提供了重要信息。因此,振动是故障诊断必须监测的参数之一。此外,过程参数、工艺参数等也可作为测量参数。依其变化快慢,测量参数可分为动态参数和静态参数两种。

1. 动态参数

(1)振幅。表示振动的严重程度,可用位移、速度或加速度表示。

(2)振动烈度。近年来国际上已统一使用振动烈度作为描述机械振动状态的特征量。

(3)相位。对于确定旋转机械的动态特性、故障特性及转子的动平衡等具有重要意义。

2. 静态参数

(1)轴心位置:在稳定情况下,轴承中心相对于转轴轴颈中心的位置。在正常工况下,转轴在油压、阻尼作用下在一定的位置上浮动。而异常情况下,由于偏心太大,会发生轴承磨损的故障。

(2)轴向位置:机械转子上止推环相对于止推轴承的位置。当轴向位置过小时,易造成动静摩擦,产生不良后果。

(3)差胀:旋转机械中转子与静子间轴向间隙的变化值。它对机组安全启动具有十分重要的意义。

(4)对中度:轴系转子之间的连接对中程度。它与各轴承之间的相对位置有关,不对中故障是旋转机械的常见故障之一。

(5)温度:轴瓦温度反映轴承运行情况。

(6)润滑油压:反映滑动轴承油膜的建立情况。

9.4.3　旋转机械常见故障

旋转机械的故障多种多样,已知的故障种类有二三十种。为了能对旋转机械的故障有一个基本认识,这里介绍几种常见故障的形成机理及其诊断方法。

1. 不平衡振动

由于设计、制造、安装中转子材质不均匀、结构不对称、加工和装配误差等原因和由于机械运行时结垢、热弯曲、零部件脱落、电磁干扰力等原因而产生质量偏心。当转子旋转时,质量不平衡激起转子振动,这是旋转机械最常见的故障。

1)不平衡振动的特征

转子的质量不平衡所产生的离心力始终作用在转子上,它相对于转子是静止的,其振动频率就是转子的回转频率,也称为工频(即工作频率),其特征为:

(1)刚性转子不平衡产生的离心力与转速的平方成正比。但由于轴承与转子之间的非线性,在轴承座测得的振动随转速增加而加大,不一定与转速的平方成正比。

(2)临界转速附近振幅会出现一个峰值,且相位在临界转速前后相差近180°。

(3)振动频率和回转频率一致,回转频率的高次谐波幅值很低,在时域上波形接近于一个正弦波。

2)固有不平衡

即使机组在制造过程中已对各个转子作过动平衡,但连接起来的转子系统仍会存在固有不平衡。这是由于各转子残余不平衡的累积、材质不良、安装不当等原因引起,应在平衡机上现场作静平衡和动平衡,加以校正。

3)转子弯曲

转子弯曲有初始弯曲与热弯曲之分。转子的初始弯曲是由于加工不良、残余应力或碰撞等原因引起,它引起转子系统工频振动,振动测量并不能把转子的初始弯曲与转子的质量不平衡区分开来。但在低速转动下检查转子各部位的径向跳动量可予以判断。当转子弯曲不严重时可用平衡方法加以校正;当转子弯曲严重时必须进行校正。

转子热弯曲或者是由于转子与定子(如密封处)发生间歇性局部接触、产生摩擦热引起的转子临时性弯曲;或者是转子受热或冷却不均匀引起转子的临时性弯曲。转子热弯曲的特点是转子的振动随时间、负荷的变化在大小和相位上均有改变。因此,可通过变负荷或一段时间的振动监测判断转子热弯曲故障。防止热弯曲要从两个方面着手:①减小使转子不均匀受热的影响因素,如启停机时充分暖机,保证机组均匀膨胀;②注意装配间隙,各部件要有相近的线膨胀系数。

4)转子部件脱落

旋转转子上部件突然脱落会使转子产生阶跃性的不平衡变化,使机组振动加剧。频率为回转频率的振动,当转子部件脱落不平衡向量与原始转子不平衡向量叠加,合成的不平衡向量在大小、相位和位置三方面均与原始转子不平衡向量发生了变化,因此,通过测量相位可进行诊断。

5)联轴节精度不良

联轴节精度不良在对中时产生端面偏摆和径向偏摆,相当于给转子施加一个初始不平衡量,使转子振动增大。这时可能会出现2倍回转频率的振动,频谱图上有明显的二次谐波峰值。

2. 转子不对中

旋转机械一般是多转子系统,转子间采用刚性或半挠性联轴节连接。由于制造、安装及运行中支承轴架不均匀膨胀、管道力作用、机壳膨胀、地基不均匀下沉等多种原因影响,造成转子不对中故障,从而引起机组的振动。

不对中故障是旋转机械常见故障之一,不对中分为:平行不对中、角度不对中以及两者的组合。转子不对中故障的主要特征是:

（1）改变轴承支承负荷,轴承的油膜压力也随之改变,负荷减小,这时轴承可能会产生油膜失稳。

（2）最大振动往往在不对中联轴器两侧轴承上,且振动值与转子的负荷有关,随负荷的增大而增大。

（3）平行不对中主要引起径向振动,振动频率为2倍回转频率,同时也存在多倍频振动。

3. 滑动轴承的半速涡动和油膜振荡

轴在轴颈中作偏心旋转时,形成一个进口断面大于出口断面的油楔,如果进口处的油液流速不马上下降,则轴颈从油楔中间隙大的地方带入的油量大于从间隙小的地方带出的油量。由于液体的不可压缩性,多余的油就推动轴颈前进,形成与轴旋转方向相同的涡动运动,涡动速度为油楔本身的前进速度（图9-30）。实际产生涡动的频率约为:

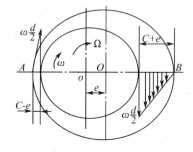

图9-30 轴颈半速涡动

$$\Omega = (0.42 \sim 0.48)\omega \qquad (9-17)$$

油膜振荡是滑动轴承中因油膜作用而引起的旋转轴的自激振荡,可产生与转轴达到临界转速时同等的振幅或更加激烈。油膜振荡不仅会导致高速旋转机械的故障,有时也是造成轴承或整台机组破坏的原因。轻载、中载和重载转子的油膜振荡特点不尽相同。

轻载转子在第一临界转速之前就发生了不稳定的半速涡动,但不产生大幅度的振动;当转速到达第一临界转速 ω_{cr1} 时,转子由于共振而有较大的振幅;越过 ω_{cr1} 后振幅再次减少,当转速达到2倍 ω_{cr1} 时,振幅增大并且不随转速的增加而改变,即油膜振荡。

对于重载转子,因为轴颈在轴承中相对偏心率较大,转子的稳定性好,并不存在半速涡动现象,甚至转速达到 $2\omega_{cr1}$ 时还不会发生很大的振动,当转速达到 $2\omega_{cr1}$ 后的某一转速时,才突然发生油膜振荡。

中载转子在过了一阶临界转速 ω_{cr1} 后会出现半速涡动,而油膜振荡则在 $2\omega_{cr1}$ 后出现。

油膜振荡的特征还有:

（1）油膜振荡发生于转轴2倍临界转速以上,其转动方向与转轴旋转方向一致。

（2）油膜振荡的甩转角速度与转轴旋转角速度无关,约等于转轴临界转速时的角速度。

（3）油膜振荡与转轴在临界转速下产生的振动不同,一旦发生,转速增加也不会停止。

（4）缩短轴承宽度则不易发生油膜振荡。

（5）轴承的支承若做成自动调心式,安装轴的两端轴承时使其有少量的不同心度,对于防止油膜振荡也有一定的作用。

消除油膜振荡的措施有:

（1）增加转子系统的刚度。转子固有频率越高,产生油膜振荡的失稳转速也越高,系统失稳转速应在工作转速的125%以上。

（2）选择合适的轴承形式和轴承参数。圆柱轴承制造简单,但抗振性最差;椭圆轴承、三油楔、多油楔轴承次之;可倾瓦轴承最好。

（3）增加外阻尼。

（4）增加轴承比压,改变进油温度或黏度。如缩短轴承长度,在下瓦中部开环形槽等。国产300MW汽轮发电机组的油膜振荡是通过将轴瓦长度从430mm缩减到320mm以及将L－AN46油改用L－AN32油来解决的。

（5）减小轴承间隙。

（6）改变进油压力。

4. 动静摩擦

旋转机械中,由于转子弯曲、转子不对中引起轴心严重变形,或者由于间隙不足和非旋转部件弯曲变形等引起转子与固定件接触碰撞而产生动静摩擦。这种摩擦的特征有:

（1）振动频带宽。既有与回转频率相关的低频部分,也有与固有频率相关的高次谐波分量,并伴随有异常噪声,通过振动频谱和声谱测量可进行判别。

（2）振动随时间而变。在转速、负荷工况一定,由于接触局部发热而引起振动向量的变化,其相位与旋转方向相反。

（3）接触摩擦开始瞬间会引起严重相位跳动（大于100相位变化）,局部摩擦时,无论是同步还是异步其轨迹均带有附加的环。

这种摩擦的轴心轨迹总是反向进动,与转轴旋转方向相反。摩擦还可能出现自激振动,自激的涡动频率为转子的一阶固有频率,但涡动方向与转子旋转方向相反。

9.4.4 旋转机械振动故障诊断常用方法

旋转机械振动故障诊断常用的分析方法除前面介绍的一般方法外,常用各种图形分析法。如时域波形图、波特图、极坐标图、瀑布图、轴心位置图、轴心轨迹图、频谱图、相位分析、趋势分析等。下面叙述一些图形分析法及其应用。

1. 波特图

波特图（Bode plot）是机械振幅与频率、相位与频率的关系曲线（图9－31）,图中横坐标为转速频率,纵坐标为振幅和相位。从波特图中可以得到:转子系统在各个转速下的振幅和相位、转子系统在运行范围内的临界转速值、转子系统阻尼大小和共振放大系数,综合转子系统上几个测点可以确定转子系统的各阶振型。

2. 极坐标图

极坐标图是把幅频特性曲线和相频特性曲线综合在极坐标上表示出来（图9－32）。图上各点的极半径表示振幅值,角度表示相位角。极坐标图的作用与波特图相同,但更为直观。

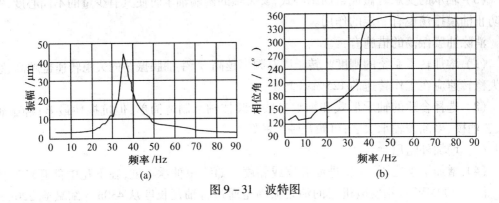

(a)   (b)

图9-31　波特图

3. 轴心位置图

借助于相互垂直的两个电涡流传感器,监测直流间隙电压,就可得到转子轴颈中心的径向位置。轴心位置图(图9-33)与极坐标图不同,轴心位置图是指转轴在没有径向振动情况下轴心相对于轴承中心的稳态位置;极坐标图是指转轴随转速变化时的工频振动向量图。通过轴心位置图可判断轴颈是否处于正常位置、对中好坏、轴承是否正常、轴瓦有否变形等情况,从长时间轴心位置的趋势可观察出轴承的磨损等。

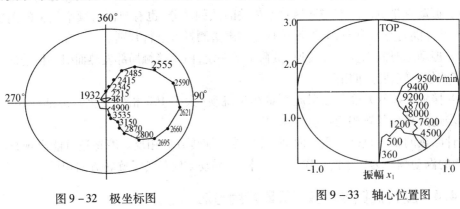

图9-32　极坐标图　　　　　　　　　图9-33　轴心位置图

4. 轴心轨迹图

转子在轴承中高速旋转时并不是只围绕自身中心旋转,而是还环绕某一中心作涡动运动。产生涡动运动的原因可能是转子不平衡、对中不良、动静摩擦等,这种涡动运动的轨迹称为轴心轨迹。

轴心轨迹的获取是利用相互垂直的两个非接触式传感器分别安置于轴某一截面上,同时刻采集数据绘制或由示波器显示,也称为李莎育图形。通过分析轴心轨迹的运动方向与转轴的旋转方向,可以确定转轴的进动方向(正进动和反进动)。轴心轨迹在故障诊断中可用来确定转子的临界转速、空间振型曲线及部分故障,如不对中、摩擦、油膜振荡等,只有在正进动的情况下才有可能发生油膜振荡。

5. 频谱图和瀑布图

频谱分析在故障诊断中起着十分重要的作用,各谐波分量在线性系统中代表着相应频率激励力的响应,由此可判断故障的起因等。

当把启动或停机时各个不同转速的频谱图画在一张图上时,就得到瀑布图(图9-34)。图中横坐标为频率,纵坐标为转速和幅值。利用瀑布图可以判断机械的临界转速、振动原因和阻尼大小。

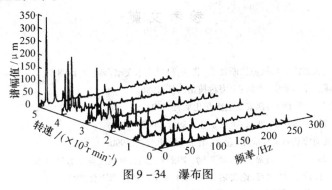

图9-34 瀑布图

6. 趋势分析

趋势分析在故障诊断中起着相当重要的作用,它将所测得的特征数据值和预报极限值按一定的时间顺序排列起来进行分析(图9-35),一旦超过极限植,则判断故障或采取相应的措施。

7. 振动可接受区域

振动可接受区域是指把振动向量绘制在极坐标图上,并在极坐标图上划出一定的范围作为振动可接受区域(图9-36)。振动矢量落在可接受区域之外应认为有疑点,应结合工况、过程参数和历史趋势综合判断。

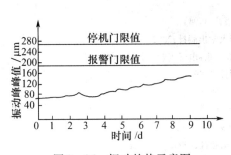

图9-35 振动趋势示意图

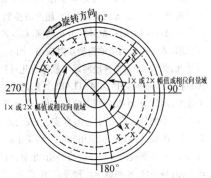

图9-36 振动可接受区域

参 考 文 献

[1] 陈克兴,川奇.机械状态检测与故障诊断技术.北京:科学技术文献出版社,1998.

[2] 屈梁生,正嘉.机械故障诊断学.上海:上海科技出版社,1986.

[3] 徐敏.机械故障诊断手册.西安:西安交通大学出版社,1998.

[4] 钟秉林,黄仁.机械故障诊断学.北京:机械工业出版社,2002.

[5] 虞和济,韩庆大.振动诊断的工程应用.北京:冶金工业出版社,1990.

[6] [日]田利夫.机械现场诊断的开展方法.高克勋,李敏译.北京:机械工业出版社,1985.

[7] 第一届全国诊断工程技术学术会议论文集.华中理工大学科学技术协会,1998.

[8] [英] R.A 柯拉科特.机械故障诊断与情况监测.孙维东译.北京:机械工业出版社,1983.

[9] 丁玉兰,石来德.工程机械故障诊断技术.上海:上海科技文献出版社,1994.

[10] 虞和济,韩庆大等.振动诊断的工程应用.北京:冶金工业出版社,1990.

[11] [苏]P.A.马卡洛夫.机械的技术诊断手册.李敏等译.北京:机械工业出版社,1987.

[12] 温诗涛.摩擦学原理.北京:清华大学出版社,1990.

[13] 方惠群.仪器分析与原理.南京:南京大学出版社,1994.

[14] 吴贵生.试验设计与数据处理.北京:冶金工业出版社,1997.

[15] 黄长艺,严普强.机械工程测试技术基础.北京:机械工业出版社,1995.

[16] [英] D.E.纽兰.随机振动与谱分析概论.方同译.北京:机械工业出版,1983.

[17] 柳昌庆,刘介.测试技术与实验方法.北京:中国矿业大学出版社,1997.

[18] 中国机械工程学会无损检测分会.超声波检测.北京:机械工业出版社,2000.

[19] 可靠性与环境适用性.故障树分析指南.GJB Z768 - 98.

[20] 张立明.人工神经网络的模型及其应用.上海:复旦大学出版社,1994.

[21] 阎平凡,张长水.人工神经网络与模拟进化计算.北京:清华大学出版社,2002.

[22] 飞思科技产品研发中心.MATLAB6.5辅助小波分析与应用.北京:电子工业出版社,2003.

[23] 李建平,唐远炎.小波分析方法的应用.重庆:重庆大学出版社,1999.

[24] 程正兴.小波分析算法与应用.西安:西安交通大学出版社,1998.

[25] 彭玉华.小波变换与工程应用.北京:科学出版社,1999.

[26] 杨福生.小波变换的工程分析与应用.北京:科学出版社,1999.

[27] 杨伦标,高尧仪.模糊数学原理及应用.广州:华南理工大学出版社,1995.

[28] 马宪民.人工智能的原理与方法.西安:西北工业大学出版社,2002.

[29] 王凤岐等.汽车诊断技术.北京:北京人民交通出版社,1991.

[30] 刘世元,杜润生,杨叔子.内燃机缸盖振动信号的特性与诊断应用研究.华中理工大学学报,1999,27(7):48～50.

[31] 韩军,张梅军,石玉祥等.利用发动机缸盖振动信号进行动力性能监测.工程机械,1996,271(5):13～16.

[32] 何世平,张梅军,熊明忠.现代信号分析在变速箱故障诊断中的应用.振动与冲击,2000,19(4):71～75.

[33] 石玉祥,张梅军.机械故障诊断技术.南京:工程兵工程学院,1988.

[34] 张梅军,杨小强,洪津.工程机械故障诊断.南京:工程兵工程学院,2000.

[35] 张梅军,唐建.机械设备状态监测与故障诊断.南京:解放军理工大学工程兵工程学院,2005.